职业院校煤矿类专业课程教材

煤质检验技术

主　编　肖伟丽　吕红艳　王伟海
主　审　单忠刚

中国劳动社会保障出版社

图书在版编目(CIP)数据

煤质检验技术 / 肖伟丽，吕红艳，王伟海主编 . 北京 ：中国劳动社会保障出版社，2025. -- (职业院校煤矿类专业课程教材). -- ISBN 978-7-5167-7026-9

Ⅰ. TQ533

中国国家版本馆 CIP 数据核字第 2025PP1816 号

煤质检验技术

MEIZHI JIANYAN JISHU

中国劳动社会保障出版社出版发行

(北京市惠新东街 1 号　邮政编码：100029)

*

北京市科星印刷有限责任公司印刷装订　　新华书店经销

787 毫米 ×1092 毫米　16 开本　12.75 印张　275 千字

2025 年 12 月第 1 版　　2025 年 12 月第 1 次印刷

定价：33.00 元

营销中心电话：400-606-6496

出版社网址：https://www.class.com.cn

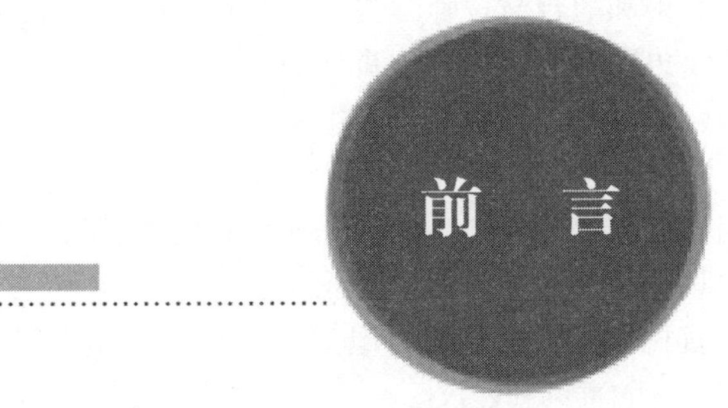

前　言

为了全面贯彻党的二十大和二十届二中、三中全会精神，深入贯彻落实习近平总书记关于大力发展技工教育的重要指示精神，落实中共中央办公厅、国务院办公厅印发的《关于推动现代职业教育高质量发展的意见》，推进技工教育高质量发展，全面推动技工院校教学模式改革创新，适应新时代技能人才培养要求，满足全国技工院校、职业院校以及相关培训单位的需求，我们在充分调研的基础上，组织有关院校的教师和行业企业专家，编写了“职业院校煤矿类专业课程教材”并作为“十四五”技工教育规划教材推荐使用。

在编写本套教材的过程中，我们严格贯彻落实《职业院校教材管理办法》《技工院校教材管理工作实施细则》《中等职业学校专业教学标准》等文件要求，依据技工院校教材规划、专业课课程规范，服务学生成长和就业创业，兼顾职业培训实际需要。

本教材具有四个方面的特点：一是坚持知识性、准确性、适用性、先进性，体现专业特点。教材努力做到以教学实际为需求导向，根据煤矿行业发展现状和趋势，合理编写教材内容，同时在严格执行国家有关技术标准的基础上，尽可能多地介绍行业新知识、新技术、新工艺和新设备。二是突出职业教育特色，重视实践能力培养。教材以职业能力定位内容，根据煤炭专业职业实际需要，适当设置专业知识的深度与难度，合理确定学生应具备的知识结构和技能水平，以满足企业对技能型人才的需求。三是创新编写模式，激发学生学习兴趣。按照技工院校、职业学院和职业培训机构教学规律和学生的认知规律，合理安排教材内容，定位学习目标，以问题为导向设置知识引导、知识点和技能点，以图表、实物照片辅助知识理解，为学生营造生动、直观的学习环境。四是注重立体化开发，方便多媒体教学使用。

《煤质检验技术》配有电子课件并逐步丰富配套习题册等教学资源，以方便教师上课使用，可以通过技工教育网（https://jg.class.com.cn）查询下载。本教材可作为全国职业院校煤矿类及其相关专业课程的通用课程教材，也可作为煤矿类专业各类职业培训教材。本教材的主要内容包括煤质检验概述、煤样采取与制备、煤的基础指标测定、煤的焦化指标工艺性能分析、煤质检验常用仪器和学校实验室安全知识共六章，详细阐述了煤质分析的基本理论知识，如相关术语、分析方法及其一般规定等，从煤样的采取与制备，到煤的基础指标测定、焦化指标与工艺性能分析，再到煤质检验常用仪器的介绍和学校实验室安全知识，涵盖了煤质分析的各个方面。为了贴近教学与学习实践，本教材中在每章设置了学习目标、学习引导、复习思考题、技能实训，力求使内容符合职业教育和职业培训的教学需求，做到实用、适用。

《煤质检验技术》由七台河职业学院肖伟丽、淮河能源控股集团平安工程院兴科计量煤质化验室吕红艳和七台河技师学院王伟海任主编，七台河技师学院刘洋、那振龙参编，七台河职业学院单忠刚任主审。其中肖伟丽编写第二章、第三章、第四章、第五章。刘洋编写第六章第一节、第二节，那振龙编写第六章第三节、第四节，王伟海编写第一章，吕红艳根据岗位实际任务制定编写提纲及技能实训。

在编写本教材过程中，我们充分吸收借鉴了相关教材、学术著作的思路和内容，接受了很多优秀教师、企业管理者、行业专家等的指导，在此表示衷心的感谢。由于水平有限，尽管我们认真构思、反复修改，但依然存在内容或文字上的缺憾，衷心希望广大教师、学生、读者提出宝贵的意见和建议。

"职业院校煤矿类专业课程教材"编写工作组

2025 年 5 月

目　录

第一章

煤质检验概述

学习目标

1. 了解煤及煤产品相关术语；
2. 熟悉煤的分类及用途；
3. 熟悉煤质检验项目及术语；
4. 掌握煤质检验中基的换算；
5. 掌握煤质检验结果表述；
6. 掌握有效数字的运算。

学习引导

在煤炭交易中，煤质检验是至关重要的一个管理环节，买卖双方通常会根据煤质检验的结果来确定煤炭的价格。例如，煤炭的灰分、挥发分、硫分等指标会直接影响其市场价格，若煤质检验结果不达标，甚至会导致一批所售煤炭被退货，给煤矿企业带来巨额的经济损失。可见，煤质检验在煤炭交易中十分重要。要想学好煤质检验技术，首先要了解煤质检验相关术语及煤质检验基础知识。

第一节　煤质检验相关术语

一、煤相关术语

下面有三个例子涉及毛煤、原煤、商品煤，它们是同一种煤吗？

（1）在设计中确定矿井的产量以及地面生产系统的通过量时，以**毛煤**产量进行计算。

（2）国家统计局数据显示，2024 年，我国规模以上工业**原煤**产量为 47.6 亿吨，比 2023 年增长 1.3%。

（3）2023 年 12 月 16 日，中国神华发布的 2023 年 11 月主要运营数据公告显示，2023 年 11 月，中国神华**商品煤**产量为 2 730 万吨，比 2022 年 11 月增长 5%。

毛煤：煤矿生产出来的未经任何加工处理的煤。通常，毛煤经筛孔尺寸为 50 mm 的筛子筛选，拣除粒度大于 50 mm 的矸石后，方准作为原煤计量和外销。

原煤：从毛煤中选出大于规定粒度的矸石（包括硫铁矿等杂物）以后的煤。原煤是指从矿井开采出来后经过简单加工处理，但尚未经过炼焦、气化、液化等深加工的煤。

商品煤：作为商品出售的煤。当商品煤进入市场出售时，其质量通常受到严格的控制，以确保其符合环保和安全标准。同时，商品煤的价格也受到市场供求关系的影响。

二、煤产品相关术语

根据某矿的煤炭加工流程（见图 1-1），可以大致归纳出经煤炭洗选加工而获得的煤产品。

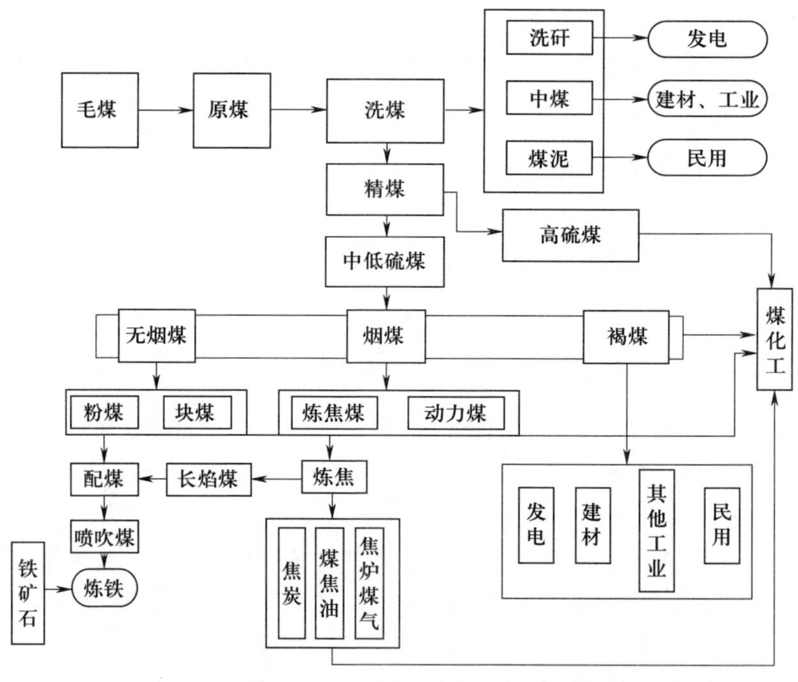

图 1-1　某矿的煤炭加工流程

洗选煤：经过洗选加工的煤，简称洗煤。洗煤是指原煤经过水洗加工，除去煤中大部分矿物杂质的产品。根据洗选后煤中灰分的不同，洗煤分为洗精煤（精煤）、洗中煤（中煤）、煤泥和尾矿（洗矸）。

精煤：煤经精选（干选或湿选）加工生产出来的、符合品质要求的产品。精煤在洗煤产品中灰分最低，是质量较好的煤，一般用作炼焦原料，根据用途不同可分为冶炼用炼焦精煤（粒度分为小于 50 mm 和小于 100 mm，灰分小于或等于 12.5%）、其他用炼焦精煤（粒度分为

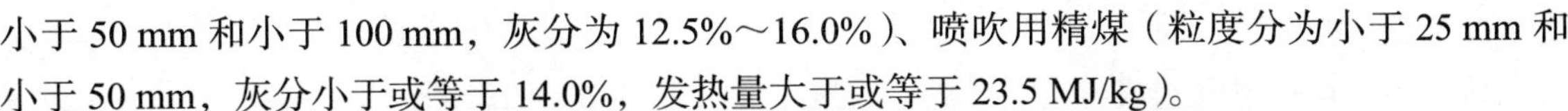

小于 50 mm 和小于 100 mm，灰分为 12.5%～16.0%）、喷吹用精煤（粒度分为小于 25 mm 和小于 50 mm，灰分小于或等于 14.0%，发热量大于或等于 23.5 MJ/kg）。

中煤：煤经洗选后得到的、品质介于精煤和矸石之间的产品。中煤灰分较高，多作为电厂燃料。

煤泥：粒度在 0.5 mm 以下的一种洗煤产品。煤泥因粒径很小，含水分和灰分又较多，只能作为民用或一般锅炉燃料。

你知道洗矸、矸石、夹矸的区别吗?

洗矸：由煤炭洗选过程中排出的高灰分产品。洗矸一般废弃不作为商品，但在有些矿区也作为劣质燃料用。

矸石：采掘煤炭过程中从顶底板或煤层夹矸混入煤中的岩石。

夹矸：夹在煤层中的岩石。

这些煤矸石具有良好的抗风雨侵蚀性能，可以用作筑路材料，尤其是在乡镇道路建设中，可以代替黏土制作砖块、空心砖砌块，以及用于建筑房屋的轻骨料。

含矸率：煤中粒度大于 50 mm 矸石的质量分数。

筛选煤：经过筛选加工的煤。根据粒度范围的不同，筛选煤可分为混煤（混块煤、混中块煤）、末煤、粉煤、块（特大块、大块、中块、小块）煤、混粒煤、粒煤、粒级煤。

混煤：粒度小于 50 mm 的煤。混煤广泛应用于电力生产，因为其粒度小、易于充分燃烧，所以提高了发电效率。

混块煤：粒度大于 13 mm 的煤。这些混合粒度的煤有多种工业用途，如发电、建材制造等，其混合粒度能提供更好的燃烧性能。

混中块煤：粒度为 13～80 mm 的煤。

末煤：分为粒度小于 25 mm 和小于 13 mm 的煤。末煤常用于蒸汽机车和一般工业锅炉，也可作为生活用煤，易于燃烧且火力稳定。

粉煤：粒度小于 6 mm 的煤。粉煤通常用于制作型煤或煤球，便于储存和运输，也适用于某些特定工业过程。

特大块煤：粒度大于 100 mm 的煤。特大块煤通常用于工业炉窑或大型供暖系统，其中对煤的燃烧持久性和稳定性有较高要求。

大块煤：粒度大于 50 mm 的煤。大块煤适用于需要较长燃烧时间和稳定火力的场景，如某些工业用途或大型供暖系统。

中块煤：粒度为 25～50 mm 的煤。在化工行业中，中块煤可作为原材料用于生产煤气、合成氨等化工产品。在钢铁企业中，中块煤可作为炼焦煤的补充，以提高焦炭质量和炼钢效率。

小块煤：粒度为 13～25 mm 的煤。小块煤适用于一般工业锅炉和民用取暖，因为其粒度适中，所以易于燃烧和控制火力。

混粒煤：粒度为 6～25 mm 的煤。

粒煤：粒度为 6～13 mm 的煤。粒煤常用于小型锅炉或家用取暖设备，因其粒度小而使燃烧更加充分。

粒级煤：煤通过筛选或洗选生产的、粒度下限大于 6 mm 的产品。

限下率和限上率是煤炭行业中用于描述筛分产品粒度分布的两个重要指标。

限下率：筛上产品中小于规定下限粒度部分的质量分数。

限下率的使用情形有：

（1）评估筛分效率

在煤炭筛分过程中，限下率可以用来评估筛分效率。如果筛上产品中小于规定粒度的部分过多，即限下率较高，说明筛网尺寸可能选择不当或筛分设备性能不佳，需要对其进行调整。

（2）质量控制

对于需要特定粒度范围的煤炭产品，限下率可以作为一个重要的质量控制指标。通过监测限下率，可以确保产品符合客户或市场需求。

（3）工艺优化

在煤炭加工工艺中，限下率的变化可以反映工艺参数的调整效果。例如，调整破碎机的间隙或筛网的孔径后，可以通过观察限下率的变化来评估调整效果。

限上率：筛下产品中大于规定粒度部分的质量分数。

限上率的使用情形有：

（1）筛分效果评估

与限下率类似，限上率也可以用来评估筛分效果。筛下产品中大于规定粒度的部分过多，即限上率较高，可能意味着筛分过程中存在堵塞、磨损或其他问题。

（2）产品纯度控制

在某些应用场景中，需要去除煤炭中的大块杂质或不符合粒度要求的颗粒。此时，限上率可以作为一个关键的纯度控制指标。

（3）设备维护与故障预警

如果限上率持续偏高，可能意味着筛分设备存在故障或磨损严重。这可以作为设备维护的一个预警信号，提示操作人员及时检查并维修设备。

根据煤的用途不同，可将其分为动力用煤、冶炼用炼焦精煤、喷吹煤、炉排煤、型煤等。

动力用煤：通过燃烧来利用其热值的煤，简称动力煤。动力煤主要应用于发电煤粉锅炉、工业锅炉和工业窑炉中，主要包括电煤、锅炉煤和建材用煤等。

冶炼用炼焦精煤：干基灰分在 12.5% 以下，用于生产冶金焦的精煤，简称炼焦煤。

喷吹煤：用于高炉喷吹的煤。喷吹煤在高炉冶炼过程中起着重要作用，可以在高炉内被燃烧，生成的一氧化碳和氢气等还原气体能够替代部分焦炭对铁矿石进行还原，从而减少焦炭的消耗量。这有助于降低生产成本，并减少对焦炭的依赖性，同时还可以延长高炉炉缸的寿命。

炉排煤：针对层燃锅炉不同炉排提供的不同燃烧特性、热值和颗粒度分布的煤。对于固定式炉排，炉排煤的颗粒度应适中，以确保煤能够在静止的床层上均匀燃烧，释放出稳定的

热能。对于移动式炉排，如链条炉排、振动炉排等，炉排煤应具有更好的燃烧特性和颗粒度分布，以适应炉排的动态移动，达到更高的燃烧效率。

型煤：将粉碎的煤料以适当的工艺和设备加工而成的，具有一定几何形状（如椭圆形、菱形和圆柱形等）、一定尺寸和一定理化性能（防水性、热稳定性）的块状燃料。在工业领域，型煤主要用于高炉炼铁、蒸汽机车、层燃锅炉、煤气发生炉以及工业炉窑等，其中，高炉炼铁和铸造、锻造等工业炉窑都是型煤的重要应用领域。在民用领域，型煤主要用于炊事和取暖，如制造的蜂窝煤、煤球等。还有一些特殊类型的型煤，如点火型煤、耐火材料用型煤、烧烤用型煤和火锅用型煤等，这些型煤在特定的场合和需求下有着独特的用途。

三、煤的分类及用途

在我国，以煤化程度及工艺性能指标作为煤的分类的标准，将煤分为褐煤、无烟煤和烟煤三大类，详见表 1-1。

表 1-1　　我国煤的分类

类别		代号	编码	分类指标					
				V_{daf}/%	G	Y/mm	b/%	P_M[2]/%	$Q_{gr.maf}$[3]/（MJ/kg）
褐煤		HM	51 52	＞37.0 ＞37.0	—	—	—	≤30 ＞30～50	≤24
无烟煤		WY	01，02，03	≤10.0	—	—	—	—	—
烟煤	贫煤	PM	11	＞10.0～20.0	≤5	—	—	—	—
烟煤	贫瘦煤	PS	12	＞10.0～20.0	＞5～20	—	—	—	—
烟煤	瘦煤	SM	13，14	＞10.0～20.0	＞20～65	—	—	—	—
烟煤	焦煤	JM	24 15，25	＞20.0～28.0 ＞10.0～28.0	＞50～65 ＞65①	≤25.0	≤150	—	—
烟煤	肥煤	FM	16，26，36	＞10.0～37.0	（＞85）①	＞25.0		—	—
烟煤	1/3 焦煤	1/3 JM	35	＞28.0～37.0	＞65①	≤25.0	≤220	—	—
烟煤	气肥煤	QF	46	＞37.0	（＞85）①	＞25.0	＞220	—	—
烟煤	气煤	QM	34 43，44，45	＞28.0～37.0 ＞37.0	＞50～65 ＞35	≤25.0	≤220	—	—
烟煤	1/2 中黏煤	1/2 ZN	23，33	＞20.0～37.0	＞30～50	—	—	—	—
烟煤	弱黏煤	RN	22，32	＞20.0～37.0	＞5～30	—	—	—	—
烟煤	不黏煤	BN	21，31	＞20.0～37.0	≤5	—	—	—	—
烟煤	长焰煤	CY	41，42	＞37.0	≤35	—	—	＞50	—

注：V_{daf} 为干燥无灰基挥发分，G 为烟煤的黏结指数，Y 为烟煤的胶质层最大厚度，b 为烟煤的奥阿膨胀度，P_M 为低煤阶煤透光率，$Q_{gr,maf}$ 为恒湿无灰基高位发热量。

①在 G>85 的情况下，用 Y 值或 b 值来区分肥煤、气肥煤与其他煤类；当 Y>25.0 mm 时，根据 V_{daf} 的大小可划分为肥煤或气肥煤；当 Y≤25.0 mm 时，则根据 V_{daf} 的大小可划分为焦煤、1/3 焦煤或气煤。

按 b 值划分类别时，当 V_{daf}≤28.0% 时，b>150% 的为肥煤；当 V_{daf}>28.0% 时，b>220% 的为肥煤或气肥煤。如按 b 值和 Y 值划分的类别有矛盾时，以 Y 值划分的类别为准。

②对 V_{daf}>37.0%、G≤5 的煤，再以 P_M 来区分其为长焰煤或褐煤。

③对 V_{daf}>37.0%、P_M>30%～50% 的煤，再测 $Q_{gr,maf}$，如其值大于 24 MJ/kg，应划分为长焰煤，否则为褐煤。

褐煤：符号为 HM，煤化程度低的煤，外观多呈褐色，光泽暗淡，含有较高的内在水分和不同数量的腐殖酸。褐煤可分为 1 号褐煤和 2 号褐煤。褐煤可用作发电锅炉的燃料和化工原料，有些褐煤可用来制造磺化煤或活性炭，有些褐煤可用作提取褐煤蜡的原料。腐殖酸含量高的年轻煤可用来提取腐殖酸，生产腐殖酸铵等有机肥料，可用于农田和果园而起到增产的作用。

无烟煤：符号为 WY，煤化程度最高的煤。无烟煤固定碳含量高，挥发分产率低，密度大，硬度大，燃点高。无烟煤燃烧时不冒烟，一般碳质量分数在 90% 以上，挥发分在 10% 以下，无胶质层厚度，燃烧热为（2.5～2.7）$\times 10^4$ kJ/kg。无烟煤的主要用途有：① 作为化肥（如氮肥）和合成氨生产的原料；② 制作各种碳素材料；③ 民用、陶瓷制造、锻造的燃料；④ 水的过滤净化处理材料；⑤ 与贫煤、瘦煤和气煤一起作为高炉喷吹煤。无烟煤可编号为 01（年老）、02（典型）、03 号（年老）。

烟煤：符号为 YM，煤化程度高于褐煤而低于无烟煤的煤。其特点是挥发分产率范围宽，单独炼焦时从不结焦到强结焦的情况均会出现，燃烧时有烟。

烟煤可分为如下 12 类。

（1）贫煤：符号为 PM，是煤化程度最高、挥发分最低的烟煤，一般无黏结性，具有着火温度高、燃烧时火焰短、发热量高以及燃烧持续时间长等特点。贫煤主要用作动力煤和民用燃料，也可用作炼焦配煤。当瘦煤供应严重不足而炼焦配煤中又有足够黏结组分时，可少量配入贫煤作为瘦化剂。当配入贫煤时，宜将贫煤进行细粉碎，以防止在焦炭中形成裂纹中心。

（2）贫瘦煤：符号为 PS，变质程度高、黏结性较差、挥发分低的烟煤，受热后只产生少量胶质体，其性质介于贫煤和瘦煤之间。用贫瘦煤单独炼焦时，生成的粉焦多，配煤炼焦时配入较少比例就能起到瘦化剂作用，有利于提高焦炭的块度。贫瘦煤也可用作动力煤或民用燃料，有少量用于制造煤气。

（3）瘦煤：符号为 SM，变质程度较高的烟煤，胶质层最大厚度为 6～10 mm。瘦煤结焦性差，甚至不结焦，单独炼焦时炼出的焦炭虽然块度大，但耐磨性很差，在配煤中作为瘦化剂以提高焦炭质量。某些高硫分、高灰分的瘦煤可作为发电、锅炉掺燃料用。

（4）焦煤：符号为 JM，变质程度较高的烟煤，主要用于高炉炼铁和有色金属冶炼，在冶炼过程中能起到还原剂、加热剂和材料主骨架的作用。焦煤可以单独炼焦，炼出的焦炭结焦性好、强度高、裂纹少、耐磨性好、块度均匀，在配煤中可提高焦炭的强度。但焦煤膨胀压力大，这在配煤炼焦时应该注意。

（5）肥煤：符号为 FM，变质程度中等的烟煤，具有强黏结性，挥发分为 25%～35%，胶质层最大厚度大于 25 mm。肥煤是炼焦配煤中的基础煤，起材料主骨架的作用，其结焦性好，能产生熔融性好、强度高的焦炭。然而，单独使用肥煤炼焦会导致焦炭横裂纹多、气孔率高、易碎，因此常将其与其他煤种如气煤、瘦煤或弱黏煤混合使用，以提高焦炭质量。

（6）1/3 焦煤：符号为 1/3 JM，介于焦煤、肥煤与气煤之间的具有中等或较高挥发分的强黏结性煤。1/3 焦煤是优质的炼焦煤种，它可以单独炼焦，能生成强度较高的焦炭，也可以与

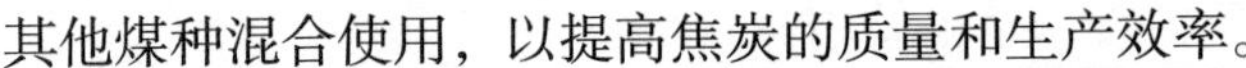

其他煤种混合使用，以提高焦炭的质量和生产效率。

（7）气肥煤：符号为 QF，挥发分高、黏结性强的烟煤。气肥煤炼焦时，能产生大量的煤气和胶质体，但不能生成强度高的焦炭，因此最适用于高温干馏制造煤气，也可用于炼焦配煤，以增加生产率。气肥煤可有效改善配煤膨胀度，但因为其挥发分偏高、易降低焦炭产量、增大焦炭气孔率、影响焦炭质量，所以在炼焦企业的配用量非常低，甚至不配用。不过气肥煤的采购成本偏低，在配煤炼焦中合理配用有利于降低配煤成本，提高企业竞争力。江西乐平矿区和浙江长广煤田是我国生产气肥煤典型矿区。

（8）气煤：符号为 QM，变质程度较低、挥发分较高的烟煤。气煤用于单独炼焦时，生产的焦炭多细长、易碎，并有较多的纵裂纹。气煤可作为炼焦配煤的组分之一，但在实际配煤中，其占用的比例较少，因为它在层状炼焦炉中不结焦。然而，气煤在炼焦配煤中占有一席之地，可以显著降低焦炭的灰分、硫分等有害成分，减少焦化污染物排放，还可以作为动力煤、气化用煤和化工用煤，也是最理想的水煤浆用煤。

（9）1/2 中黏煤：符号为 1/2 ZN，黏结性介于气煤和弱黏煤之间、挥发分范围较宽的烟煤。1/2 中黏煤主要作为气化用煤，以及动力煤、炼焦配煤。虽然 1/2 中黏煤的黏结性不高，但它仍可作为炼焦配煤的一部分，通过与其他煤种的合理配比，可以提高焦炭的质量和生产效率。

（10）弱黏煤：符号为 RN，变质程度较低、挥发分范围较宽的烟煤，黏结性介于不黏煤和 1/2 中黏煤之间。弱黏煤的主要用途有：①作为发电、水泥回转窑、砖瓦建材及民用燃料；②炼焦配煤；③柱状炭化料和活性炭制备；④高炉混煤喷吹原料；⑤煤炭间接液化、低温干馏或气化用煤等。

（11）不黏煤：符号为 BN，变质程度较低、挥发分范围较宽、无黏结性的烟煤。不黏煤主要用作发电、气化或液化用煤，也可用作动力煤、民用燃料以及冶金生产工艺用添加剂。

（12）长焰煤：符号为 CY，是一种变质程度较低的烟煤，一般不结焦，燃烧时火焰长，具有高挥发分、低黏结性、易燃烧等特点。长焰煤的用途主要是作为发电和电站锅炉燃料，气化和低温干馏原料，动力煤，生产煤气、煤焦油的化工原料等。虽然长焰煤本身不适用于炼焦，但在某些情况下，焦化厂会将少量低灰、低硫的长焰煤加入炼焦配煤中，这样可以降低焦炭的灰分和硫分，提高焦炭的质量。然而，需要注意的是，长焰煤的加入量应适当控制，以免影响焦炭的机械强度。

四、煤质检验项目及术语

1. 煤质检验项目

应根据检验室的类型和规模设置煤质检验项目，但常规检验项目（如工业分析、发热量测定等）一般都应设置，而工艺性项目（如黏结指数、可磨性测定等）则根据所在矿（厂）区煤的类别、用途等设置相关的检验项目。另外，还可根据煤质情况和其他需要设置有关的检验项目，例如稀散元素、有害元素的测定，水质、油品分析等。其中，与煤的类别、用途相关的检验项目见表 1-2。

表 1-2　与煤的类别、用途相关的检验项目

煤的类别	煤的用途	检验项目
各类煤	—	工业分析、元素分析、发热量、全硫、灰分、密度、全水分、挥发分、稀散元素等
焦煤、肥煤、气煤、瘦煤、1/3 焦煤、1/2 中黏煤、气肥煤、贫瘦煤	炼焦用煤	黏结指数、坩埚膨胀序数、胶质层最大厚度、格-金干馏试验、奥阿膨胀度、吉泽勒流动度
无烟煤、褐煤、贫煤、长焰煤、不黏煤、弱黏煤	动力煤	灰熔融性、可磨性、磨损性指数、透光率（褐煤分类用）
无烟煤、褐煤、贫煤、长焰煤、不黏煤、弱黏煤	气化用煤	结渣性、落下强度、热稳定性、煤对二氧化碳的反应性

2. 煤质检验术语

工业分析：水分、灰分、挥发分和固定碳 4 个煤样分析项目的总称。

全水分：煤样的外在水分和内在水分的总和。

外在水分：在一定条件下，煤样与周围空气湿度达到平衡时所失去的水分。

内在水分：在一定条件下，煤样与周围空气湿度达到平衡时所保持的水分。

最高内在水分：煤样在温度为 30 ℃、相对湿度为 96% 条件下，达到平衡时测得的内在水分。

一般分析试验煤样水分：在规定条件下测定的一般分析试验煤样水分。

全硫：煤样中各种形态硫的总和。

密度：单位体积煤样的质量。

灰分：在规定条件下，煤样完全燃烧后所得的残留物。

外来灰分：煤生产过程中，混入煤中的矿物质所形成的灰分。

内在灰分：由原始成煤植物中的和由成煤过程进入煤层的矿物质所形成的灰分。

挥发分：在规定条件下，煤样隔绝空气加热并进行水分校正后的质量损失。

固定碳：从测定挥发分后的煤样残渣中减去灰分后的残留物，通常由 100% 减去水分、灰分和挥发分得出。

元素分析：碳、氢、氧、氮、硫 5 个煤样分析项目的总称。

发热量：单位质量的煤样燃烧后产生的热量。

灰分分析：灰分元素组成（通常以氧化物表示）分析。

黏结指数：煤样的黏结力的量度，以在规定条件下烟煤与专用无烟煤完全混合并碳化后所得焦炭的机械强度来表征。

专用无烟煤：专门用于测定黏结指数或罗加指数且其技术指标达到规定要求的无烟煤。

坩埚膨胀序数：在规定条件下，以煤样在坩埚中加热所得焦块膨胀程度的序号表征烟煤的膨胀性和黏结性的指标。

奥阿膨胀度：由奥迪贝尔和阿尼两人提出的以膨胀度和收缩度等参数表征烟煤膨胀性和黏结性的指标。

吉泽勒流动度：由吉泽勒提出的以最大流动度和特征温度表征烟煤塑性的指标。

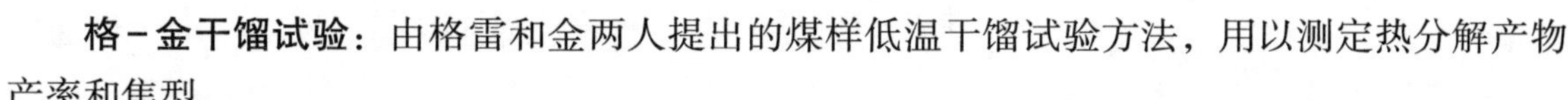

格－金干馏试验：由格雷和金两人提出的煤样低温干馏试验方法，用以测定热分解产物产率和焦型。

灰熔融性：在规定条件下，得到的随加热温度而变化的煤灰锥变形、软化、呈半球状和流动的特性。

胶质层最大厚度：烟煤胶质层指数测定中，利用探针测出的胶质体上下层面差的最大值。

变形温度：在灰熔融性测定中，煤灰锥尖端（或棱）开始变圆或变曲时的温度。

软化温度：在灰熔融性测定中，煤灰锥弯曲至锥尖触及托板或灰锥变成球体时的温度。

半球温度：在灰熔融性测定中，煤灰锥形状变至近似半球形，即高约等于底长一半时的温度。

流动温度：在灰熔融性测定中，煤灰锥熔化展开成高度小于 1.5 mm 的薄层时的温度。

可磨性：在规定条件下，煤样研磨成粉的难易程度。

哈氏可磨性指数：由哈德格罗夫提出的煤研磨成粉难易程度的量度指标，以在规定条件下，一定粒度的煤样用哈氏可磨性测定仪研磨后，与小于 0.071 mm 粒度的试样量相对应的可磨性指数表示。

磨损性指数：煤磨碎时对金属件的磨损能力的量度，以在规定条件下磨碎 1 kg 煤样对特定金属件磨损的毫克数表示。

透光率：煤在规定条件下用硝酸与磷酸的混合液处理后所得溶液的透光百分率。本指标适用于褐煤和低阶烟煤。

落下强度：煤抗破碎能力的量度指标，以在规定条件下，一定粒度的煤样自由落下后大于 25 mm 的块煤占原煤样的质量分数表示。

热稳定性：煤受热后保持规定粒度能力的量度指标，以在规定条件下，一定粒度的煤样受热后大于 6 mm 的颗粒占原煤样的质量分数表示。

煤对二氧化碳的反应性：煤与二氧化碳反应能力的量度指标，以在规定条件下，煤样将二氧化碳还原为一氧化碳的质量分数表示。

结渣性：煤在气化或燃烧过程中，煤灰受热、软化、熔融而结渣的性能的量度指标，以一定粒度的煤样燃烧后，大于 6 mm 的渣块占全部残渣的质量分数表示。

第二节　煤质检验基础知识

一、煤质检验所用煤样的要求与测定

1. 煤样的要求

（1）为了得到具有代表性和准确的分析结果，在煤样的采取和制备上都规定了严格的操作方法。煤质检验所用煤样除有特殊要求外，一般都应为空气干燥煤样。将煤样制备至规定

粒度后，摊成薄层，在室温下于空气中连续放置 1 h，直到煤样质量变化不超过 0.1%，即达到空气干燥状态。

（2）煤样制成后应装入严密的容器中，通常使用有严密磨口玻璃塞或塑料塞的广口玻璃瓶，煤样量占玻璃瓶容量的 1/2～3/4。

（3）称取煤样时，应先将其充分混匀，再进行称取。

（4）接收煤样时，应核对样品标签、通知单等。确认无误后，再检查样品的粒度、数量是否符合规定，符合规定方可收样。

2. 煤样的测定

（1）测定次数

在煤质检验过程中，除特别要求外，每项分析试验应对同一煤样进行两次平行测定，两次测定值的差值如不超过规定限度（重复性限 T），则取其算术平均值作为测定结果，否则应进行第三次测定。如 3 次测定值的极差小于或等于 1.2T，则取 3 次测定值的算术平均值作为测定结果，否则应进行第四次测定。如 4 次测定值的极差小于或等于 1.3T，则取 4 次测定值的算术平均值作为测定结果。如 4 次测定值的极差大于 1.3T，而其中 3 个测定值的极差小于或等于 1.2T，则可取 3 个测定值的算术平均值作为测定结果。如上述条件均未达到，则应舍弃全部测定结果，并检查仪器和操作过程，然后重新测定。

[例题 1-1] 测定煤中灰分（A_{ad}），两次测定值超过允许差，3 次测定的数据是 10.00%、10.21%、10.18%，T 为 0.20。如何报出结果？

解： 因为 10.21－10.00=0.21，1.2T=1.2×0.20=0.24，即 0.21＜1.2T，

所以报出结果是 $A_{ad}=\dfrac{10.00+10.21+10.18}{3}\times100\%=10.13\%$。

[例题 1-2] 测定一份煤样的灰分（A_{ad}），两次测定值超过允许差，得到的数据是 10.03%、10.25%，第三次测定值为 10.46%，3 次测定值的极差大于 1.2T，T 为 0.20，又进行第四次测定，测定值为 10.23%。如何报出结果？

解： 因为 10.46－10.03=0.43，1.3T=1.3×0.20=0.26，即 0.43＞1.3T，所以 4 个数据不能平均报出，需要看其中 3 个测定值的极差是否小于或等于 1.2T。

因为 10.25－10.03=0.22，1.2T=1.2×0.20=0.24，即 0.22＜1.2T，

所以 $A_{ad}=\dfrac{10.03+10.25+10.23}{3}\times100\%=10.17\%$。

但 10.46－10.23=0.23＜1.2T，

所以 $A_{ad}=\dfrac{10.25+10.23+10.46}{3}\times100\%=10.31\%$。

那么分析结果应该是 10.17% 还是 10.31% 呢？国家标准没作规定，因此这两个结果按算术平均值报出较为合理，即

$$A_{ad}=\frac{10.17+10.31}{2}\times100\%=10.24\%。$$

所以，A_{ad} 值以 10.24% 报出。

（2）水分测定期限

水分应在煤样制备后立即测定，如不能立即测定，则应将之准确称量并置于不吸水、不透气的密闭容器中，应尽快测定。

凡根据水分测定结果进行校正或换算的分析试验，应同时测定煤样水分，如不能同时进行，两者测定也应在尽量短的、煤样水分未发生显著变化的期限内进行，不应超过 5 天。

（3）测定方法的精密度

煤质检验测定方法的精密度以重复性和再现性表示。

1）重复性，即同一检验室的允许差，是指在同一检验室中，由同一操作者用同一台仪器，对同一一般分析试验煤样，在短期内所做的重复测定所得结果间的差值（在 95% 概率下）的临界值。

应用场景：当需要在同一检验室内评估测定方法的稳定性时，使用重复性指标。应确保在相同条件下，多次测定结果的一致性，以反映检验室内部操作的精密度。

重复测定与平行测定是不相同的。例如，测定挥发分时，重复测定是将同一煤样分两次进炉测定，而平行测定是在一炉中同时测定。因此重复测定比平行测定的精度要高得多。

2）再现性，即不同检验室的允许差，是指在不同检验室中，对从煤样缩制最后阶段的同一煤样中分取出来的具有代表性的部分所做的重复测定，所得结果平均值间的差值（在 95% 概率下）的临界值。

应用场景：当需要在不同检验室间比较测定结果时，使用再现性指标，评估不同检验室间测定结果的差异，以反映测定方法在不同条件下的稳定性和一致性。

二、煤质检验中基的换算

1. 基的概念及符号

煤所处的状态称为基准，简称基。常用的基有以下 4 种：

（1）空气干燥基

空气干燥基以与空气湿度达到平衡状态的煤为基准，表示符号是 ad。煤质检验所测得的都是各种指标的空气干燥基数值，这是因为均采用空气干燥煤样测定的。将煤样在空气中连续干燥 1 h，其质量变化不大于 0.1%，则认为煤样达到空气干燥状态。煤样的空气干燥状态是为了确保煤质检验的准确性和可靠性，如果煤样过湿，则尤其会影响检验结果的准确性。因此，在进行煤质检验前，需要确保煤样达到空气干燥状态。

（2）干燥基

干燥基以假想无水状态的煤为基准，表示符号是 d。

实际上，不含水分的煤是不能稳定存在的，当煤样在干燥箱中干燥而失去空气干燥基水分后，如果被移出干燥箱，遇到空气，将立即吸收空气中的水分，直到与空气湿度达到平衡状态。因此，无水状态的煤是不存在的。

由于煤的干燥基分析结果不受煤样水分的影响，不同单位在不同环境下所测得的煤样各项指标值就有了可比性。因此国家标准中对不同检验室的允许误差都是以干燥基来表示的。标准煤样的不确定度也是以干燥基来表示的。

（3）干燥无灰基

干燥无灰基以假想无水、无灰状态的煤为基准，表示符号是 daf。无水、无灰的煤实际上就是常说的纯煤。但任何煤都带有灰分，因此，无水、无灰状态的煤是不存在的。

干燥无灰基常用于挥发分测定。干燥无灰基挥发分的高低反映了煤的变质程度，在我国煤炭分类中是主要分类指标之一。

（4）收到基

收到基以用户收到状态的煤为基准，表示符号是 ar。

2. 基的表示方法

基有多种表示方法，为了区别以不同基表示的煤质检验结果，通常将英文字母标在有关符号的右下角、项目细划分符号后面，并用逗号分开。

例如：空气干燥基全硫，$S_{t,ad}$；干燥无矿物质基挥发分，V_{dmmf}；收到基恒容低位发热量，$Q_{net,v,ar}$；恒湿无灰基高位发热量，$Q_{gr,maf}$，表示煤在恒湿无灰基条件下的高位发热量。注意：恒湿无灰基指的是在特定的温度和相对湿度下，煤中所含的水分被固定在某一特定值（通常是最高内在水分），并且假设煤中无灰分（去除了灰分的影响）的状态。这里的恒湿指的是煤样在 30 ℃、相对湿度为 96% 的条件下测得的水分含量，无灰则是指煤样中去除了灰分（煤燃烧后剩下的残渣）的影响。

3. 基的换算

实际工作中，一方面，需把检验结果换算为其他的标准；另一方面，检验项目的基不同，检验结果也不同，从而使同类检验项目没有可比性。因此，熟练进行各基的换算就显得尤为重要。例如，在炼焦生产中，为了准确表示煤的质量，通常使用干燥基来表示煤的灰分、硫分和发热量，即 A_d、$S_{t,d}$ 和 $Q_{gr,d}$；在研究煤的有机质特性时，为了排除灰分对检验结果的影响，常采用干燥无灰基，如用 ω_{daf}（C）、ω_{daf}（O）、ω_{daf}（N）分别表示干燥无灰基下的碳元素、氧元素、氮元素含量。在煤作为气化原料或动力燃料、进行热工计算以及煤的计量计价时，多采用收到基数据，如 M_{ar} 表示收到基水分，$Q_{net,ar}$ 表示收到基低位发热量，ω_{ar}（H）表示收到基氢元素含量。

基的换算基本原理为物质不灭定律，即煤中任一成分的检验结果无论采用哪种基表示，该成分的绝对质量保持不变。首先要清楚各种基的含义和不同点，才能熟练地进行换算，而不必死记硬背众多换算公式。干燥基的数据比空气干燥基数据大，因此当空气干燥基换算为干燥基时，应在空气干燥基数据上乘以大于 1 的数据。可把基的含义从小到大排列为：收到基→空气干燥基→干燥基→干燥无灰基。

已知前面的基，求后面的基，必定乘以大于 1 的数；反之，则乘以小于 1 的数。当然，也可用移项的方式熟记公式。不同基的换算公式见表 1-3。

表 1-3　　不同基的换算公式

已知基 \ 要求基	空气干燥基（ad）	收到基（ar）	干燥基（d）	干燥无灰基（daf）
空气干燥基（ad）	—	$\frac{100\%-M_{ar}}{100\%-M_{ad}}$	$\frac{100\%}{100\%-M_{ad}}$	$\frac{100\%}{100\%-M_{ad}-A_{ad}}$
收到基（ar）	$\frac{100\%-M_{ad}}{100\%-M_{ar}}$	—	$\frac{100\%}{100\%-M_{ar}}$	$\frac{100\%}{100\%-M_{ar}-A_{ar}}$
干燥基（d）	$\frac{100\%-M_{ad}}{100\%}$	$\frac{100\%-M_{ar}}{100\%}$	—	$\frac{100\%}{100\%-A_{d}}$
干燥无灰基（daf）	$\frac{100\%-M_{ad}-A_{ad}}{100\%}$	$\frac{100\%-M_{ar}-A_{ar}}{100\%}$	$\frac{100\%-A_{d}}{100\%}$	—

[例题 1-3] 已知 A_{ad}=10%，M_{ad}=1%，求 A_d。

解： $A_d=A_{ad}\times\frac{100\%}{100\%-M_{ad}}=10\%\times\frac{100\%}{100\%-1\%}=10.1\%$。

[例题 1-4] 已知 A_d=10%，M_{ad}=1%，V_{ad}=15%，求 V_{daf}。

解： $V_{daf}=V_{ad}\times\frac{100\%}{100\%-M_{ad}-A_{ad}}=15\%\times\frac{100\%}{100\%-1\%-9.9\%}=16.84\%$。

三、煤质检验结果表述及有效数字的运算

1. 结果表述

由于煤是固体物质，被测组分在煤样中的含量通常以质量分数来表示。质量分数是指某物质的质量与混合物的质量之比，其符号为 W，计算公式为

$$W=\frac{m_x}{m} \tag{1-1}$$

式中，m_x——被测组分的质量，g；

m——煤样的质量，g。

由定义可知，质量分数的数值应小于 1。在煤质检验中通常使用质量百分数来表示被测组分的含量，这是质量分数的一种表示形式，计算公式为

$$X=\frac{m_x}{m}\times100\% \tag{1-2}$$

式中，X——被测组分的质量分数，%；

m_x——被测组分的质量，g；

m——煤样的质量，g。

例如，某煤样含 $S_{t,ad}$ 为 1.47%，表示在 100 g 煤样中含 $S_{t,ad}$ 为 1.47 g。

2. 有效数字

在煤质检验中，为了得到准确的测量结果，不仅要准确测量，而且要正确地记录和计算。因此，在煤质检验数据的记录和计算过程中，应保留几位数字是一件很重要的事情，不能随意增减位数。这就需要了解有效数字的含义。

有效数字是指有意义的数字，在分析工作中，就是能实际测量到的数字。例如，用分析天平称得某坩埚的质量为 13.163 1 g，有 6 位有效数字；滴定剂体积为 24.26 mL，有 4 位有效数字。由于分析天平能称准至 ±0.000 1 g，可见上述坩埚质量应是（13.163 1±0.000 1）g，因此这个数值只有最后一位数字不是很准确的，是可疑的。

如数字中有“0”时，应分析具体情况。例如，0.002 8 g 有两位有效数字，前面“0”起定位作用；2.000 3 g 有 5 位有效数字；36.00 mL 有 4 位有效数字；0.100 0 g 有 4 位有效数字，前面“0”起定位作用，后面 3 个“0”都是有效数字。同样，这些有效数字的最后一位数字是可疑数字。

因此，在记录检验数据和计算结果时，根据所使用仪器的准确度，注意在所保留的有效数字中，只有最后一位数字是可疑数字。如分析天平能准确到 0.000 1 g，所以所称物体的质量如果是 21.500 0 g 就不能写成 21.500 00 g。在平时加权平均中，如 $\frac{10.00\times500+9.80\times400}{2}$，这个 2 没有可疑数字，可视为无限有效。一般的倍数或分数，都是无限有效数字。

3. 有效数字修约规则

煤质检验的测定结果的有效数字修约规则为：凡末位有效数字后边的第一位数字大于 5，则在其前一位上增加 1，小于 5 则舍去；凡末位有效数字后边的第一位数等于 5，而 5 后面的数字并非全部为零，则在 5 前一位数上增加 1；凡末位有效数字后边的第一位数等于 5，且 5 后面的数字全部为零时，若 5 前面的一位数为奇数，则在 5 的前一位数上增加 1，若前一位数为偶数（包括零），则将 5 舍去。在拟舍弃的数字中，当为两位以上数字时，不得连续进行多次修约，应根据所拟舍弃数字中左边第一个数字的大小，按上述规定一次修约出测定结果。总之，遵循“四舍六入五考虑，五后非零则进一，五后皆零视奇偶，五前为奇则进一，五前为偶则舍弃”的原则。

例如，煤的灰分测定结果要保留两位小数，那么如下数字的有效数字修约结果为：14.354 4 修约为 14.35，14.356 0 修约为 14.36，14.355 0 修约为 14.36，14.365 0 修约为 14.36，14.365 1 修约为 14.37，14.354 9 修约为 14.35。

煤质检验中各种指标的测定值和报告值取位见表 1－4。

表 1－4　煤质检验中各种指标的测定值和报告值取位

指标名称	单位	测定值	报告值
全水分	%	小数点后一位	小数点后一位
工业分析	%	小数点后两位	小数点后两位
全硫	%	小数点后两位	小数点后两位
元素分析	%	小数点后两位	小数点后两位

续表

指标名称	单位	测定值	报告值
结渣性	%	小数点后两位	小数点后两位
发热量	MJ/kg，J/g	个位，小数点后三位	十位，小数点后两位
胶质层指数（X值、Y值）	mm	0.5	0.5
黏结指数	无	小数点后一位	个位
罗加指数	%	小数点后一位	个位
奥阿膨胀度	%	小数点后一位	个位
奥阿收缩度	%	小数点后一位	个位
灰熔融性特征温度	℃	个位	十位
奥阿膨胀度特征温度	℃	个位	十位

4. 有效数字的运算

（1）加减法

几个数据相加或相减时，它们的和或差的有效数字的保留，应以小数点后位数最少（绝对误差最大）的数为依据。

例如，有三个物体的质量相加：0.012 1 g+25.64 g+1.057 8 g=？由于各数最后一位为可疑数字，其中25.64的绝对误差最大，三个数相加，第二位小数已属可疑，其余两个数据可按有效数字修约规则保留两位小数。因此，应写为0.01 g+25.64 g+1.06 g=26.71 g。

（2）乘除法

几个数据相乘除时，积或商的有效数字的保留，应以其中相对误差最大（有效数字位数最少）的那个数为依据。例如，求0.012 1、25.64及1.057 82三个数的乘积。这三个数的相对误差与加减法不同，乘除法中有效数字的位数取决于相对误差最大的那个数。

三个数的相对误差分别是：

0.012 1　　$\frac{\pm 0.0001}{0.0121}\times 100\% = \pm 0.8\%$

25.64　　$\frac{\pm 0.01}{25.64}\times 100\% = \pm 0.04\%$

1.057 82　　$\frac{\pm 0.00001}{1.05782}\times 100\% = \pm 0.0009\%$

第一个数是三位有效数字，其相对误差最大，应以此数据为标准确定其他数字的修约数（用数字的修约法将各数都保留三位有效数字），即上述三个数字的乘积为0.012 1×25.6×1.06=0.328。

当各数的有效数字位数不同时，相对误差最大的数，一定是有效数字位数最少的数。因此在乘除法中，所得结果的有效数字位数应以有效数字位数最少的数为标准。

综上，有效数字取舍规则可总结如下：

1）记录检验结果时，只应保留一位可疑数字。

2）在运算中弃去多余数字时，一律以数字修约规则为标准。

3）几个数相加减时，保留有效数字位数取决于绝对误差最大的数位。

4）几个数相乘除时，以有效数字位数最少的为标准，弃去多余的位数，然后进行乘除。在运算过程中，可以暂时多保留一位数，得到最后结果时再弃去多余的数字。

复习思考题

1. 名词解释：毛煤、原煤、商品煤、工业分析、发热量、黏结指数、灰熔融性。

2. 炼焦用煤有哪些？炼焦用煤的检验项目有哪些？

3. 煤质检验的测定方法精密度以什么表示？它们的区别是什么？

4. 以煤化程度及工艺性能指标作为分类标准，我国将煤炭分为 3 大类。其中，烟煤分为 12 小类，分别是什么？

5. 空气干燥基、干燥基、干燥无灰基、收到基的概念和符号分别是什么？

6. 全水分、工业分析、全硫、元素分析、发热量、黏结指数、奥阿膨胀度测定值和报告值分别保留几位小数？

第二章

煤样采取与制备

学习目标

1. 了解煤样采取与制备过程中涉及的相关术语；
2. 熟悉煤样采取与制备的基本原理；
3. 掌握商品煤样人工采取的详细步骤；
4. 掌握全水分煤样、一般分析试验煤样的制备步骤；
5. 熟悉筛分试验的操作原理与过程；
6. 掌握浮沉试验的操作原理与过程；
7. 掌握浮沉试验数据处理及可选性曲线的绘制。

学习引导

煤样采取与制备在煤炭质量控制中具有重要意义。通过系统采样和科学制备的过程，可以确保煤样的真实性和代表性，保障后续的分析测试。例如，某大型燃煤电厂为了提升燃煤效率、降低污染物排放，决定对入厂煤炭进行严格的质量控制。为此，该电厂决定对入厂煤炭进行系统的煤样采取与制备，以便准确了解煤炭的各项性能指标，为后续的燃煤调整和优化提供依据。同时，在煤样采取与制备过程中，必须严格遵守操作规程和安全规定，确保人身安全和设备安全。

第一节　商品煤样人工采取

商品煤样，即销售煤样，是指代表商品煤平均性质的煤样。此类煤样来源多样，可源自输送机上的煤流、运输工具（例如火车）所载煤表层，或直接从煤堆中取得。值得注意的是，从动态煤流中采取的煤样往往最具代表性，而煤堆上的采样则可能因堆积、氧化等因素导致准确性下降。

采取商品煤样的核心目的在于评估煤炭质量，通过一系列检验手段，可以验证待售煤炭是否满足合同约定的质量标准，此结果直接作为交易双方进行交易与结算的依据。此外，这些煤样数据还用于计算月度销售煤炭的平均质量，进而全面把握该煤矿的煤炭质量状况。

一般而言，商品煤样的检验项目涵盖几个关键指标，如水分、灰分、挥发分、发热量、全水分和全硫等。针对粒度大于 50 mm 的煤炭（如块煤、原煤），还应检测其矸石含量。对于经过筛选的等级煤（末煤中的粉末状煤除外），则应测定其含粉率。当然，若客户提出特定要求，且合同中已有明确条款规定，则可依据要求执行其他专项检测。

一、采样术语

子样：采样器具操作一次或截取一次煤流全横截面所采取的一份样。

总样：从一个采样单元取出的全部子样合并成的煤样。

随机采样：在采取子样时，对采样的部位和时间均不施加任何人为的意志，能使任何部位的煤都有机会被采取。

系统采样：按相同的时间、空间或质量的间隔采取子样，但第一个子样在第一个间隔内随机采取，其余的子样按选定的间隔采取。

批：需要进行整体性质测定的一个独立煤量。

采样单元：从一批煤中采取一个总样的煤量。一批煤可以是一个或多个采样单元。

多份采样：从一个采样单元取出若干个子样，依次轮流放入各容器中。每个容器中的煤样都构成一份质量接近的煤样，每份煤样都能代表整个采样单元的煤质。

二、采样工具

采样工具（或采样器）包括采样斗、采样铲、探管、手工螺旋钻、人工切割斗、停带采样框等。采样工具的开口宽度应满足式（2-1）的要求且不小于 30 mm。

$$W \geqslant 3d \tag{2-1}$$

式中，W——采样工具开口端横截面的最小宽度，mm；

d——煤的标称最大粒度，mm。

采样工具的容量应至少能容纳 1 个子样的煤量，且不被煤样充满，煤样不会从工具中溢出或泄漏；如果用于落流采样，采样工具开口的长度应大于截取煤流的全宽度（前后移动截取时）或全厚度（左右移动截取时）；子样抽取过程中，应不会将大块的煤或矸石等推到一旁；黏附在工具上的湿煤应尽量少且易除去。

三、采样基本要求

采样和制样的基本过程是：首先，从分布于整批煤的许多点收集相当数量的一份煤，即

初级子样；然后，将各初级子样直接合并或缩分成一个总样；最后，将此总样经过一系列制样程序制成所要求数目和类型的待检验煤样。

采样的基本要求是被采样批煤的所有颗粒都可能进入采样设备，每一个颗粒都有相等的概率被采入试样中。

1. 采样单元

商品煤分品种以 1 000 t 为一基本采样单元。

当批煤量不足 1 000 t 或大于 1 000 t 时，可根据实际情况，如一列火车装载的煤、一艘船装载的煤、一车厢或一船舱装载的煤、一段时间内发送或接收的煤等煤量为一采样单元。如需进行单批煤质量核对，应对同一采样单元煤进行采样、制样和检验。

2. 采样精密度

原煤、筛选煤、精煤和其他洗煤（包括中煤）的采样、制样和检验总精密度（以灰分为标准，下同）详见表 2-1。

表 2-1　采样、制样和检验总精密度

品种	灰分	精密度
原煤、筛选煤	＞20%	± 2%（绝对值）
	≤20%	±（1/10）A_d 但不小于 ± 1%（绝对值）
精煤	—	± 1%（绝对值）
其他洗煤（包括中煤）	—	± 1.5%（绝对值）

3. 子样数

（1）原煤、筛选煤、精煤及其他洗煤（包括中煤）的基本采样单元最少子样数详见表 2-2。

表 2-2　基本采样单元最少子样数

品种	灰分	最少子样数 / 个				
		煤流	火车	汽车	煤堆	船舶
原煤、筛选煤	＞20%	60	60	60	60	60
	≤20%	30	60	60	60	60
精煤	—	15	20	20	20	20
其他洗煤（包括中煤）	—	20	20	20	20	20

注：原煤、筛选煤灰分不清楚时，按灰分＞20% 计算。

（2）采样单元煤量小于 1 000 t 时，子样数根据表 2-2 规定的最少子样数按比例递减，但应不少于表 2-3 的规定数。

表 2-3　采样单元煤量小于 1 000 t 时的最少子样数

品种	灰分范围	最少子样数 / 个				
		煤流	火车	汽车	煤堆	船舶
原煤、筛选煤	＞20%	18	18	18	30	30
	≤20%	10	18	18	30	30
精煤	—	10	10	10	10	10
其他洗煤（包括中煤）	—	10	10	10	10	10

（3）采样单元煤量大于或等于 1 000 t 时的子样数按式（2-2）计算。

$$N=n\sqrt{\frac{M}{1\ 000}} \tag{2-2}$$

式中，N——应采子样数，个；

n——表 2-2 规定的最少子样数，个；

M——被采样批煤量，t；

1 000——基本采样单元煤量，t。

4. 批煤采样单元数的确定

一批煤既可作为一个采样单元，也可按式（2-3）划分为 m 个采样单元：

$$m=\sqrt{\frac{M}{1\ 000}} \tag{2-3}$$

式中，m——采样单元数，个；

M——被采样批煤量，t。

将一批煤分为若干个采样单元时，采样精密度优于将该批煤整体作为一个采样单元时的采样精密度。

5. 采样质量

（1）总样最小质量

表 2-4 和表 2-5 分别列出了一般分析试验煤样和共用煤样、全水分煤样、粒度分析煤样的总样或缩分后总样最小质量。表 2-4 给出的一般分析试验煤样和共用煤样的总样最小质量可使由于颗粒特性导致的灰分方差减小到 0.01，相当于精密度为 0.2%。

表 2-4　一般分析试验煤样和共用煤样、全水分煤样的总样或缩分后总样最小质量

标称最大粒度 /mm	一般分析试验煤样和共用煤样 / kg	全水分煤样 / kg	标称最大粒度 /mm	一般分析试验煤样和共用煤样 / kg	全水分煤样 / kg
150	2 600	500	13	15	3
100	1 025	190	6	3.75	1.25
80	565	105	3	0.7	0.65
50	170	35	1.0	0.10	—
25	40	8	—	—	—

注：标称最大粒度为 50 mm 的精煤，一般分析试验煤样和共用煤样的总样最小质量可为 60 kg。

表 2-5　粒度分析煤样的总样最小质量

标称最大粒度 /mm	精密度为 1% 的煤样 /kg	精密度为 2% 的煤样 /kg	标称最大粒度 /mm	精密度为 1% 的煤样 /kg	精密度为 2% 的煤样 /kg
150	6 750	1 700	25	36	9
100	2 215	570	13	5	1.25
80	1 070	275	6	0.65	0.25
50	280	70	3	0.25	0.25

注：表中精密度为测定筛上物产率的精密度，即粒度大于标称最大粒度的煤产率的精密度，对其他粒度组分的精密度一般会更好。

（2）子样质量

1）子样最小质量。子样最小质量按式（2–4）计算，但最少为 0.5 kg。

$$m_a=0.06\,d \tag{2-4}$$

式中，m_a——子样最小质量，kg；

d——被采样煤标称最大粒度，mm；

0.06——系数，kg/mm。

表 2–6 给出了部分粒度的初级子样或缩分后子样最小质量。

表 2–6　部分粒度的初级子样或缩分后子样最小质量

标称最大粒度 /mm	子样最小质量 /kg	标称最大粒度 /mm	子样最小质量 /kg
100	6.0	13	0.8
50	3.0	≤6	0.5
25	1.5		

2）子样平均质量。当按表 2–2、表 2–3 规定的子样数和按式（2–4）计算的子样最小质量采取的总样质量达不到表 2–4 和表 2–5 规定的总样最小质量时，应将子样质量增加到按式（2–5）计算的子样平均质量。

$$\overline{m}=\frac{m_g}{n} \tag{2-5}$$

式中，$\overline{m}$——子样平均质量，kg；

m_g——总样最小质量，kg；

n——子样数。

四、在不同采样地点采取商品煤样

1. 移动煤流采样

移动煤流采样可在煤流落流中或皮带上的煤流中进行，但为了安全起见，不推荐在皮带上的煤流中进行。可按相等的时间间隔或质量间隔采样，在整个采样过程中，采样器横过煤流的速度应保持恒定。采取子样的时间间隔和质量间隔分别按式（2–6）和式（2–7）计算，子样数和最小质量由表 2–2、表 2–3、表 2–6 的规定确定。

$$\Delta t\leqslant\frac{60m_{sl}}{nG} \tag{2-6}$$

式中，Δt——采取子样的时间间隔，min；

m_{sl}——采样单元煤量，t；

n——总样的初级子样数；

G——煤最大流量，t/h。

$$\Delta m\leqslant\frac{m_{sl}}{n} \tag{2-7}$$

式中，Δm——采样的质量间隔，t；

m_{sl}——采样单元煤量，t；

n——总样的初级子样数。

在移动煤流下落点采样时，确定子样数后，根据煤的流量和皮带宽度，以一次或分两到三次用接斗或采样铲横截煤流的全断面采取一个子样。若分两到三次截取，按左右或左、中、右的顺序进行，采样部位不得交错重复。用采样铲取样时，铲子只能在煤流中穿过一次，即只能在进入或撤出煤样时取样，不能进出都取样。

煤样在传送皮带传输点的下落煤流中采取时，不适用于煤流量为 400 t/h 以上的系统。采样时，采样器应尽可能地以恒定的小于 0.6 m/s 的速度横向切过煤流。采样器的开口应当至少是煤标称最大粒度的 3 倍并不小于 30 mm，采样器容量应足够大，确保子样不会充满采样器，采出的子样应没有不适当的物理损失。

2. 静止煤采样方法

静止煤采样方法适用于火车、汽车、驳船、轮船等运输工具所载煤和煤堆的采样。

在从火车、汽车和驳船顶部煤采样的情况下，在煤装车（船）后应立即采样；在经过运输后采样时，应挖坑至 0.4～0.5 m 采样，取样前应将滚落在坑底的煤块和矸石清除干净。

采取子样时，探管 / 钻取器或铲子应从采样表面垂直（或成一定倾角）插入。采取子样时不应有意地将大块物料（煤或矸石）推到一旁。

（1）火车采样

当要求的子样数等于或少于一个采样单元的车厢数时，每一车厢应采取一个子样；当要求的子样数多于一个采样单元的车厢数时，每一车厢应采的子样数等于总子样数除以车厢数，如除后有余数，则余数子样应分布于整个采样单元。分布余数子样的车厢可用系统采样方法选择（如每隔若干车厢增采一个子样）或用随机采样方法选择。所采子样的位置在每个车厢应不同，以使车厢各部分的煤都有相同的采出机会。

1）子样数和子样的质量确定。子样数和子样的质量按规定确定，精煤、其他洗煤和粒度大于 100 mm 的块煤每车至少取 1 个子样。

2）子样点布置：

① 系统采样方法。本方法仅适用于每车厢采取的子样相等的情况。将车厢分成若干个边长为 1～2 m 的小块并编号（如图 2-1 所示），当每车厢子样数超过 2 个时，还要将相继的、数量与欲采子样数相等的号编成一组并编号。例如，每车厢采 3 个子样时，则将 1 号、2 号、3 号编为第一组，4 号、5 号、6 号编为第二组，以此类推。先用随机方法决定第一个车厢采样点位置或组位置，然后顺着与其相继的点或组的数字顺序，从后继的车厢中依次轮流采取子样。

② 随机采样方法。将车厢分成若干个边长为 1～2 m 的小块并编号（一般为 15 块或 18 块，图 2-1 所示为 18 块），然后以随机方法依次选择各车厢的采样点位置。

1	4	7	10	13	16
2	5	8	11	14	17
3	6	9	12	15	18

图 2-1　火车采样时的子样分布

（2）汽车和其他小型运载工具采样

载重 20 t 以上的汽车，按火车采样方法选择车厢。载重 20 t 以下的汽车，按下述方法选择车厢：当要求的子样数等于一个采样单元的车厢数时，每一车厢采取一个子样；当要求的子样数多于一个采样单元的车厢数时，每一车厢的子样数等于总子样数除以车厢数，如除后有余数，则余数子样应分布于整个采样单元。分布余数子样的车厢可用系统采样方法或随机采样方法选择；当要求的子样数少于车厢数时，应将整个采样单元均匀分成若干段，然后用系统采样方法或随机采样方法，从每一段采取 1 个或数个子样。

汽车和其他小型运载工具采取子样的位置选择与火车采样原则相同。

（3）驳船采样

驳船采样的子样分布原则上与火车采样相同，因此驳船采样可按火车采样方法进行。轮船采样应在装船或卸船时，在其装（卸）的煤流中或小型运输工具如汽车上进行。

（4）煤堆采样

煤堆采样应当在堆堆或卸堆过程中，或在迁移煤堆过程中，于皮带输送煤流上、小型运输工具如汽车上、堆 / 卸过程中的各层新工作面上、斗式装载机卸下的煤上以及刚卸下并未与主堆合并的小煤堆上采取子样，不要直接在静止的、高度超过 2 m 的大煤堆上采样。当必须从静止大煤堆表面采样时，按规定程序进行，但其结果极可能存在较大的偏差，且精密度较差。从静止大煤堆上，不能采取仲裁煤样。

在堆 / 卸煤新工作面、刚卸下的小煤堆采样时，根据煤堆的形状和大小，将工作面或煤堆表面划分成若干区，再将区分成若干面积相等的小块（煤堆底部的小块应距地面 0.5 m），然后用系统采样方法或随机采样方法决定采样区和每个区采样点（小块）的位置，从每一小块采取 1 个全深度或深部或顶部煤样。在非新工作面情况下，采样时应先除去 0.2 m 的表面层。在斗式装载机卸下煤中采样时，将煤样卸在一干净表面上，然后按系统采样方法采取子样。

煤堆采样按九点采样法采取，如图 2-2 所示，每点采样量不可少于 2 kg，采样深度不可小于 0.5 m，各点要按顶、腰、底分布均匀，底的部位距地面为 0.5 mm。

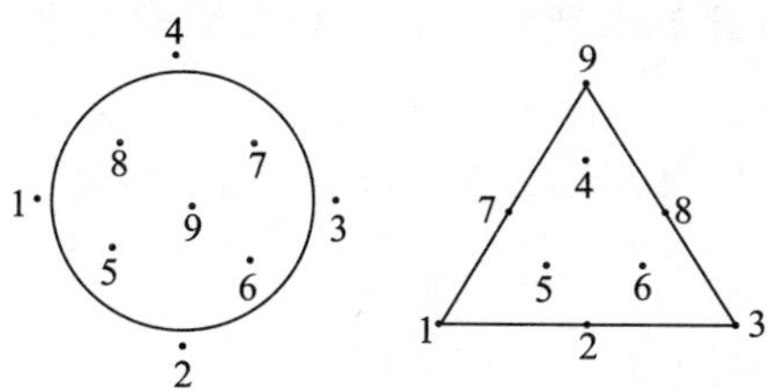

图 2-2　九点采样法

（5）其他用途煤样的采取

煤质检验用煤样有：一般分析用试样，是用于煤的一般物理特性、化学特性测定的试样；全水分试样，是专门用于全水分测定的试样；共用试样，是为了多种用途如全水分和一般物理特性、化学特性测定而采取的试样；物理试样，是专门为特种物理特性如物理强度指数或粒度分析而采取的试样。

其中，用于全水分测定的试样既可以单独采取，也可以从共用试样中抽取。在从共用试样中抽取全水分试样的情况下，采取的初级子样数应当是灰分或全水分测定所需要的数目中较大的那个数。如果在取出全水分试样后，剩余试样不够其余测试所需要的质量，则应增加子样数至总样质量满足要求。

在必要的情况下（如煤非常湿），可单独采取全水分试样。在单独采取全水分试样时，应考虑以下三点：

1）煤在储存过程中由于泄水而逐渐失去水分；

2）如果批煤中存在游离水，它将沉到底部，因此随着煤深度的增加，水分也逐渐增加；

3）如在长时间内从若干批中采取全水分试样，则有必要限定试样的放置时间。

因此，最好的方法是在限定时间内从不同水分水平的各个采样单元中采取子样。

技能实训一　商品煤样人工采取试验

一、实训目标

1. 熟悉国家标准《商品煤样人工采取方法》中的内容，会使用人工采样工具；

2. 掌握商品煤样人工采取方法，并保证煤样的代表性和准确性。

二、任务描述

××××年××月××日，矿号为××××，汽车50辆，原批煤量为1 500 t，标称最大粒度为25 mm。根据来煤信息制定采样方案，对商品煤样进行人工采取。

三、任务准备

1. 采样工具

（1）采样铲。采样铲（如图2-3所示）的开口尺寸应大于煤标称最大粒度的3倍。因此次来煤标称最大粒度为25 mm，故采样铲适用。

（2）采样斗。采样斗如图2-4所示，用于下落煤流中采样。

（3）尖锹。

（4）采样桶。

2. 防护用品

实训中的防护用品包括防尘口罩、安全帽、手套、反光马甲等。

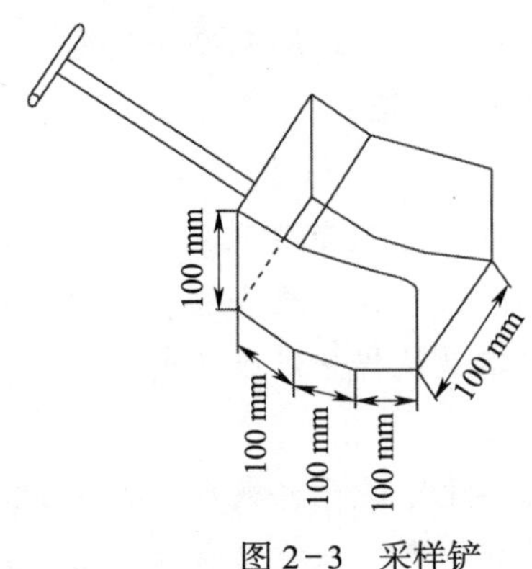

图 2-3　采样铲

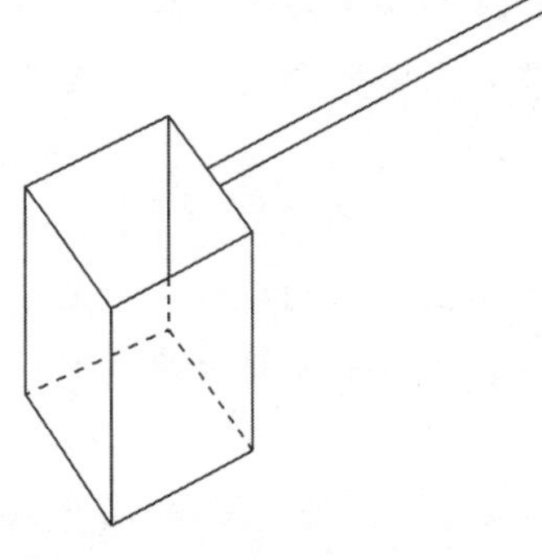
图 2-4　采样斗

四、知识要点

1. 采样单元批煤量大于或等于 1 000 t 时的子样数按式（2-2）计算。

2. 采取最小子样质量按式（2-4）计算。

3. 按汽车采样方法进行操作。

五、实训过程

1. 制定采样方案

根据来煤信息（汽车 50 辆，原批煤量为 1 500 t），制定如下采样方案：

根据国家标准《商品煤样人工采取方法》，采样单元批煤量大于 1 000 t 时的子样数（个）按式（2-2）计算：

$$N=n\sqrt{\frac{M}{1\,000}}=60\sqrt{\frac{1\,500}{1\,000}}=74$$

单车子样数（个）=74/50 ≈ 2，为提高批煤煤样的代表性，可增加采样的点数，每车可采取 3 个子样。

批煤标称最大粒度（d）为 25 mm，则采取最小子样质量 m_a=0.06 d =0.06 kg/mm × 25 mm=1.50 kg，采取最小总样质量 m_g=m_a × 50 × 3=1.50 kg × 50 × 3=225.00 kg。

结合以上信息：每车采取点数为 3 个；采取最小子样质量为 1.50 kg；采取最小总样质量为 225.00 kg。

2. 检查工具

对人工采样工作的危险点进行分析，做好防范措施，戴好防尘口罩、安全帽、手套，穿着反光马甲。选取采样铲，采样铲的开口尺寸大于来煤标称最大粒度的 3 倍（来煤标称最大粒度为 25 mm），检查采样铲内部，确保干净无杂物。尖锹牢固、干净，符合使用要求。采样桶外观完好，桶内干净无杂物且配有挂锁。观察好作业现场周边环境。

3. 称量采样桶

将采样桶放置在校正后的电子台秤上进行去皮称量并记录。

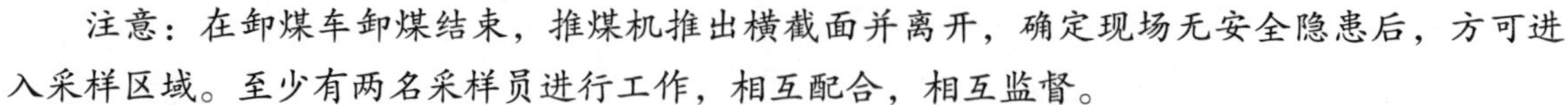

注意：在卸煤车卸煤结束，推煤机推出横截面并离开，确定现场无安全隐患后，方可进入采样区域。至少有两名采样员进行工作，相互配合，相互监督。

4. 随机采样

按照之前制定的采样方案，随机选取采样位置，使用尖锹规范挖坑至 0.4～0.5 m。取样前，应将滚落在坑底的煤块和矸石清理干净。采取子样时，采样铲应从采样表面垂直或成一定角度插入，不应有意将大块物料推到一旁。采样铲应不被试样充满或从中溢出，子样应一次采出，多不扔，少不补。

为提高采样代表性，每辆煤车采取 3 个子样，采样单元中的子样数应符合要求。按照此步骤，采用随机采样方法，对该批次的剩余车辆进行采样。每车采样结束后，为防止水分损失，应立即盖上桶盖。

六、注意事项

1. 实训开始前，应对人工采样工作的危险点进行分析，做好防范措施。应预防高温中暑（或低温冻伤），工作人员要正确戴好防尘口罩、安全帽等防护用品。若在煤场、卸煤沟等现场采样作业，应远离卸煤车辆，禁止站在车辆的侧面或后面。

2. 在人工采样时，必须穿上反光马甲，并时刻注意煤车、装载机、斗轮机等运行情况，防止造成伤害。

3. 煤场人工采样时，应注意检查煤堆是否压实，防止造成坍塌和高处坠落。

4. 卸煤沟人工采样时，应注意脚下，防止踩滑或踩空。

5. 进入现场前应观察好作业现场周边环境，若存在安全隐患，需将其消除后再开始工作。

七、思考题

一列火车共 60 节车皮（60 t/ 节），装载不同品种的煤发往不同的用户：5 节 5 级精煤发往焦化厂 A，20 节 5 级精煤发往焦化厂 B，20 节 15 级筛选煤发往电厂 D，10 节 15 级筛选煤发往电厂 E，5 节 14 级筛选煤发往电厂 F。在对这列火车所载的煤进行煤质检验时，至少应采取几个总样？每个总样如何构成？每个总样的子样数是多少？如何布置子样点？

第二节　煤样的制备

不同类型的煤样采集量各有差异：煤层煤样的采集量通常可达 100 kg；若是从火车顶部采集的商品煤样，其质量应为几十千克至几百千克；至于生产过程中的煤样，其采集量更是庞大，少则 3～5 t，多则超过 10 t。

煤质检验工作对于试样的需求相对有限。根据具体的检验项目要求，所需的试样量通常仅为几克至几百克不等。这一显著的量差意味着在煤样采取完成后，不能直接对原始煤样进行分析检验。为了确保分析结果的准确性和代表性，必须经过一个至关重要的环节——煤样的制备，即制样。

一、煤样的制备程序

制样是按照一定的方法将原始煤样的重量逐渐减少（缩分）到一般分析试验煤样所需要的重量，从而使其化学组成或物理性质与缩分前保持一致。煤样的制备目的是通过破碎、筛分、混合、缩分和空气干燥等步骤，将采集的煤样制备成能代表原来煤样特性的分析（试验）用试样。

1. 破碎

破碎是将煤样粒度减小的操作过程，目的在于增加试样颗粒数（提高不均匀质的分散程度），以减小缩分误差。破碎耗费时间、体力、能量，而且会产生试样特别是其中的水分损失。破碎时不应将大量大粒度试样一次破碎到所要求的粒度，应用逐级破碎缩分的方法逐渐减小粒度和试样量，缩分阶段也不宜多，以免增大缩分误差。

破碎方式有粗碎、中碎、细碎。当粗碎粒度要求小于 6 mm 和小于 25 mm 时，可选用颚式破碎机、锤式破碎机；当中碎粒度要求小于 1 mm 和小于 3 mm 时，可选用锤式破碎机、对辊破碎机；当细碎粒度要求小于 0.2 mm 时，可选用密封式粉碎机、球磨机 / 棒磨机、圆盘式粉碎机。

2. 筛分

筛分是把不符合要求的颗粒分离出来后，继续破碎到规定的粒度，使不均匀物料达到一定的扩散程度，减小缩分误差的过程。

筛分应使用孔径为 100 mm、50 mm、25 mm、13 mm、6 mm、3 mm、1 mm、0.2 mm 的方孔筛和孔径为 3 mm、1.5 mm、1 mm 的圆孔筛。

3. 混合

混合是把煤样混合均匀的过程，一般使用堆锥法。为使煤样中的大小颗粒在煤堆中分布得比较均匀，堆锥时必须围绕煤堆一铲一铲地将煤样从锥底铲起，每铲铲起的煤样不宜过多，分两到三次重新堆积的锥顶自上向下撒落，使每铲都有机会沿煤堆顶部均匀地向四周滑落。

4. 缩分

缩分是指在煤样的制备过程中，将试样分成具有代表性的几部分，一份或者多份留下来的过程。缩分是制样的最关键程序，目的在于从大量煤样中取出一部分煤样。

缩分后总样的最小质量应满足表 2-4 的规定。

试样缩分可以用人工缩分方法、机械缩分方法进行。为减小人为误差，应尽量使用机械缩分方法。

（1）人工缩分方法

1）堆锥四分法。堆锥四分法如图 2-5 所示，是一种比较方便的方法，为减少水分损失，操作要快。堆锥时，应将试样一小份一小份地从样堆顶部撒下，使之从顶到底、从中心到外缘形成有规律的粒度分布，并至少倒堆 3 次。摊饼时，应从上到下逐渐拍平或摊平成厚度适当的扁平体。分样时，将十字分样板放在扁平体的正中间，向下压至底部，将煤样分成 4 个相等的扇形体。将相对的两个扇形体丢弃，另两个扇形体留下继续下一步制样。

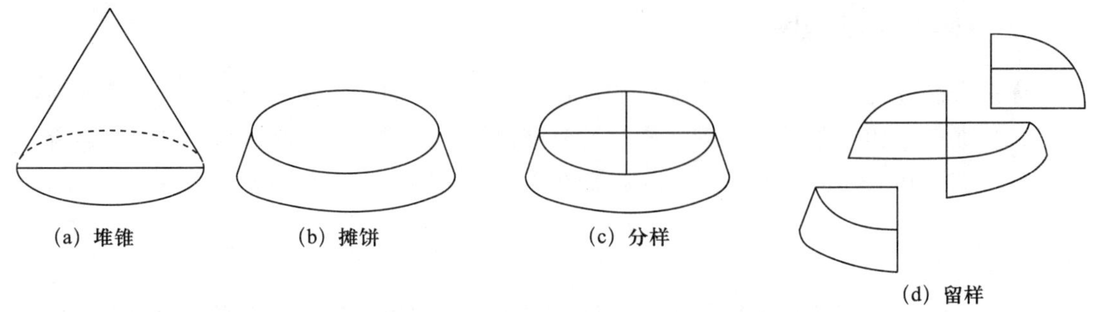

图 2-5　堆锥四分法

2）二分器法。二分器如图 2-6 所示，是一种简单而有效的缩分器，由两组相对交叉排列的格槽及接收器组成。两侧格槽数相等，每侧至少 8 个。格槽开口尺寸至少为试样标称最大粒度的 3 倍，但不能小于 5 mm，对水平面的倾斜度至少为 60°。铲取煤样的簸箕要沿着二分器的整个长度摆动。

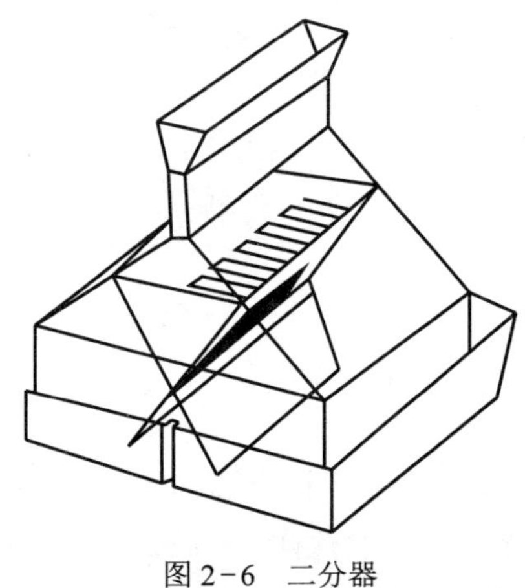

图 2-6　二分器

使用二分器缩分煤样，缩分前可不混合。缩分时，应使试样呈柱状沿二分器长度来回摆动供入格槽。供料要均匀并控制速度，勿使试样集中于某一端，以免发生格槽阻塞。当试样需分几步或几次通过二分器时，各步或各次通过后，应交替地从两侧接收器中收取留样。

二分器法适用于缩分粒度小于 13 mm 且较干燥的煤样，使用中要随时检查，防止二分器的格槽堵塞。对水分较高的煤样，加料不要多，并不停地摆动二分器，摆动幅度不能越过二分器两端，以免煤样溢出丢失。

3）棋盘法。棋盘法缩分操作如图 2-7 所示。将试样充分混合后，铺成厚度不大于试样标称最大粒度 3 倍且均匀的长方体块，如图 2-7（a）所示。如试样量大，铺成的长方体块长和宽底面大于 2 m × 2.5 m，则应铺 2 个或 2 个以上质量相等的长方体块，并将各长方体块分成 20 个以上的小块，如图 2-7（b）所示，再从各小块中部分别取样。

取样应使用平底取样铲和插板，如图 2-7（c）所示。取样铲的开口尺寸至少为试样标称最大粒度的 3 倍，边高应大于试样堆厚度。取样时，先将插板垂直插入试样层至底部，再将取样铲向插板方向水平移动至二者合拢，提起取样铲和插板，取出试样（子样），如图 2-7（d）所示。

为保证缩分精密度和防止水分损失，混合和取样操作要迅速，取样时样品不要洒落，从各小方块中取出的子样量要相等。

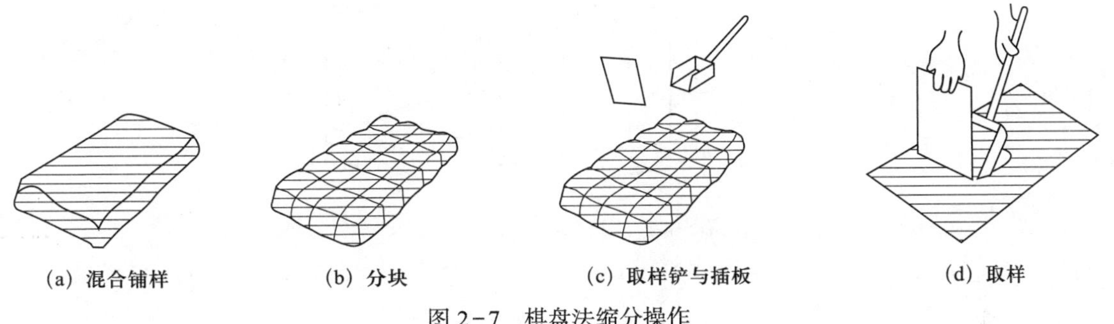

图 2-7　棋盘法缩分操作

4）九点取样法。本方法仅用于全水分煤样的制备。用堆锥法将试样掺和一次后，摊开成厚度不大于标称最大粒度 3 倍的圆饼状，然后用取样铲从如图 2-8 所示的 9 点中取 9 个子样，合成全水分试样。其中的 9 点包括中心 1 个点，在样堆第一个正交线上 1/2 半径处 4 个点，在第二个正交线上 7/8 半径处 4 个点。第一个正交线与第二个正交线间夹角为 45°。

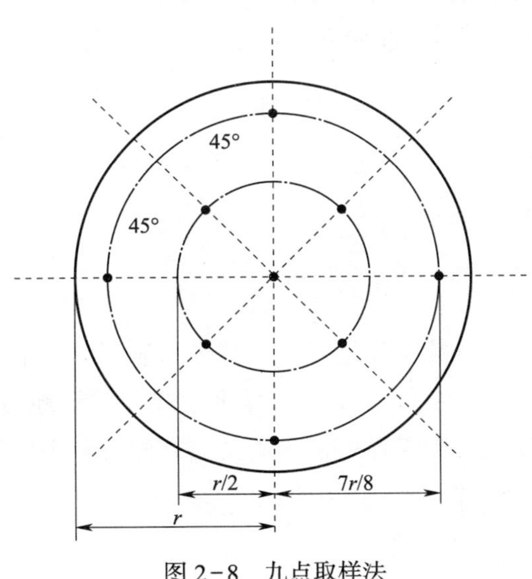

图 2-8　九点取样法

（2）机械缩分方法

机械缩分既可对未经破碎的单个子样、多个子样或总样进行，也可对破碎到一定粒度的试样进行，可采用定质量缩分或定比缩分方式。用机械缩分器（如图 2-9 所示）时，煤流经漏斗流下，然后被若干个扇形旋转接料器截割成若干相等的部分。

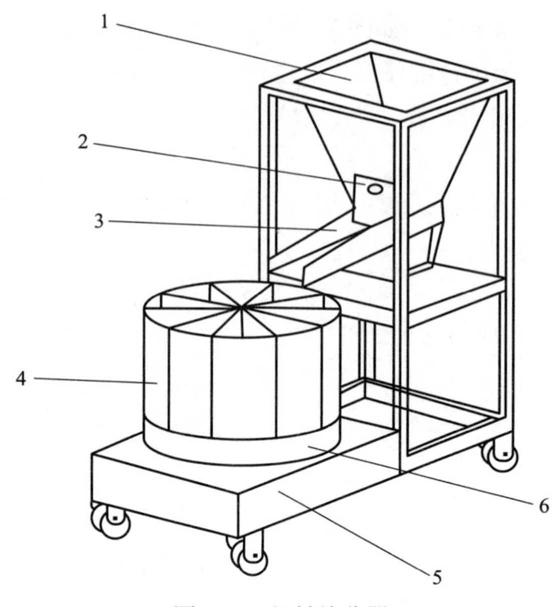

图 2-9　机械缩分器

1—漏斗；2—放料门；3—下料溜槽；4—旋转接料器；5—电机；6—转盘

机械缩分后的子样质量应满足以下要求：

每一缩分阶段的全部缩分后子样合并为总样的质量，应不小于表 2-4 规定的相应采样目的和标称最大粒度下的最小质量；子样的质量应满足式（2-8）的要求；如子样质量太小，不能满足这两个要求，则应将其进一步破碎后再缩分。

$$m=0.06d \tag{2-8}$$

式中，m——子样质量，kg；

d——试样的标称最大粒度，mm。

5. 空气干燥

（1）干燥

干燥是除去煤样中大量水分的操作过程。当试样明显潮湿，不能顺利通过缩分器或粘在缩分器表面时，应在缩分前进行空气干燥。干燥可使煤样顺畅地通过破碎机、机械缩分器、二分器而不引起损失和粘连。干燥煤样可根据需要在制样过程中的任意阶段进行，但要注意勿使煤样在干燥过程中受到氧化。

（2）需要干燥的煤样

1）初始煤样量较大、水分很大而无法进行制备。首先将全部煤样称量并做记录，然后将全部煤样摊在制样室的钢板上自然风干，每隔一段时间将煤样翻一遍。也可将煤样放在大盘中，放入干燥箱烘干，烘干的温度不得超过 50 ℃。

2）煤样制备到一定粒度因水分大而影响进一步制样时，可自然风干或用干燥箱（不超过 50 ℃）干燥后再继续制样。不同环境温度下的干燥时间见表 2-7。

表 2-7　不同环境温度下的干燥时间

环境温度 /℃	干燥时间 /h
20	≤24
30	≤6
40	≤4

3）制备到粒度小于 3 mm 或小于 1 mm 的 100 g 煤样，通常需在干燥箱中（不超过 50 ℃）干燥后，再磨制到粒度小于 0.2 mm 空气干燥煤样。

4）干燥后，称样前应将干燥煤样置于环境温度下冷却并使之与大气湿度达到平衡。

5）用于测定全水分的煤样不能干燥。

二、全水分煤样的制备程序

用于测定全水分的煤样既可由水分专用煤样制备，也可在共用煤样制备过程中分取。全水分煤样应满足国家标准《煤中全水分的测定方法》的要求，水分专用煤样的一般制备程序如图 2-10 所示。

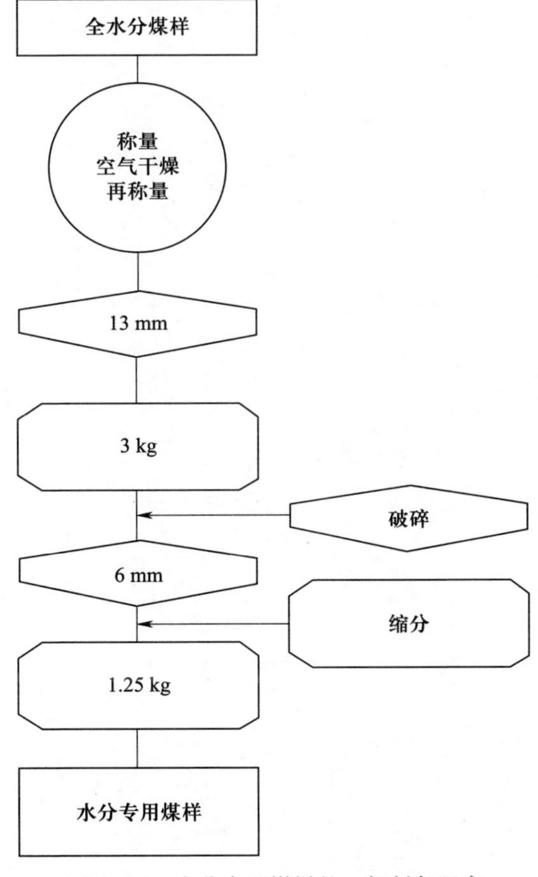

图 2-10　水分专用煤样的一般制备程序

当试样水分较低而且使用机械破碎缩分时，可一次破碎到 6 mm，然后用二分器缩分到 1.25 kg；当试样量和粒度过大时，也可在破碎到 13 mm 前，增加一个制样阶段。但各阶段的粒度和缩分后总样的最小质量应符合表 2-4 的要求。

全水分煤样缩分后应立即装入煤样瓶中封严，装样量不得超过煤样瓶容积的 3/4，称出质量后贴好标签，迅速送检验室测定。

注意事项：① 当煤样过湿，水分从煤中渗出来或沾到容器上时，应将容器和煤样一块进行空气干燥。② 破碎应使用不明显生热、内部空气流动很小的设备，以避免破碎过程中水分损失。缩分一般也应在空气干燥以后进行。③ 如果煤样过湿、不能顺利通过机械缩分器，可将试样先进行空气干燥后再缩分，也可用棋盘法或九点取样法进行缩分。④ 试样制备完成后，应储存在不吸水、不透气的密封容器中，并准确称量，以便测定在后续储存和运输过程中的水分变化。

三、一般分析试验煤样的制备程序

一般分析试验煤样应满足与一般物理化学特性参数测定有关的国家标准要求，其制备程序如图 2-11 所示。

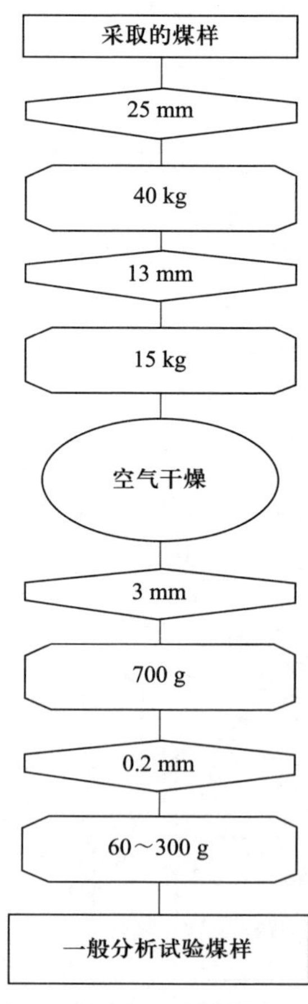

图 2-11　一般分析试验煤样的制备程序

一般分析试验煤样的制备通常分 2～3 个阶段进行，每阶段由干燥（需要时）、破碎、混合（需要时）和缩分构成，必要时可根据具体情况增加或减少缩分阶段。每阶段的煤样粒度和缩分后总样的最小质量应符合表 2-4 的要求。为了减小制样误差，当条件允许时，应尽量减少缩分阶段。制备好的一般分析试验煤样应装入煤样瓶中，装入煤样的量应不超过煤样瓶容积的 3/4，以便使用时混合。

注意：①空气干燥可在任一制样阶段进行。如煤样能顺利通过破碎和缩分设备，也可不进行干燥，但最后制样阶段的空气干燥应达到湿度平衡状态。②当煤样粒度太大或水分太大时，可在 3 mm 以前增加一个制样阶段。

四、共用煤样的制备程序

在多数情况下，为方便起见，采样时都同时采取全水分测定和一般分析试验用的共用煤样。制备共用煤样时，应同时满足国家标准《煤中全水分的测定方法》和一般分析试验项目国家标准的要求。共用煤样的制备程序如图 2-12 所示。

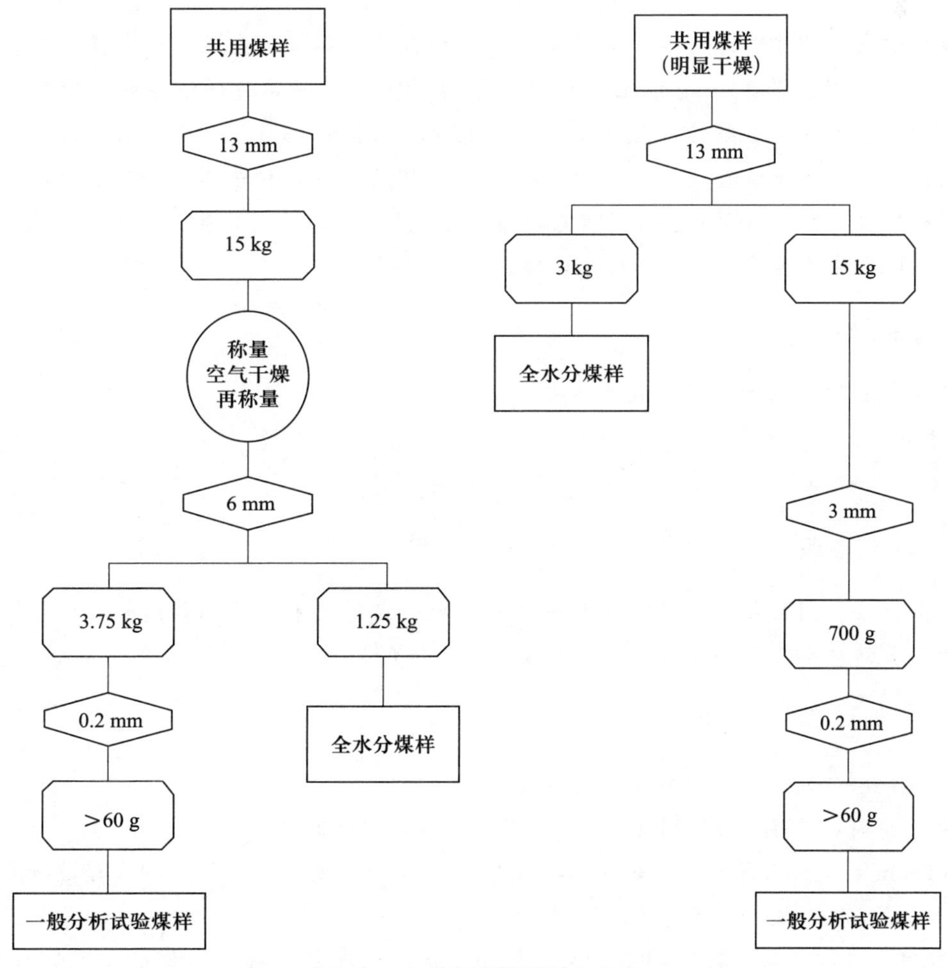

图 2-12　共用煤样的制备程序

注意事项：①全水分煤样最好用机械缩分方法从共用煤样中缩分；②当水分过大而又不可能对整个煤样进行空气干燥时，可用人工缩分方法；③抽取全水分煤样后的留样用以制备一般分析试验煤样，但如用九点取样法缩取全水分煤样，则应先将其分成两份（每份缩分后总样的最小质量应满足表2-4的要求），一份用于制备全水分煤样，另一份用于制备一般分析试验煤样。

技能实训二　全水分煤样的制备（九点取样法）试验

一、实训目标

1. 利用九点取样法制备全水分煤样；
2. 正确使用全水分煤样制备时的各种设备、工具。

二、任务描述

在煤样制备过程中，缩分是产生测定值误差的最主要环节。在煤样缩分操作中，全水分煤样缩分一般分粒度为13 mm以上试样的缩分和13 mm以下试样的缩分两种情况。粒度为13 mm以上试样的缩分一般应在空气干燥之后进行。粒度为13 mm以下试样的缩分分两种情况：一种是用九点取样法直接缩分取出3 kg全水分煤样；另一种是用机械缩分方法或人工缩分方法缩分出3 kg，破碎至6 mm粒度后再缩分出1.25 kg试样。本实训的任务是从共用煤样中，用九点取样法快速缩分采取全水分煤样。

三、任务准备

1. 破碎机：颚式破碎机或锤式破碎机。
2. 13 mm粒级方孔筛。
3. 取样铲和插板。

四、知识要点

九点取样法：用堆锥法将试样掺和一次后，摊开成厚度不大于标称最大粒度3倍的圆饼状，然后用取样铲按照图2-8所示的九点取样法中的9点取9个子样，合成一份全水分煤样。

五、实训过程

1. 核对煤样信息，检查煤样粒度是否符合规定要求。
2. 称量煤样，应不少于15 kg，并认真填写煤样接收记录。
3. 13 mm粒级方孔筛筛分、破碎。将煤样过13 mm方孔筛，筛上物应继续破碎直到全部过筛。启动破碎机，装入物料，缓慢送料。
4. 应用九点取样法，按照国家标准《煤中全水分的测定方法》的要求采取全水分煤样。

堆锥时，应将煤样从顶部撒下，并倒堆1次。摊饼时，应从上到下摊平成厚度适当的扁平体，逐渐形成厚度不大于标称最大粒度3倍的圆饼状。用十字分样板画出过圆心互为45°的四条线。在这四条线上分别选取1/2半径和7/8半径的8个点，加上中心点即为9个点。用取样铲和插板取样，取样铲开口尺寸至少为试样标称最大粒度的3倍。9个子样混合并称重，总样量应不少于3 kg。将混合后的煤样装入密封袋中，封口，并粘贴煤样标签。

5. 清扫现场卫生，清点工器具，填写设备使用记录。

六、注意事项

1. 全水分煤样应在弃样中缩取（在制样过程中缩分采取）。
2. 弃样分出后，应稍加混合后迅速取出全水分煤样。
3. 点位要规范，否则全水分煤样测定值可能出现较大的误差。
4. 各点取样应大体一致，并尽可能一次取足。使用专用的取全水分煤样的取样铲和插板。在取样铲插入后再插入插板，取出时取样铲和插板同时取出，以避免采入煤样掉落。
5. 使用破碎机时，先检查电源线、接地线是否完好。

七、思考题

九点取样法的适用范围是什么？其点位如何分布？

技能实训三　一般分析试验煤样的制备试验

一、实训目标

1. 按照国家标准要求进行堆锥四分法人工缩分，并会使用二分器、研磨机和能进行筛分、破碎；
2. 能按照国家标准要求制备存查煤样和一般分析试验煤样。

二、任务描述

某煤炭生产企业为了提升产品质量和市场竞争力，决定对生产流程中的煤炭质量进行定期检验分析。本实训以该企业提供的某批次煤炭为样本，要求学生通过实际操作，完成一般分析试验煤样的制备工作，为后续的质量检验分析提供准确、可靠的煤样。

三、任务准备

1. 二分器。
2. 研磨机：球磨机。
3. 破碎机：锤式破碎机、对辊破碎机。
4. 13 mm粒级方孔筛、3 mm粒级圆孔筛、0.2 mm标准筛。

5. U 形磁铁。
6. 干燥箱。

四、知识要点

1. 堆锥四分法操作。
2. 二分器法操作。

五、实训过程

1. 接收来自生产线的某批次煤炭样品，记录样品的编号、采集日期、来源等信息。核对煤样信息，检查煤样粒度是否符合规定要求。

2. 称量煤样，样量应不少于 15 kg，填写煤样接收记录。

3. 13 mm 粒级方孔筛筛分、破碎：使用锤式破碎机将煤样破碎至最大粒度不超过 13 mm。用 13 mm 粒级方孔筛对煤样进行筛分，筛上物应继续破碎，直到全部过筛。

注意：使用破碎机时，先检查电源线、接地线是否完好。

4. 进行堆锥四分。按照国家标准要求进行，堆锥时应将煤样从顶部撒下，并至少倒堆 3 次。摊饼时，应从上到下逐渐摊平成厚度适当的扁平体。用十字分样板将煤样平分成 4 个扇形体。选取相对的两个扇形体作为共用煤样。

5. 3 mm 粒级圆孔筛筛分、破碎：使用对辊破碎机将煤样破碎至最大粒度不超过 3 mm。煤样用 3 mm 粒级圆孔筛进行筛分，筛上物继续破碎直至全部过筛。

6. 制备存查煤样：先清理二分器，试样呈柱状沿二分器长度来回摆动供入格槽，均匀供料，控制供料速度。多次通过二分器时，应交替两侧接收器，二分器一侧的煤样装入密封袋。煤样称重，应大于 700 g。粘贴煤样标签，并做密封处理。

7. 二分器另一侧的煤样继续缩分出不少于 100 g 的煤样。将缩分后的煤样倒入盘中，用 U 形磁铁除去铁屑。

8. 煤样在通风干燥箱中干燥，达到空气干燥状态。在不超过 50 ℃的干燥箱中将样品连续干燥 1 h，质量变化不大于 0.1% 即视为达到空气干燥状态。不过，具体的温度和时间设置应根据检验室的标准和煤样的特性来确定，可参考表 2-7。

9. 将煤样均匀倒入研磨钵内，将研磨钵放入研磨机内并压紧，研磨煤样 3 min。将研磨后的煤样通过 0.2 mm 标准筛（没有过筛的煤样继续研磨直至全部通过 0.2 mm 标准筛），将过 0.2 mm 标准筛的煤样装瓶。煤样量不得超过煤样瓶容积的 3/4，盖紧瓶盖并粘贴煤样标签。

10. 清扫卫生，清点工器具。

六、注意事项

1. 当出现机械缩分方法使试样完整性破坏，如水分损失、粒度离析等时，应使用人工缩分方法，但应小心操作，因人工缩分方法本身更易造成偏差，特别是当缩分煤量较大时。

2. 缩分设备应满足以下要求：

（1）切割器的开口尺寸至少应为被切割煤炭标称最大粒度的3倍；

（2）有足够的容量，确保煤样无损失或溢出；

（3）不产生实质性的偏差，如不能选择性弃掉煤样、不能损失水分等；

（4）供料方式应使粒度离析减少到最小限度；

（5）每一个缩分阶段供入的煤流应均匀。

3. 使用球磨机、破碎机前，应先检查电源线、接地线是否完好。

七、思考题

在一般分析试验煤样的制备过程中，使用的缩分设备应满足哪些要求？

第三节　煤炭筛分试验

一、试验的目的和内容

通过煤炭筛分试验可以测定煤样中各粒级的产率和质量，即通过使用孔径大小不同的筛子，将煤样分成各种不同粒度的级别，并求出各种粒级煤占全煤样的百分数，以此来测定各粒级煤的质量特征。此外，大于50 mm各粒级产物的含矸率可以反映采煤工作面生产原煤的含矸率指标。

粒度是指颗粒的大小，粒级是指一定的粒度范围。粒度组成是指各粒级物料的质量分布。粒度组成对选煤工艺流程、分选效果和经济效益都会产生重要的影响。原煤粒度组成主要通过筛分试验来测定。

煤炭筛分试验是指为了解煤的粒度组成和各粒级产物的特征，按规定的采样方法采取煤样（采取煤样的最小质量见表2-8），并按规定的操作方法进行的筛分和测定。

表2-8　　采取煤样的最小质量

最大粒度 /mm	最小质量 /kg	最大粒度 /mm	最小质量 /kg
＞100	150	13	7.5
100	100	6	4
50	30	3	2
25	15	0.5	1

筛分试验是将煤样通过规定的不同筛子，将煤样分成各种不同粒度的级别，然后分别测定各粒级的质量和品质，如灰分、水分、挥发分、硫分、发热量等，具体根据试验目的而定。

筛分试验根据国家标准《煤炭筛分试验方法》的规定进行。煤样可按下列尺寸筛分成不同粒级：100 mm、50 mm、25 mm、13 mm、6 mm、3 mm、0.5 mm。根据煤炭加工利用的需要可增加（或减少）某一或某些级别，或以实际生产中的分级代替其中相近的筛分级。以上 7 个级别筛孔的筛子可将试样分成 8 个粒级：大于 100 mm、50～100 mm、25～50 mm、13～25 mm、6～13 mm、3～6 mm、0.5～3 mm、0～0.5 mm，其中大于 50 mm 各粒级应选出煤、矸石、中煤和硫铁矿 4 种产物。筛分后对各粒级和各手选产物分别测定产率和质量，将试验结果填入筛分总样化验结果表（见表 2-9）和筛分试验报告表（见表 2-10）中。

表 2-9　筛分总样化验结果表

煤样	M_{ad}/%	A_d/%	V_{daf}/%	$S_{t,ad}$/%	$Q_{gr,ad}$/（MJ/kg）	胶质层指数 /mm		G_{RI}
						X/mm	Y/mm	
毛煤	5.56	19.50	37.73	0.64	25.69			
浮煤（-1.4）	5.48	10.73	37.28	0.62				

注：筛分前煤样总质量为 19 459.5 kg，最大粒度为 730 mm × 380 mm × 220 mm。

表 2-10　筛分试验报告表

粒级 /mm	产物名称		质量 /kg	占全样的比例 /%	筛上累计比例 / %	M_t/%	A_d/%	$S_{t,ad}$/%	$Q_{gr,ad}$/（MJ/kg）
大于 100	手选	煤	2 616.5	13.48		3.57	11.41	1.10	28.68
		中煤	102.6	0.53		2.86	31.21	1.43	20.87
		矸石	162.9	0.84		0.85	80.93	0.11	
		硫铁矿							
		小计	2 882.0	14.85	14.85	3.39	16.04	1.06	
50～100	手选	煤	2 870.4	14.79		4.08	13.72	0.78	28.12
		中煤	80.6	0.41		3.09	34.47	0.95	19.67
		矸石	348.7	1.80		0.92	80.81	0.13	
		硫铁矿							
		小计	3 299.7	17.00	31.85	3.72	21.32	0.72	
大于 50 合计			6 181.7	31.85	31.85	3.57	18.86	0.88	
25～50	煤		2 467.1	12.71	44.56	3.73	24.08	0.54	23.78
13～25	煤		3 556.7	18.32	62.88	2.56	22.42	0.61	24.13
6～13	煤		2 624.2	13.52	76.40	2.40	23.85	0.55	23.48
3～6	煤		2 399.4	12.36	88.76	4.04	19.51	0.74	24.80
0.5～3	煤		1 320.5	6.80	95.56	2.94	16.74	0.74	26.29
0～0.5	煤		862.6	4.44	100.00	2.98	17.82	0.89	25.45
0～50 合计			13 230.5	68.15		3.08	21.62	0.64	
毛煤总计			19 412.2	100.00		3.24	20.74	0.72	
原煤总计（除去大于 50 mm 级矸石和硫铁矿）			18 900.6	97.36		3.30	19.11	0.74	

二、分析筛分试验资料

分析原煤筛分资料对了解原煤的物理性质、制定选煤工艺流程和确定选煤操作方法有重要意义。一般从下列 4 个方面进行分析：

1. 根据各粒级的产率变化分析和了解原煤的硬度和脆性

如果原煤中含粗粒级的量较多，且灰分较低，说明煤质较硬；否则，说明煤质较脆。在筛分试验资料中反映出的某粒级的产率最高或最低，对实际生产过程中的操作及分选方法的确定有着很重要的意义，如果各粒级的质量百分数相近，说明原煤的粒度组成较为均匀，否则要找出它的主导粒级。在采煤方法相同的情况下，根据大于 50 mm 的粗粒级的含量不同，可把原煤粗略地分为 4 种硬度等级，见表 2－11。

表 2－11　　原煤的硬度等级

大于50 mm 的粗粒级的含量 /%	硬度等级
大于50	特硬煤
45～50	硬煤
30～45	较硬煤
小于30	软煤

注：本表不适于露天开采的煤。

2. 根据各粒级的灰分变化分析原煤的煤质变化规律

如果各粒级的灰分与原煤总灰分相近，说明煤质较均匀；如果细粒级的灰分较低，说明细粒级中含纯煤较多，并且煤质较脆，这种原煤在洗选加工时应尽量避免过粉碎现象；如果粗粒级的灰分较低，说明粗粒级中含纯煤较多，且煤质较硬；如果粉煤（粒度小于 0.5 mm）的灰分比原煤总灰分或邻近粗粒级的灰分都高，说明该煤样有泥化现象；如果粉煤灰分比总灰分低，可以认为该煤样泥化现象不严重。

3. 粒级大于 50 mm 煤的手选资料分析

主要分析煤、中煤、硫铁矿和矸石的含量及灰分、硫分等。如手选资料反映出煤的含量高、灰分低，这不仅说明煤质硬，而且有利于扩大选取粒度上限；如果煤的含量低，要考虑大块煤破碎；若中煤含量多，则要考虑降低选取粒度上限，进行中煤破碎，以便提高精煤的回收率。如果矸石含量少（煤质好可以考虑经简单手选出商品煤），可设手选；若矸石含量较多，不宜采用手选矸石，可以考虑采用机械选矸。硫铁矿含量较多时，要考虑回收问题。

4. 根据筛分试验报告表可以考察不同粒级的产率、质量情况

但是，在选煤工艺中，往往需要了解任一粒级的产率、质量情况，以便正确做出工艺效果的分析和调整。这一要求无法通过筛分试验报告表满足。为了解任一粒度情况下的产率、质量问题，一般可借助粒度特性曲线。

技能实训四　煤炭筛分试验训练

一、实训目标

1. 掌握煤炭筛分试验的方法及步骤；
2. 学会筛分数据的处理及分析。

二、任务描述

为了确定某批煤炭的粒度组成和分布，为后续煤炭的分选、利用和燃烧提供数据支持，本次任务将进行煤炭筛分试验。通过筛分操作，获取煤炭的粒度组成和分布特征，对筛分试验结果进行分析和评价，为煤炭的后续利用和处理提供有价值的参考数据。

三、任务准备

1. 称量设备

（1）最大称量为 500 kg、100 kg、20 kg、10 kg 和 5 kg 的大筛分台秤各一台。

（2）电子台秤：量程为 250～500 g，感量为 0.1 g。

2. 干燥设备

恒温箱，调温范围为 50～200 ℃。

3. 筛分设备

（1）大筛分

1）孔径为 25 mm 及以上的用圆孔筛，筛板厚度为 1～3 mm；

2）孔径为 25 mm 以下的采用金属丝编织的方孔筛；

3）人工筛分时，筛框可用木板制作，筛面尺寸为 650 mm × 450 mm，筛框高度为（130 ± 10）mm，把长为（170 ± 10）mm。

（2）小筛分。小筛分选用的试验筛，筛孔孔径分别为 0.500 mm、0.250 mm、0.125 mm、0.075 mm、0.045 mm。如果不能满足要求，筛孔孔径可增大 0.355 mm、0.180 mm 和 0.090 mm。

四、知识要点

将原煤通过规定的不同规格的筛子，将其分成各种不同粒级，然后分别测定各粒级的质量。

五、实训过程

1. 大筛分

（1）筛分试验应在筛分试验室内进行，室内面积一般为 120 m^2，地面为光滑的水泥地。人工破碎和缩分煤样的地方应铺有钢板（厚度约 8 mm）。

（2）选用的最大孔径试验筛要保证筛分试验后筛上物的质量不超过筛分前试样的5%，且其他各粒级煤的质量均不超过筛分试样总质量的30%，否则应适当增加粒级。

（3）筛分操作一般从最大筛孔向最小筛孔进行。如大粒度煤样含量不多，可先用13 mm或25 mm筛孔的筛子截筛，然后对其筛上物和筛下物分别从大的筛孔向小的筛孔逐级进行筛分，各粒级产物应分别称量。

（4）筛分试验时，往复摇动筛子，速度均匀合适，移动距离为300 mm左右，直到筛净为止。每次筛分新加入的煤量应保证筛分操作完毕时试样覆盖筛面的面积不大于75%，且筛上煤粒能与筛面接触。

（5）煤样潮湿但急需筛分时，则按以下步骤进行：

1）采取外在水分样，并称量煤样的总质量。

2）用筛孔为13 mm的筛子进行筛分，得到大于13 mm（A）和小于13 mm（B）两种湿煤样产品。

3）称量B，从B中取外在水分样；把A晾至空气干燥状态后用孔径为13 mm的筛子复筛一次，称量复筛后的筛上物并对其进行各粒级筛分，称量各粒级产品。将复筛的筛下物称量后掺入B中。

4）从B中缩取不少于100 kg的试样（C），然后晾至空气干燥状态后称量。对C进行13 mm以下各粒级的筛分并称量。

（6）必要时，对50 mm和小于50 mm各粒级分别进行筛分，用下列方法检查其是否筛净：

将煤样在要求的筛子中过筛后，取部分筛上物检查，符合规定的则认为筛净。筛上物检查合规表详见表2-12。

表2-12　　筛上物检查合规表

筛孔 /mm	入料量 /（kg/m^2）	摇动次数（一个往复算两次）	筛下量（占入料）/%
50	10	2	<3
25	10	3	<3
13	5	6	<3
6	5	6	<2
3	5	10	<2
0.5	5	20	<1.5

（7）采用机械筛分时，应在煤粒不破碎的情况下使煤粒在整个筛分区域内保持松散状态，并用上述方法检查其是否筛净。

2. 小筛分

（1）把煤样在温度不高于75 ℃的恒温箱内烘干，取出后冷却至空气干燥状态，缩分，称取200.0 g，称准至0.1 g。

（2）搪瓷盆或金属盆盛水的深度约为试验筛高度的1/3，在第一个盆内放入该次筛分中孔径最小的试验筛。

（3）把煤样倒入烧杯内，加入少量清水，用玻璃棒充分搅拌使煤样完全润湿，然后将煤样倒入试验筛内，用清水冲洗烧杯和玻璃棒上所黏附的煤粒。

（4）在水中轻轻摇动试验筛进行筛分，在第一盆水中尽量筛净，然后再把试验筛放入第二盆水中，依次筛分至水清为止。

（5）把筛上物倒入搪瓷盘或金属盘内，并冲洗净黏附在试验筛上的筛上物，筛下煤泥经过滤后放入另一盘内，然后把筛上物和筛下物分别放入温度不高于 75 ℃的恒温箱内烘干。

（6）把试验筛按筛孔由大到小自上而下排列好，套上筛底，把烘干的筛上物倒入最上层的试验筛内，盖上筛盖。

（7）把试验筛置于振筛机上，启动机器，每隔 5 min 停机一次。用手筛检查。检查时，依次从上至下取下试验筛放在盘上。手筛 1 min，筛下物质量不超过筛上物质量的 1% 时，即为筛净。筛下物倒入下一粒级中，各粒级都应该进行检查。

（8）若没有振筛机，可用手工筛分，检查方法与机械筛分相同。

（9）筛完后，逐级称量（称准至 0.1 g）并测定灰分。

（10）当煤样易于泥化时，宜采用干法筛分，其试验步骤参照（6）～（9）执行。

（11）筛分过程中不准用刷子或其他外力强制物料过筛。

3. 检验项目

筛分总样及各粒级产物的检验项目见表 2-13。

表 2-13　　筛分总样及各粒级产物的检验项目

煤样		检验项目
总样	原煤	水分（M_t，M_{ad}）、灰分（A_d）、挥发分（V_{daf}）、全硫（$S_{t,ad}$）、发热量（$Q_{gr,ad}$）
	浮煤	水分（M_{ad}）、灰分（A_d）、挥发分（V_{daf}）、全硫（$S_{t,ad}$）、胶质层指数（X, Y）、黏结指数（$G_{R,I}$）
各粒级产物		水分（M_{ad}）、灰分（A_d）、发热量（$Q_{gr,ad}$）

注：①原煤总样全硫超过 1.5% 时，总样应测定全硫和成分硫，各筛分粒级只测定全硫；
②动力煤总样只做原煤检验项目；
③根据用户需要，检验项目可以有所增减；
④浮煤是指密度小于 1.40 kg/L 的产物。

六、结果整理

1. 大筛分

（1）为保证试验的准确性，筛分前煤样总质量（以空气干燥状态为基准，下同）与筛分后各粒级产物质量（13 mm 以下各粒级换算成缩分前的质量，下同）之和的差值，不应超过筛分前煤样总质量的 1%，同时用筛分配制总样灰分与各粒级产物灰分的加权平均值的差值进行验证，否则该次试验无效。

1）煤样灰分小于 20% 时，相对差值应不超过 10%，即

$$\frac{\left|A_d - \overline{A}_d\right|}{A_d} \times 100\% \leqslant 10\%$$

式中，A_d——筛分后各产物配制总样的灰分，%；

$\overline{A}_d$——筛分后各产物的加权平均灰分，%。

2）煤样灰分大于或等于20%时，绝对差值应不超过2%，即

$$\left|A_d - \overline{A}_d\right| \leqslant 2\%$$

（2）以筛分后各粒级产物质量之和作为100%，分别计算各粒级产物的产率。

（3）各粒级产物的产率和灰分精确到0.1%。

（4）把试验结果填在大筛分试验报表（见表2-14）中。

表2-14　大筛分试验报表

粒级 /mm	产物名称		质量 /kg	占全样的比例 /%	筛上累计 / %	A_d/%
大于100	手选	煤				
		中煤				
		矸石				
		硫铁矿				
		小计				
50～100	手选	煤				
		中煤				
		矸石				
		硫铁矿				
		小计				
大于50合计						
25～50	煤					
13～25	煤					
6～13	煤					
3～6	煤					
0.5～3	煤					
0～0.5	煤					
0～50合计						
毛煤总计						

2. 小筛分

（1）为保证试验结果的准确性，筛分后各粒级产物质量之和与筛分前煤样质量的相对差值应不超过1%，同时用筛分后各粒级产物灰分加权平均值与筛分前煤样灰分的差值验证，否则该次试验无效。

1）煤样灰分小于10%时，绝对差值应不超过0.5%，即

$$\left|A_d - \overline{A}_d\right| \leqslant 0.5\%$$

式中，A_d——筛分前煤样灰分，%；

$\overline{A}_d$——筛分后各粒级产物的加权平均灰分，%。

2）煤样灰分为 10%～30% 时，绝对差值应不超过 1%，即

$$\left|A_d - \overline{A}_d\right| \leqslant 1\%$$

3）煤样灰分大于 30% 时，绝对差值应不超过 1.5%，即

$$\left|A_d - \overline{A}_d\right| \leqslant 1.5\%$$

（2）以筛分后各粒级产物质量之和作为 100%，分别计算各粒级产物的产率。

（3）各粒级产物的产率和灰分精确到 0.1%。

（4）将试验结果填入小筛分试验报表（见表 2-15）中。

表 2-15　　小筛分试验报表

试样编号：　　试样质量：　　试验日期：　　试样来源：

粒级 /mm	质量 /g	产率 /%	A_d/%	累计 /%	
				正累计	负累计
大于 0.5					
0.25～0.5					
0.125～0.25					
0.074～0.125					
0.045～0.074					
小于0.045					

七、注意事项

1. 筛分煤样总质量应根据粒度组成的历史资料和其他特殊要求确定。下列质量可作为参考：

（1）设计用煤样不少于 10 t。

（2）矿井生产用煤样不少于 5 t，不做浮沉试验时不少于 2.7 t。

（3）选煤厂原料煤及其产品煤样按粒度上限确定：300 mm 的不少于 6 t，100 mm 的不少于 2 t，50 mm 的不少于 1 t。

2. 0～13 mm 煤样缩分到质量不少于 100 kg，其中 0～3 mm 煤样缩分到质量不少于 20 kg。

3. 筛分煤样应是空气干燥状态。

4. 小筛分试验煤样不少于 2 kg。

5. 收到煤样后，筛分试验应当在 3 天内进行。

6. 进行小筛分试验时，必须用标准筛进行筛分。

7. 各筛分级别的产物严禁相互污染和丢失（分粒级放置）。

8. 筛分时禁止用刷子用力刷筛网和筛物，以免影响筛分结果的正确性。

八、思考题

1. 煤炭筛分试验有什么用处？

2. 煤样筛分试验的粒级有哪些？

第四节　煤炭浮沉试验

煤炭浮沉试验的目的是根据不同密度级的浮煤与沉煤产率及质量特征，了解煤的可选性，为选煤厂确定分选方法、工艺流程和设备要求等提供技术依据。在生产中，通过对选取原煤的浮沉试验，确定精煤的理论产率和生产过程中的实际产率，并计算出选煤厂对该种煤炭的分选效率、数量效率等。

煤炭浮沉试验的内容一般包括：将煤样在重液中分成规定的密度级；测定各密度级产品的产率和质量；整理和计算试验结果，绘制可选性曲线，分析原煤的可选性。对粒度大于 0.5 mm 的煤样进行的浮沉试验是大浮沉，对粒度小于 0.5 mm 的煤样进行的浮沉试验是小浮沉。

一、浮沉试验数据处理

密度组成是选煤中最重要的煤质特性。选煤主要利用重力分选方法进行，即靠物料的密度差异将原煤分选成不同的产品。原煤密度组成的变化，直接影响精煤产率、质量和选后产物的结构。所以当原煤密度组成发生变化时，在操作和工艺方面要采取相应措施。在同时选取几个矿井许多煤层的原煤时，更需要及时掌握各种原煤密度组成的变化，以便采取分组选取或配煤选取的措施。研究原煤密度组成的依据是原煤浮沉试验综合数据表（手绘用，见表 2-16）。

表 2-16　　原煤浮沉试验综合数据表（手绘用）

密度级 /（kg/L）	占本级产率 /%	灰分 /%	浮物累计		沉物累计		分选密度 ±0.1/（kg/L）	
			产率 /%	灰分 /%	产率 /%	灰分 /%	密度	产率 /%
<1.30	10.69	3.46	10.69	3.46	100.00	20.50	1.30	56.84
1.30～1.40	46.15	8.23	56.84	7.33	89.31	22.54	1.40	66.29
1.40～1.50	20.14	15.5	76.98	9.47	43.16	37.85	1.50	25.31
1.50～1.60	5.17	25.5	82.15	10.48	23.02	57.40	1.60	7.72
1.60～1.70	2.55	34.28	84.70	11.20	17.85	66.64	1.70	4.17

续表

密度级 /（kg/L）	占本级产率 /%	灰分 /%	浮物累计		沉物累计		分选密度 ±0.1/（kg/L）	
			产率 /%	灰分 /%	产率 /%	灰分 /%	密度	产率 /%
1.70～1.80	1.62	42.94	86.32	11.79	15.30	72.03	1.80	2.69
1.80～2.00	2.13	52.91	88.45	12.78	13.68	75.48	1.90	2.13
＞2.00	11.55	79.64	100.00	20.50	11.55	79.64		
合计	100.00	20.50						
煤泥	18.16	19.16						
总计	100.00	20.48						

二、手绘可选性曲线

原煤的可选性曲线（$H-R$ 曲线）是根据表 2-16 的数据绘制出来的。$H-R$ 曲线是一组曲线，它包括灰分特性曲线（λ 曲线）、浮物曲线（β 曲线）、沉物曲线（θ 曲线）、密度曲线（δ 曲线）、密度 ±0.1 曲线（ε 曲线）共 5 条。

$H-R$ 曲线按规定一般绘制在 200 mm×200 mm 的坐标纸上。200 mm×200 mm 正方形坐标面积代表除去小于 0.5 mm 煤粉以后入选粒级的原煤量。下方的横坐标轴为灰分，自左至右为 0～100%；上方横坐标轴为密度 δ，自右向左从 1.20 kg/L 标注到 2.20 kg/L。左边纵坐标轴是浮物产率 γ_β，自上而下由 0 到 100%；右边纵坐标轴是沉物产率 γ_θ，自下而上由 0 到 100%。

1. 灰分特性曲线（λ 曲线）

λ 曲线又称基元灰分曲线，它是 $H-R$ 曲线中最基本的一条曲线。因这条曲线能形象和完整地反映原煤中各组分间的结合特性，故它最能集中体现原煤的可选性。

λ 曲线根据表 2-16 中第 3 栏、第 4 栏数据绘制，用第 4 栏的数据绘制出各产率的水平线；用第 3 栏数据在各产率范围内绘垂线，于是得到一个阶梯形图。在阶梯形图中，每一个矩形都由该密度级的产率与灰分组成。由于灰分是各产率的平均灰分，当密度级间隔不是很大时，可取产率线的中点作为该密度级的平均灰分点，依次将这些点连接起来构成一条光滑曲线，即得到 λ 曲线，如图 2-13 所示。

λ 曲线可以理解为表示累计产率与其分界灰分关系的曲线，或者说是小于某一规定密度的累计产率与该密度下煤的灰分关系曲线，也可以说是小于某一规定灰分物的产率和这个灰分的关系曲线。

2. 浮物曲线（β 曲线）

β 曲线是根据表 2-16 中第 4 栏、第 5 栏数据绘制出的。β 曲线表示煤中浮物累计产率与其平均灰分的关系。β 曲线下端与横坐标的交点是原煤灰分，表示全部原煤均作为浮物累计混合。因为浮物中灰分最低的煤也是原煤中灰分最低的那部分煤，所以 β 曲线向上延伸势必与 λ 曲线端点重合。总之，β 曲线上的任意一点，都表示在某一既定浮煤产率下的浮煤灰分或在某

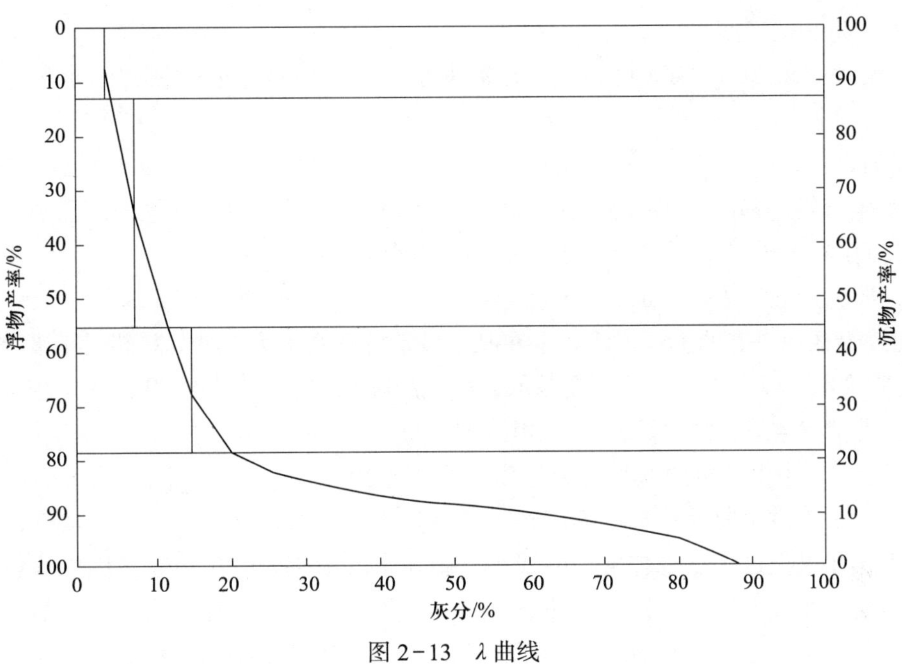

图 2-13　λ 曲线

一既定浮煤灰分下的浮煤产率。

3. 沉物曲线（θ 曲线）

θ 曲线是根据表 2-16 中第 6 栏、第 7 栏数据绘制的，表示煤中沉物累计产率与其平均灰分的关系。

4. 密度曲线（δ 曲线）

δ 曲线是用表 2-16 中的第 4 栏和第 8 栏数据绘制出的，表示煤中浮物（或沉物）累计产率与相应密度的关系。

δ 曲线的具体画法是在图中上方表示密度的横坐标上，自密度 1.30 kg/L、1.40 kg/L、1.50 kg/L、1.60 kg/L、1.70 kg/L、1.80 kg/L 和 2.00 kg/L 的 7 个点，各自向下引画垂线，分别与左边纵坐标轴对应的浮物累计产率横线相交于 7 个点。然后，将这 7 个点连成一条平滑曲线，即 δ 曲线。δ 曲线上任一点在横坐标上的读数是既定密度，该既定密度表示某一理论分选密度。该点在左边纵坐标上的读数小于该既定密度的浮煤产率，在右边纵坐标上的读数大于该既定密度的沉煤产率。

由于 δ 曲线是一条连续曲线，可以找出表 2-16 中第 8 栏所列分选密度以外的任意一个分选密度时的浮煤和沉煤的理论产率。例如，既定分选密度为 1.46 kg/L，则其浮煤理论产率为 70.0%；当然也可在确定浮煤理论产率为 70.0% 时，找出其理论分选密度为 1.46 kg/L。

5. 密度 ±0.1 曲线（ε 曲线）

选煤工艺要求了解原煤在不同情况下分选的难易程度，即可选性。实践表明，分选密度邻近物含量的多少，对煤炭可选性的影响很大。因此，需要绘制 ε 曲线，从而可以提供任一分选密度时邻近物的产率。

ε 曲线是根据表 2-16 第 8 栏、第 9 栏数据绘制的，表示邻近密度物的含量与该密度的关系。

ε 曲线的具体画法：在浮物产率的纵坐标轴上，根据表 2-16 中第 9 栏数据，依次作出 7 条平行于横坐标轴的横线，再从密度坐标轴上按第 8 栏所既定的各分选密度点引下 7 条平行垂线，将它们的 7 个交点用平滑曲线连接起来，即得到 ε 曲线。

注意，如前所述，表 2-16 中第 9 栏数据是以 0.5～50 mm 粒级入选原煤产率为 100% 计算的，ε 曲线上任何一点的坐标值都表示在某一既定分选密度为 δ 时，其邻近密度物的产率为 ε。从曲线形状也可以看出，分选密度越低，曲线越陡峭，表示邻近密度物含量越多。也就是说，分选密度稍有增减，则其邻近密度物增减幅度较大，故难以分选。

根据表 2-16 中第 9 栏的数据，分选密度小于 1.30 kg/L 时，$\gamma_{1.3\pm0.1}$ 为 56.84%，该数值比 $\gamma_{1.4+0.1}$=66.29% 小，说明前一分选密度已经十分接近煤的最低密度，而原煤中接近最低密度的物料又很少。如果把这一点也包括在曲线中，则在密度 1.30～1.40 kg/L 范围内线段应是一条折线。实际上由曲线的形状可知，即使分选密度为 1.30 kg/L（实际上是不可能的，因原煤中只有极少量密度小于 1.30 kg/L 的煤），同样也很难分选。因此 ε 曲线的两端没有什么实际意义。

将上述全部曲线绘制出来，即得到手绘 $H-R$ 曲线，如图 2-14 所示。

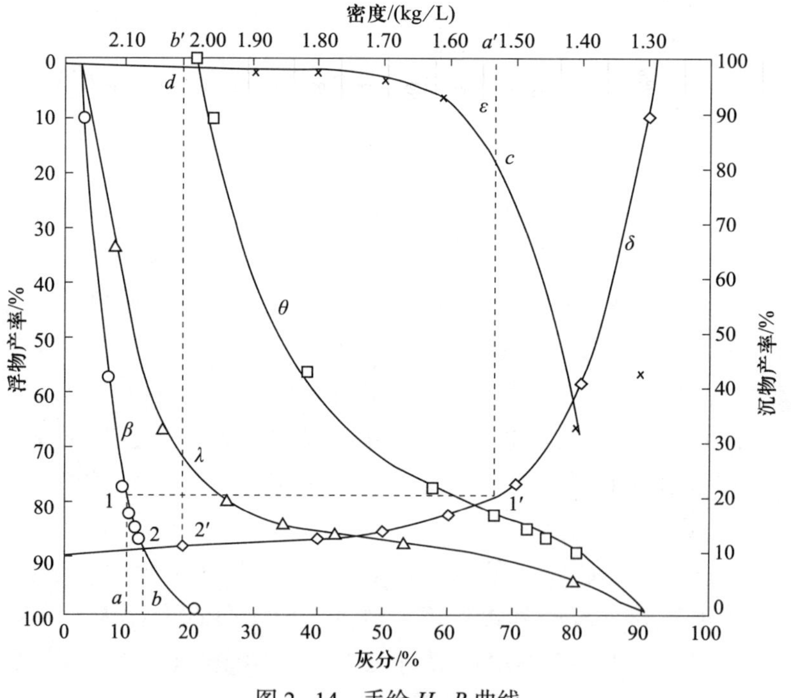

图 2-14　手绘 $H-R$ 曲线

三、Excel 绘制可选性曲线

$H-R$ 曲线的 Excel 绘制所用的原煤沉浮试验综合数据表详见表 2-17。为了在 Excel 图表

表 2-17　**原煤浮沉试验综合数据表（Excel 绘制用）**

A	B	C	D	E	F	G	H	I	J	K	L	M	N	O	P
密度 /（kg/L）	产率 / %	灰分 / %	浮物曲线（β 曲线）		沉物曲线（θ 曲线）			灰分特性曲线（λ 曲线）		密度曲线（δ 曲线）			密度 ±0.1 曲线（ε 曲线）		
			产率 /%	灰分 /%	产率 /%	灰分 /%	制表 /%	产率 /%	灰分 /%	密度 /（kg/L）	产率 /%	制表 /%	密度 /（kg/L）	产率 /%	制表 /%
1	2	3	4	5	6	7	8	9	10	11	12	13	14	15	16
							100（6）					100（12）			100（15）
<1.30	10.69	3.46	10.69	3.46	100.00	20.50	0.00	5.35	3.46	1.30	10.69	89.31	1.30	56.84	43.16
1.30～1.40	46.15	8.23	56.84	7.33	89.31	22.54	10.69	33.77	8.23	1.40	56.84	43.16	1.40	66.29	33.71
1.40～1.50	20.14	15.5	76.98	9.47	43.16	37.85	56.84	66.91	15.5	1.50	76.98	23.02	1.50	25.31	74.69
1.50～1.60	5.17	25.5	82.15	10.48	23.02	57.40	76.98	79.57	25.5	1.60	82.15	17.85	1.60	7.72	92.28
1.60～1.70	2.55	34.28	84.70	11.20	17.85	66.64	82.15	83.43	34.28	1.70	84.70	15.30	1.70	4.17	95.83
1.70～1.80	1.62	42.94	86.32	11.79	15.30	72.03	84.70	85.51	42.94	1.80	86.32	13.68	1.80	2.69	97.32
1.80～2.00	2.13	52.91	88.45	12.78	13.68	75.48	86.32	87.39	52.91	1.90	88.45	11.55	1.90	2.13	97.87
>2.00	11.55	79.64	100.00	20.50	11.55	79.64	88.45	94.23	79.64	1.30	00.00	0.00	1.30	56.84	43.16
合计	100.00	20.50													
煤泥	18.16	19.16													
总计	100.00	20.48													

中正常显示相关曲线，在其中的沉物曲线、密度曲线、密度 ±0.1 曲线部分增加“制表”一栏，其取值是 100 减去原产率。

在 Excel 中建立该表后，选择“插入图表”，图表类型选择“X Y 散点图”中的“带平滑线的散点图”，点击“下一步”按钮，选择“系列”按钮，点击“添加”按钮，进行数据输入，以表 2-17 中第 5 栏数据为横坐标，第 4 栏数据为纵坐标，根据提示，画出 β 曲线。然后，对所绘制的 β 曲线进行调整，用鼠标右键单击图中 x 轴，选择“坐标轴格式”。再选择“刻度”，设最小值为 0，最大值为 100，主要刻度单位为 10，次要刻度单位为 2 或更小均可，同样可设置 y 轴坐标。但应注意，选择“数值次序反转”，x 轴交叉于 c，得到 θ 曲线。同理，以第 9 栏、第 10 栏数据画出 λ 曲线，以第 6 栏、第 8 栏数据画出沉物曲线。

接下来，以第 11 栏、第 13 栏数据绘制 δ 曲线，此时，所绘 δ 曲线并不符合要求，还需对其进行转换，用右键单击 δ 曲线，选择“数据系列格式”，再单击“坐标轴”按钮，选中“系列绘制在次坐标轴”，单击“确定”按钮，然后用鼠标右键单击选中整个图表，选择“图表选项”，单击“坐标轴”按钮，再选中次坐标中的“数值（x）轴”，单击“确定”按钮，使 δ 曲线得到调整，而后用鼠标单击副 x 轴，进一步调整 δ 曲线的 x 坐标，设最小值为 1.20，最大值为 2.20，主要刻度单位为 0.10，次要刻度单位为 0.05，注意选择“数值次序反转”，y 轴交叉于 c。同样地，根据第 14 栏、第 16 栏数据，可以绘制出 ε 曲线。

最后，得到 5 条 Excel 绘制 $H-R$ 曲线，如图 2-15 所示。与手绘曲线相比，略有不足的是，用 Excel 绘制的 β 曲线、θ 曲线及 λ 曲线的端点不能与坐标轴相交，但这对于日常数据的分析并无影响。因此，Excel 绘制 $H-R$ 完全可以满足生产需要。

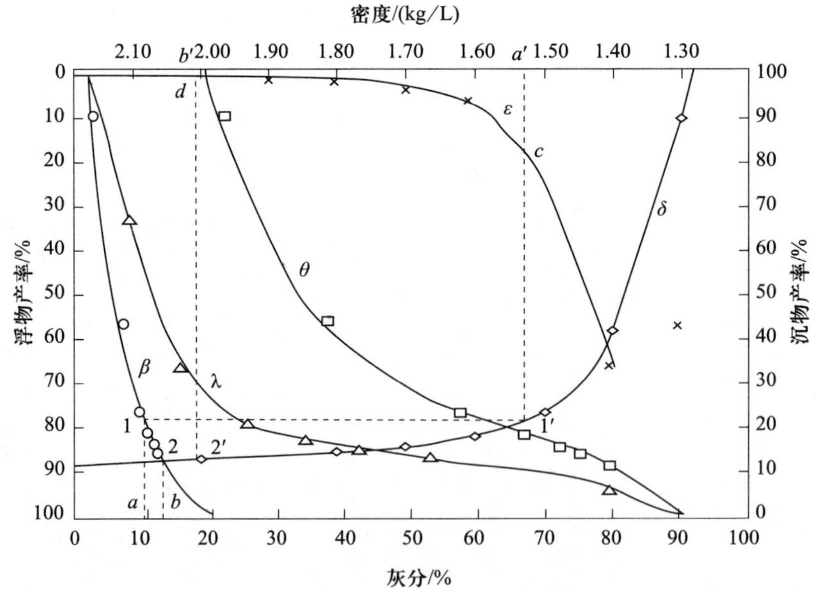

图 2-15　Excel 绘制 $H-R$ 曲线

技能实训五　煤炭浮沉试验训练

一、实训目标

1. 了解浮沉重液的配制方法；
2. 熟悉浮沉试验数据处理及分析的方法；
3. 掌握浮沉试验的操作方法。

二、任务描述

某选煤厂为了确定生产过程中精煤的理论产率和实际产率，对入选原煤筛分试验的分级产物，按粒级分别进行浮沉试验。

三、任务准备

1. 大浮沉设备（器具）与仪器

（1）重液桶：用耐腐蚀材料制成，桶高为500～600 mm，容积不少于50 L。

（2）网底桶：用耐腐蚀材料制成，圆柱形，桶高比重液桶约高50 mm，直径比重液桶约小40 mm，上口带有提把，桶底用网孔尺寸为0.5 mm的金属丝编织方孔网制成。

（3）密度计：分度值为0.002 g/cm^3。

（4）干燥箱：自控温度，带鼓风机。

（5）电子秤或台秤：最大称量为500 kg（或200 kg）、100 kg、20 kg、10 kg和5 kg的各一台。每次过秤的试样质量应不少于最大称量的1/5。

（6）托盘（电子）天平：最大称量为1 kg，感量为0.001 kg。

（7）捞勺：用金属丝编织网孔为0.5 mm的方孔网制成。

（8）盘子：用耐腐蚀、耐热材料制成。

（9）煤泥桶：规格与重液桶相同。

2. 小浮沉设备（器具）与仪器

（1）离心机：转速为3 000 r/min，离心管为250 cm^3 × 4。

（2）真空泵：极限真空度为0.05 Pa。

（3）恒温箱：调温范围为50～200 ℃。

（4）电子台秤：量程为200～500 g，感量为0.01 g。

（5）液体密度计：测量范围为1.00～2.60 g/cm^3，测量精度为0.002 g/cm^3。

（6）棋盘格：白铁皮制成，尺寸为200 mm × 200 mm。

（7）通用玻璃器皿，包括烧杯、量筒、干燥器、洗瓶、滴瓶、下口瓶、漏斗等。

3. 大浮沉重液配制

一般选用氯化锌为浮沉介质。氯化锌易溶于水，可参考表 2-18 用水配制重液。氯化锌有腐蚀性，在配制重液和进行试验时要避免与皮肤接触，穿胶鞋，戴口罩、胶皮手套、防护眼镜，围胶皮围裙。

表 2-18　　氯化锌重液配制参考表

重液的密度 /（g/cm^3）	氯化锌的质量分数 /%	重液的密度 /（g/cm^3）	氯化锌的质量分数 /%
1.30	31	1.70	58
1.40	39	1.80	63
1.50	46	1.90	68
1.60	52	2.00	73

大浮沉重液的密度通常为 1.30 g/cm^3、1.40 g/cm^3、1.50 g/cm^3、1.60 g/cm^3、1.70 g/cm^3、1.80 g/cm^3、1.90 g/cm^3 和 2.00 g/cm^3，必要时可增减某些密度级。

4. 小浮沉重液配制

（1）配制重液的原料：氯化锌或无机高密度液、浓盐酸。

（2）小浮沉重液的密度通常为 1.30 g/cm^3、1.40 g/cm^3、1.50 g/cm^3、1.60 g/cm^3、1.70 g/cm^3、1.80 g/cm^3、2.00 g/cm^3，必要时可增减某些密度级。

（3）配制有机重液和试验时，应在通风橱内进行。

（4）配制氯化锌重液时，应经减压过滤滤去杂质。

（5）配制有机重液可参照表 2-19 进行，用液体密度计检测配制有机重液的密度。

（6）无机高密度重液可用水稀释或蒸发浓缩的方法配制。

（7）滤纸应先在恒温箱内烘干，取出冷却至室温后称量（称准至 0.01 g），并记录。

（8）在烧杯内配制质量分数为 10% 的盐酸，冷却后移入滴瓶内。

表 2-19　　有机重液配制参考表

重液的密度 /（g/cm^3）	四氯化碳和苯配成的重液 /%（体积分数）		三溴甲烷和四氯化碳配成的重液 /%（体积分数）	
	四氯化碳	苯	三溴甲烷	四氯化碳
1.30	60	40		
1.40	74	26		
1.50	89	11		
1.60			2	98
1.70			11	89
1.80			21	79
2.00			41	59

四、知识要点

浮沉试验的煤样通常取自筛分试验的分级产物，按粒级分别进行试验。按一定的密度梯度（如 1.30 kg/L、1.40 kg/L、1.50 kg/L、1.60 kg/L、1.80 kg/L）将煤样分成不同密度级，用氯化锌与水等配制的重液进行浮沉分离。浮沉的产物洗去重液后烘干称重，从中取出煤样进行检验，以测定灰分或其他质量指标。

五、实训过程

1. 大浮沉试验（氯化锌重液）

（1）将配好的重液装入重液桶中，并按密度高低按顺序排好，每个桶中重液面不低于 350 mm，密度最低的重液应另备一桶，作为每次试验时的缓冲液使用。

（2）浮沉试验顺序一般是从低密度逐级向高密度进行。如果煤样中含有易泥化的矸石或高密度物含量较多时，可先在密度最高的重液内浮沉，捞出的浮物仍按由低密度到高密度的顺序进行浮沉。

（3）浮沉试验之前先称量煤样，放入网底桶内，每次放入的煤样厚度一般不超过 100 mm。用水洗净附着在煤块上的煤泥，滤去洗水再进行浮沉试验。收集同一粒级冲洗出的煤泥水，用澄清法或过滤法回收煤泥，然后干燥称量，此煤泥通常称为浮沉煤泥。

（4）进行浮沉试验时，先将盛有煤样的网底桶在最低一个密度的缓冲液内浸润一下（同理，如先浮沉高密度物，也应在该密度的缓冲液内浸润一下），然后提起斜放在桶边上，滤尽重液，再放入浮沉用的最低密度的重液桶内，用木棒轻轻搅动或将网底桶缓缓地上下移动，然后使其静止分层。分层时间应按下列规定：

1）粒度大于 25 mm 时，分层时间为 1～2 min。

2）最小粒度为 3 mm 时，分层时间为 2～3 min。

3）最小粒度为 0.5～1 mm 时，分层时间为 3～5 min。

（5）小心地用捞勺按一定方向捞取浮物，捞取深度不得超过 100 mm。捞取浮物时应注意勿使沉物被搅起而混入浮物中。待大部分浮物被捞出后，再用木棒搅动沉物，然后仍用上述方法捞取浮物，反复操作直到捞尽为止。

（6）把装有沉物的网底桶慢慢提起，斜放在重液桶桶边上，滤尽重液，再把它放入下一个密度的重液桶中。用同样方法依次按密度顺序进行，直到该粒级煤样全部做完为止，最后将沉物倒入盘中。在试验中，应注意回收氯化锌溶液。

（7）在整个试验过程中，应随时调整重液的密度，保证密度值的准确性。

（8）各密度级产物应分别滤去重液，用水冲净产物上残存的氯化锌（最好用热水冲洗），然后在低于 50 ℃温度下进行干燥，达到空气干燥状态再称量。

2. 小浮沉试验（氯化锌重液和无机高密度液）

（1）对配制好的各重液的密度必须进行一次校验，密度值应准确到 ±0.002 g/cm^3。

（2）将称量好的 4 份煤样分别移入 4 支离心管内，并加入少量密度为 1.300 g/cm^3 的重液，用玻璃棒搅拌，使煤样充分润湿，然后加入同一密度的重液，边加边搅拌。同时，冲洗净玻璃棒和离心管壁的煤粒，直至液面的高度为离心管高度的2/3为止。

（3）把互相对称的两对离心管连同金属套管分别放在托盘天平上，在较轻的一端倒入同一密度的重液，直至两边的质量相等，然后分别置于离心机的对称位置上，盖好离心机盖子。

（4）启动离心机，使转速平稳上升，当转速达到2 000 r/min时开始计时。

（5）10 min后，关闭离心机开关，让其自行停止。待离心机停稳后，打开盖子，小心取出离心管并将其置于离心管架上。

（6）分离浮沉产物时，先用玻璃棒沿离心管壁拨动一下浮物表面，然后仔细而又迅速地将浮物倒入同一烧杯内。用热水冲洗净（或用毛笔刷净）管壁上黏附的浮物，但勿使沉物冲下。

（7）在存有沉物的离心管内加入密度为1.400 g/cm^{3}的重液，按上述步骤（1）～（6）进行离心分离。其他密度依此类推，直至加入密度为2.000 g/cm^{3}的重液为止。

（8）在布氏漏斗内铺上滤纸，并加水润湿。开动真空泵将滤纸抽紧，把杯内的浮物倒入布氏漏斗内过滤，回收重液，并用热水冲洗烧杯。回收的重液经过滤、浓缩后重新使用。

（9）取下布氏漏斗，用热水把滤纸上的浮物冲洗到原烧杯内，滴入已配好的10%盐酸，边滴边搅拌，使白色沉淀消失呈微酸性为止（用pH试纸来确定）。

（10）将预先称量好的滤纸折叠成锥形放在玻璃漏斗上加水润湿，打开两通活塞将滤纸抽紧，然后把浮物小心倒入漏斗内过滤，同时用热水冲洗烧杯，直至冲净为止。

注：各密度级浮物都按步骤（8）～（10）的方法处理。

（11）将离心管内密度大于2.000 g/cm^{3}的沉物用热水冲洗到烧杯内，用同样方法滴入盐酸后，按步骤（10）进行冲洗处理。

（12）将浮沉产物连同滤纸从漏斗上取下放在棋盘格上，在（75±5）℃的恒温箱内烘干，达到空气干燥状态后连同滤纸在电子台秤上称量，记录质量，称准至±0.02 g。

（13）浮物和沉物分别测定灰分，必要时测定硫分。

六、结果整理

1. 大浮沉

（1）各密度级产物和煤泥应分别缩制成一般分析试验煤样，测定其灰分和水分。根据要求，确定是否测定硫分或增减其他检验项目。

（2）各密度级产物的产率和灰分用百分数表示，取到小数点后两位。

（3）当一个或两个相邻密度级产率很小时，可将数据合并处理。

（4）为保证试验结果的准确性，要计算浮沉试验前空气干燥状态的煤样质量与浮沉试验后各密度级产物的空气干燥状态质量之和的差值，此差值应不超过浮沉试验前煤样质量的2%；还要用浮沉试验前煤样灰分与浮沉试验后各密度级产物灰分的加权平均值的差值进行验证。否则，应重新进行浮沉试验。具体要求如下：

1）煤样中最大粒度大于或等于25 mm，则：

煤样灰分小于20%时，相对差值应不超过10%，即

$$\frac{\left|A_d-\overline{A}_d\right|}{A_d}\times 100\%\leqslant 10\%$$

式中，A_d——浮沉试验前煤样的灰分，%；

$\overline{A}_d$——浮沉试验后各密度级产物的加权平均灰分，%。

煤样灰分大于或等于 20% 时，绝对差值应不超过 2%，即

$$\left|A_d-\overline{A}_d\right|\leqslant 2\%$$

2）煤样中最大粒度小于 25 mm，则：

煤样灰分小于 15% 时，相对差值应不超过 10%，即

$$\frac{\left|A_d-\overline{A}_d\right|}{A_d}\times 100\%\leqslant 10\%$$

煤样灰分大于或等于 15% 时，绝对差值应不超过 1.5%，即

$$\left|A_d-\overline{A}_d\right|\leqslant 1.5\%$$

（5）将各粒级浮沉试验结果填入大浮沉试验报表 2–20 中。根据要求，将各粒级浮沉资料（包括自然级和破碎级）汇总出 0.5～80 mm、0.5～50 mm、0.5～13 mm 或其他粒级的浮沉试验综合表并绘制可选性曲线。

表 2–20　　大浮沉试验报表

密度级 /（kg/L）	质量 /kg	占本级产率 /%	占全样产率 /%	灰分 /%	浮物累计		沉物累计		分选密度 ±0.1
					产率 /%	灰分 /%	产率 /%	灰分 /%	
＜1.30									
1.30～1.40									
1.40～1.50									
1.50～1.60									
1.60～1.70									
1.70～1.80									
1.80～2.00									
＞2.00									
合计									
煤泥									
总计									

2. 小浮沉

（1）将试验结果填入小浮沉试验原始记录表2-21，计算并填写小浮沉试验报表2-22，必要时绘制可选性曲线。

表2-21　　小浮沉试验原始记录表

煤样名称：　试验编号：　煤样质量：　煤样粒级：　煤样灰分：　试验日期：

密度级/（g/cm^3）	滤纸质量/g	（煤样+滤纸）质量/g	煤样质量/g	产率/%	灰分/%
<1.30					
1.30～1.40					
1.40～1.50					
1.50～1.60					
1.60～1.70					
1.70～1.80					
1.80～2.00					
>2.00					
合计					

表2-22　　小浮沉试验报表

煤样名称：　试验编号：　煤样质量：　煤样粒级：　煤样灰分：　试验日期：

密度级/（g/cm^3）	产率/%	灰分/%	浮物累计		沉物累计	
			产率/%	灰分/%	产率/%	灰分/%
<1.30						
1.30～1.40						
1.40～1.50						
1.50～1.60						
1.60～1.70						
1.70～1.80						
1.80～2.00						
>2.00						
合计						

（2）计算各密度级产物的产率与灰分，最终结果取小数点后两位。

（3）为保证试验的准确性，试验结果要满足浮沉试验前空气干燥状态的煤样质量与浮沉试验后各密度级产物的空气干燥状态质量之和的差值，应不超过浮沉试验前煤样质量的2%，

并用浮沉试验前煤样灰分与浮沉试验后各密度级产物灰分的加权平均值的差值进行验证。否则，应重新进行浮沉试验。具体要求如下：

煤样灰分小于 20% 时，相对差值应不超过 10%，即

$$\frac{\left|A_{\mathrm{d}}-\overline{A}_{\mathrm{d}}\right|}{A_{\mathrm{d}}}\times 100\% \leqslant 10\%$$

式中，A_{d}——浮沉试验前煤样的灰分，%；

$\overline{A}_{\mathrm{d}}$——浮沉试验后各密度级产物的加权平均灰分，%。

煤样灰分为 20%～30% 时，绝对差值应不超过 2%，即

$$\left|A_{\mathrm{d}}-\overline{A}_{\mathrm{d}}\right| \leqslant 2\%$$

煤样灰分大于 30% 时，绝对差值应不超过 3%，即

$$\left|A_{\mathrm{d}}-\overline{A}_{\mathrm{d}}\right| \leqslant 3\%$$

七、注意事项

浮沉试验汇总表格一般有自然级浮沉试验报表、破碎级浮沉试验报表、综合级浮沉试验报表、筛分浮沉试验综合报表以及通过将各粒级的浮沉资料（包括自然级、破碎级）汇总出的 0.5～80 mm、0.5～50 mm、0.5～13 mm 粒级原煤浮沉试验综合报表，根据需求，也可汇总其他粒级的浮沉试验综合报表。

八、思考题

1. 浮沉试验用的煤样有什么要求？
2. 浮沉试验后，各密度级产物一般需测定什么项目？

复习思考题

1. 名词解释：商品煤样、子样、总样、采样单元、粒度、粒级。
2. 煤样的制备工序包括哪些内容？
3. 简述九点取样法及其适用范围。
4. 绘制水分专用煤样的一般制备程序图。
5. 绘制一般分析试验煤样的制备程序图。

6. 绘制共用煤样的制备程序图。
7. 浮沉试验一般包括哪些内容?
8. 根据表 2-16，手工绘制可选性曲线。
9. 根据表 2-16，用 Excel 绘制可选性曲线。

第三章

煤的基础指标测定

学习目标

1. 了解煤的基础指标中各项指标测定的用途；
2. 熟悉煤的基础指标中各项指标测定的原理和相关术语；
3. 掌握煤中全水分的测定方法；
4. 掌握煤的工业分析中一般分析试验煤样水分、灰分、挥发分和固定碳的测定及计算方法；
5. 掌握煤的发热量测定方法；
6. 掌握煤中全硫的测定方法；
7. 熟悉煤中碳、氢、氮、氧的测定或计算方法；
8. 熟悉煤灰熔融性的测定方法。

学习引导

本章将学习煤中全水分的测定方法，如空气干燥法、通氮干燥法等，掌握其原理、操作步骤及注意事项，确保测定结果的准确性和可靠性。在煤的工业分析部分，将学习一般分析试验煤样水分、灰分、挥发分和固定碳的测定及计算方法及其重要性。煤的发热量是衡量煤燃烧性能的重要指标，在本章将介绍煤的发热量测定原理和方法，如绝热式氧弹量热仪法等。硫是煤中有害元素之一，对煤的燃烧性能和环保性能有重要影响，因此应学习煤中全硫的测定方法，如库仑滴定法，了解硫在煤中的存在形态及其对煤的燃烧性能和环保性能的影响。煤中碳、氢、氮、氧元素的含量对煤的燃烧性能和化学性质有重要影响，通过学习这些元素的测定或计算方法，可以了解煤灰的化学成分、矿物组成及其对熔融性的影响。同时，还应学习并掌握煤灰熔融性的测定方法，如高温炉法等。

第一节　煤中全水分的测定

水分是一项重要的煤质指标，煤炭运销中常见的水分指标包括全水分 M_t（可分为外在水分和内在水分）、一般分析试验煤样水分 M_{ad}，有时用户也会要求使用收到基水分 M_{ar}。一般可认为，M_{ar} 与 M_t 在数值上是相等的。

一、水分的存在形式

煤是多孔性固体，含有一定的水分。水分是煤中的无机组分之一，其含量和存在状态与煤的内部结构及外界条件有关。一般而言，水分的存在不利于煤的加工利用。煤中水分的来源是多方面的：首先是在成煤过程中，成煤植物遗体堆积在沼泽或湖泊中，水因此进入煤中；其次是煤层形成后，地下水进入煤层的缝隙中；最后是在水力开采、洗选和运输过程中，煤接触了水、雨、雪或潮湿的空气。

依据存在状态的不同，煤中的水分分为外在水分和内在水分；依据结合状态的不同，煤中的水分分为游离水和化合水。

1. 外在水分和内在水分

煤的外在水分是指在一定条件下煤与周围空气湿度达到平衡时失去的水分。外在水分在煤的开采、运输、储存和洗选过程中，附着在煤的颗粒表面以及较大直径的毛细孔中。含有外在水分的煤称为“收到煤”，指刚开采出来或使用单位刚刚接收到或即将投入使用状态时的煤。

煤的内在水分是指在一定条件下煤与周围空气湿度达到平衡时所保持的水分。它以吸附或凝聚的方式存在于煤粒内部的毛细孔中，较难蒸发，加热到 105～110 ℃时才能蒸发。失去内在水分的煤称为“干燥煤”。

除去外在水分的煤样称为“空气干燥煤样”，也叫“一般分析试验煤样”，因此其中的水分仅为内在水分。当环境温度没有显著变化时，一般分析试验煤样中的水分能相对地保持恒定，这就是在分析测定中都以一般分析试验煤样为测定基准的主要原因。在煤质检验过程中，把煤的外在水分和内在水分之和称为煤的“全水分”。

2. 游离水和化合水

游离水是指以附着、吸附等物理状态与煤结合的水，它吸附在煤的外表面和内部孔隙中。煤中的游离水在常压下加热到 105～110 ℃时，经一定时间干燥即可全部蒸发。

化合水是指以化学方式与矿物质结合的、在全水分测定后仍保留下来的水分，即通常所说的结晶水和结合水，如硫酸钙中的结晶水和高岭土中的结合水。化合水含量不大，且必须在更高的温度下才能失去。因此，在煤质检验过程中，一般不考虑化合水。

二、水分测定的意义

煤的水分是很难用肉眼估量出来的。即使看起来是“干煤”的烟煤，实际上仍含有 1%～2% 的水分，褐煤甚至含有 10%～40% 的水分。

煤的水分对其加工利用、贸易、运输和储存都有很大的影响。一般说来，水分高则影响煤的质量。在煤的利用中首先遇到的是煤的破碎问题，水分高的煤难以破碎；在锅炉燃烧中，水分高会影响燃烧的稳定性和热传导；在炼焦时，水分高会降低产焦率，而且水分大量蒸发带走热量会明显延长焦化周期；在煤炭贸易中，水分也是一个定质和定量的主要指标，因此在签订销煤合同时，用户一般都会提出煤中水分的限值。

三、全水分的测定方法

在煤质检验过程中，要分别测定全水分和空气干燥煤样水分。

一般发电用的动力煤、炼焦用煤、工业锅炉用煤等对煤的水分都有一定的要求，而且在储存时，煤的水分会随空气温度而变化，使煤的全水分测定值具有不确定性。

国家标准《煤中全水分的测定方法》规定，测定煤中全水分的方法有：通氮干燥法（方法 A1 和方法 B1），适用于所有煤种；空气干燥法（方法 A2 和方法 B2），适用于烟煤（易氧化的煤除外）和无烟煤；全水分快速测定的微波干燥法（方法 C），适用于烟煤和褐煤。方法 A1 一般作为仲裁方法。

1. 测定原理

各测定方法提要及适用范围见表 3－1。

表 3－1　　各测定方法提要及适用范围

方法代号	方法名称	方法提要	适用范围
方法 A（两步法）	方法 A1（通氮干燥法）	将粒度为 13 mm 的试样，在温度不高于 40 ℃的环境下干燥到质量恒定，再将干燥后的试样破碎到标称最大粒度 3 mm，于 105～110 ℃下，在氮气（空气）流中干燥到质量恒定。根据试样经两步干燥后的质量损失计算出全水分	对各种煤均可适用
	方法 A2（空气干燥法）		适用于烟煤及无烟煤
方法 B（一步法）	方法 B1（通氮干燥法）	称取一定量的粒度为 6 mm（或 13 mm）的试样，于 105～110 ℃下，在氮气流中干燥到质量恒定。根据试样干燥后的质量损失计算出全水分	对各种煤均可适用
	方法 B2（空气干燥法）	称取一定量的粒度为 13 mm（或 6 mm）的试样，于 105～110 ℃下，在空气流中干燥到质量恒定。根据试样干燥后的质量损失计算出全水分	适用于烟煤及无烟煤
方法 C	微波干燥法	称取一定量的粒度为 6 mm 的试样，置于微波炉内。煤中水分子在微波发生器的交变电场作用下，高速振动产生摩擦热，使水分迅速蒸发。根据试样干燥后的质量损失计算出全水分	适用于褐煤和烟煤

2. 测定步骤

（1）方法 A（两步法）

1）第一步：测定外在水分（方法 A1 和方法 A2）。

在预先干燥和已称量过的浅盘内迅速称取粒度为 13 mm 的试样（500 ± 10）g（称准至 0.1 g），平摊在浅盘中，于环境温度或不高于 40 ℃的空气干燥箱中干燥到质量恒定（连续干燥 1 h，质量变化不超过 0.5 g），记录恒定后的质量（称准至 0.1 g）。

按式（3-1）计算外在水分：

$$M_{f}=\frac{m_{1}}{m}\times 100\% \tag{3-1}$$

式中，M_f——试样的外在水分，%；

m——称取的粒度为 13 mm 试样质量，g；

m_1——试样干燥后的质量损失，g。

2）第二步：测定内在水分（方法 A1 和方法 A2）。

①称量。将测定外在水分后的试样立即破碎到标称最大粒度 3 mm，在预先干燥和已称量过的称量瓶内迅速称取（10 ± 1）g 试样（称准至 0.001 g），平摊在称量瓶中。

②干燥。打开称量瓶盖，放入预先通入经干燥塔干燥的氮气（空气）并已加热到 105～110 ℃的通氮干燥箱（空气干燥箱）中。烟煤干燥 1.5 h，褐煤和无烟煤干燥 2 h。

③冷却。从干燥箱中取出称量瓶，立即盖上盖，在空气中放置约 5 min，然后放入干燥器中，冷却到室温（约 20 min），称量（称准至 0.001 g）。

④检查性干燥。每次 30 min，直到连续两次干燥试样的质量减少不超过 0.01 g 或质量增加时为止，在后一种情况下，采用质量增加前一次的质量作为计算依据。内在水分在 2.0% 以下时，不必进行检查性干燥。

⑤计算。按式（3-2）计算内在水分：

$$M_{inh}=\frac{m_{3}}{m_{2}}\times 100\% \tag{3-2}$$

式中，M_{inh}——试样的内在水分，%；

m_2——称取的试样质量，g；

m_3——试样干燥后的质量损失，g。

3）第三步：结果计算。

按式（3-3）计算煤中全水分（M_t）：

$$M_{t}=M_{f}+(1-M_{f})\ M_{inh} \tag{3-3}$$

（2）方法 B（一步法）

1）方法 B1（通氮干燥法）。

①称量。在预先干燥和已称量过的称量瓶内迅速称取粒度为 6 mm 的试样 10～12 g（称准至 0.001 g），平摊在称量瓶中。

②干燥。打开称量瓶盖，放入预先通入干燥氮气并已加热到 105～110 ℃的通氮干燥箱

中，烟煤干燥 2 h，褐煤和无烟煤干燥 3 h。

③冷却。从干燥箱中取出称量瓶，立即盖上盖，在空气中放置约 5 min，然后放入干燥器中，冷却到室温（约 20 min），称量（称准至 0.001 g）。

④检查性干燥。每次 30 min，直到连续两次干燥试样的质量减少不超过 0.01 g 或质量增加时为止。在后一种情况下，采用质量增加前一次的质量作为计算依据。

2）方法 B2（空气干燥法）。

①粒度为 13 mm 试样的全水分。

- 试样称量。在预先干燥和已称量过的浅盘内迅速称取粒度为 13 mm 的试样（500 ± 10）g（称准至 0.1 g），平摊在浅盘中。
- 干燥。将浅盘放入预先加热到 105～110 ℃的空气干燥箱中，在鼓风条件下，烟煤干燥 2 h，无烟煤干燥 3 h。
- 干燥后称量。将浅盘取出，趁热称量（称准至 0.1 g）。
- 检查性干燥。每次 30 min，直到连续两次干燥试样的质量减少不超过 0.5 g 或质量增加时为止。在后一种情况下，采用质量增加前一次的质量作为计算依据。

②粒度为 6 mm 试样的全水分。

将通氮干燥箱改为空气干燥箱，其他操作步骤与方法 B1 相同。

3）结果计算。按式（3-4）计算煤中全水分：

$$M_t = \frac{m_4}{m} \times 100\% \tag{3-4}$$

式中，M_t——煤中全水分，%；

m——称取的试样质量，g；

m_4——试样干燥后的质量损失，g。

（3）方法 C（微波干燥法）

1）调仪器。按微波干燥水分测定仪说明书进行准备和调节。

2）称量。在预先干燥和已称量过的称量瓶内称取粒度为 6 mm 的试样 10～12 g（称准至 0.001 g），平摊在称量瓶中。

3）干燥。打开称量瓶盖，将称量瓶放入测定仪旋转盘的规定区域内，关上门，接通电源，仪器按预先设定的程序工作，直到工作程序结束。

4）冷却。打开门，取出称量瓶，立即盖上盖，在空气中放置 5 min，放入干燥器中冷却至室温（约 20 min），称量（称准至 0.001 g）。

5）结果计算。按式（3-4）计算煤中全水分。

（4）试样水分损失补正

需要进行水分补正时，则按式（3-5）求出补正后的煤中全水分：

$$M_t' = M_t + (1 - M_1)M_t \tag{3-5}$$

式中，M_t'——补正后的煤中全水分，%；

M_1——试样的水分损失，%；

M_t——按式（3-3）或式（3-4）计算得出的全水分，%。

（5）制样过程空气干燥的水分损失补正

如在制备全水分试样前，对试样进行了空气干燥，造成试样质量损失，则按式（3-6）求出补正后的煤中全水分：

$$M_t'' = X + (1 - X)M_t \tag{3-6}$$

式中，M_t''——补正后的煤中全水分，%；

X——制样过程中空气干燥时试样的质量损失率，%；

M_t——按式（3-4）或式（3-5）计算得出的全水分，%。

3. 方法的精密度

全水分测定结果的重复性限应符合表 3-2 的规定。

表 3-2　全水分测定结果的重复性限

全水分 /%	重复性限 /%
＜10.0	0.4
⩾10.0	0.5

技能实训六　煤中全水分的测定试验

一、实训目标

1. 能独立完成煤中全水分的测定过程并正确报出测定结果，填写实训报告单；
2. 正确理解煤中全水分的测定要求和注意事项。

二、任务描述

本实训的任务是检验原煤中全水分 M_t 和筛分各粒级产物中全水分 M_t。

三、任务准备

1. 工具

（1）空气干燥箱：带自动控温和鼓风装置，可控温 30～40 ℃和 105～110 ℃，有气体进出口，有足够的换气量，每小时可换气 5 次以上。

（2）通氮干燥箱：带自动控温装置，可控温 105～110 ℃，可容纳适量的称量瓶，且具有较小的自由空间，有氮气进出口，每小时可换气 15 次以上。

（3）分析天平：分度值 0.001 g。

（4）干燥器：内装变色硅胶或粒状无水氯化钙。

（5）干燥塔：容量 250 mL，内装变色硅胶或粒状无水氯化钙。

（6）流量计：量程 100～1 000 mL/min。

（7）玻璃称量瓶：直径 70 mm，高 35～40 mm，并带有严密的磨口盖。

2. 试样的制备

（1）按照全水分试样制备方法缩制试样。

（2）按照国家标准规定制备出全水分试样，其中粒度为 13 mm 的全水分试样不少于 3 kg，粒度为 6 mm 的全水分试样不少于 1.25 kg。

在测定全水分之前，首先应检查装有试样的容器的密封情况，然后将其表面擦拭干净，用托盘天平称重，并与容器上标签所注明的质量进行核对。如果称出的试样毛重（试样与容器的总质量）小于标签上所注的毛重（不超 1%），并且能确定试样在运送过程中没有损失，应将减轻的质量作为试样在运送过程中的水分损失量。计算出该质量对试样净重（标签上试样毛重减去容器的质量）的百分数。在计算试样全水分时，应加入这项损失，并将容器中的试样充分地混合。

四、知识要点

1. 方法 A（两步法）

（1）方法 A1（通氮干燥法）：称取一定量的粒度为 13 mm 的试样，在温度不高于 40 ℃的环境下干燥到质量恒定，再将干燥后的试样破碎到标称最大粒度 3 mm，于 105～110 ℃氮气流中干燥到质量恒定。根据试样经两步干燥后的质量损失，计算出全水分。

（2）方法 A2（空气干燥法）：称取一定量的粒度为 13 mm 的试样，在温度不高于 40 ℃的环境下干燥到质量恒定，再将干燥后的试样破碎到标称最大粒度 3 mm，于 105～110 ℃空气流中干燥到质量恒定。根据试样经两步干燥后的质量损失，计算出全水分。

2. 方法 B（一步法）

（1）方法 B1（通氮干燥法）：称取一定量的粒度为 6 mm（或 13 mm）的试样，于 105～110 ℃氮气流中干燥到质量恒定。根据试样干燥后的质量损失，计算出全水分。

（2）方法 B2（空气干燥法）：称取一定量的粒度为 13 mm（或 6 mm）的试样，于 105～110 ℃空气流中干燥到质量恒定。根据试样干燥后的质量损失，计算出全水分。

五、实训过程

1. 一步法测定粒度为 13 mm 试样的全水分

（1）称量：在预先干燥和已称量过的浅盘内迅速称取粒度为 13 mm 的试样（500 ± 10）g（称准至 0.1 g），平摊在浅盘中。

（2）干燥：将浅盘放入预先加热到 105～110 ℃的空气干燥箱中，在鼓风条件下，烟煤干燥 2 h，无烟煤干燥 3 h。

（3）称量：将浅盘取出，趁热称量（称准至 0.1 g）

（4）检查性干燥：每次 30 min，直到连续两次干燥试样的质量减少不超过 0.5 g 或质量增加时为止。在后一种情况下，采用质量增加前一次的质量作为计算依据。

（5）结果记录及计算：将各测定结果记录在表 3-3 中。

表 3-3　　空气干燥法试样水分测定结果记录表

试样名称				
重复测定			第一次	第二次
称量瓶编号				
称量瓶质量 /g				
试样 + 称量瓶质量 /g				
试样质量 /g				
干燥后试样 + 称量瓶质量 /g				
检查性干燥	干燥后试样 + 称量瓶质量 /g	第一次		
		第二次		
		第三次		
M_t/%				
$\bar{M}_t$（平均值）/%				

按式（3-4）计算试样的全水分。

报告值修约至小数点后一位。

如果在运送过程中试样的水分有损失，按式（3-5）求出补正后的全水分。其中，M_1 是试样运送过程中的水分损失量。当 M_1＞1% 时，表明试样在运送过程中可能受到意外损失，则不可补正，但测得的水分可作为检验室收到试样的全水分。在报告结果时，应注明“未经补正水分损失”，并将试样容器标签和密封情况一并报告。

（6）测定精密度：测定结果的重复性限应符合表 3-2 的规定。两次重复测定中，当 M_t＜10% 时，其重复性限不超过 0.4%；当 M_t≥10% 时，其重复性限不超过 0.5%。

（7）填写报告单。

2. 一步法测定粒度为 6 mm 试样的全水分

（1）称量：在预先干燥和已称量过的称量瓶内迅速称取粒度为 6 mm 的试样 10～12 g（称准至 0.001 g），平摊在称量瓶中。

（2）干燥：打开称量瓶盖，放入预先通入干燥氮气并已加热到 105～110 ℃的通氮干燥箱中，烟煤干燥 2 h，褐煤和无烟煤干燥 3 h。

（3）冷却称量：从干燥箱中取出称量瓶，立即盖上盖，在空气中放置约 5 min，然后放入干燥器中，冷却到室温（约 20 min），称量（称准至 0.001 g）。

（4）检查性干燥：每次 30 min，直到连续两次干燥试样的质量减少不超过 0.01 g 或质量增加时为止。在后一种情况下，采用质量增加前一次的质量作为计算依据。

其他操作步骤同粒度为 13 mm 试样的全水分测定。使用空气干燥法，除将通氮干燥箱改为空气干燥箱外，其他操作步骤与上述相同。

3. 两步法测定粒度为 13 mm 试样的全水分

（1）第一步：测定外在水分

在预先干燥和已称量过的浅盘内迅速称取粒度为 13 mm 的试样（500 ± 10）g（称准至 0.1 g），平摊在浅盘中，于环境温度或不高于 40 ℃的空气干燥箱中干燥到质量恒定（连续干燥 1 h，质量变化不超过 0.5 g），记录恒定后的质量（称准至 0.1 g）。

（2）第二步：测定内在水分

1）称量：将测定外在水分后的试样立即破碎到标称最大粒度为 3 mm，在预先干燥和已称量过的称量瓶内迅速称取（10 ± 1）g 试样（称准至 0.001 g），平摊在称量瓶中。

2）干燥：打开称量瓶盖，放入预先通入干燥的空气并加热到 105～110 ℃的空气干燥箱中，烟煤干燥 1.5 h，褐煤和无烟煤干燥 2 h。

3）冷却称量：从干燥箱中取出称量瓶，立即盖上盖，在空气中放置约 5 min，然后放入干燥器中，冷却到室温（约 20 min），称量（称准至 0.001 g）。

4）检查性干燥：每次 30 min，直到连续两次干燥试样的质量减少不超过 0.01 g 或质量增加时为止。在后一种情况下，采用质量增加前一次的质量作为计算依据。内在水分在 2.0% 以下时，不必进行检查性干燥。

5）结果记录及计算。

六、注意事项

1. 采集的全水分试样应保存在密封良好的容器内，并放在阴凉的地方。
2. 制样操作要快，最好用密封式破碎机，以保证破碎过程中水分无明显损失。
3. 全水分样品送到检验室后应立即测定，以保证从制样到测试前的全过程试样水分无变化。
4. 遵守安全文明操作规程。

七、思考题

1. 测定煤中全水分（或收到基水分）对试样有什么要求？
2. 如何利用内在水分和外在水分的测定结果来计算煤中全水分？

第二节 煤的工业分析

一、一般分析试验煤样水分的测定

一般分析试验煤样是指除去外在水分的煤样，即空气干燥煤样。一般分析试验煤样水分有 3 种测定方法：方法 A 为通氮干燥法，适用于所有煤种；方法 B 为空气干燥法，仅适用于烟煤和无烟煤；方法 C 为微波干燥法（快速测定法），适用于褐煤和烟煤。

在仲裁分析中，遇到有用一般分析试验煤样水分进行校正以及基的换算时，应使用方法 A 测定一般分析试验煤样的水分。

1. 测定原理

一般分析试验煤样水分的测定方法提要及适用范围见表 3-4。

表 3-4　一般分析试验煤样水分的测定方法提要及适用范围

方法代号	方法名称	方法提要	适用范围
方法 A	通氮干燥法	称取一定量的一般分析试验煤样，于 105～110 ℃干燥箱中，在氮气流中干燥到质量恒定。根据煤样的质量损失计算水分	适用于所有煤
方法 B	空气干燥法	称取一定量的一般分析试验煤样，于 105～110 ℃鼓风干燥箱内，在空气流中干燥到质量恒定。根据煤样的质量损失计算水分	仅适用于烟煤和无烟煤
方法 C	微波干燥法	称取一定量的一般分析试验煤样，置于微波水分测定仪的炉内，炉内磁控管发射非电离微波，使水分子超高速振动，产生摩擦热，使煤中水分迅速蒸发。根据煤样的质量损失计算水分	适用于褐煤和烟煤水分的快速测定

2. 方法的精密度

水分测定结果的重复性限应符合表 3-5 的规定。

表 3-5　水分测定结果的重复性限

水分 /%	重复性限 /%
＜5.00	0.20
5.00～10.00	0.30
＞10.00	0.40

技能实训七　一般分析试验煤样水分的测定试验

一、实训目标

1. 能独立完成一般分析试验煤样水分的测定过程并正确报出测定结果，填写实训报告单；
2. 正确理解一般分析试验煤样的测定要求和注意事项。

二、任务描述

本实训的任务是检验原煤的一般分析试验煤样水分、筛分各粒级产物的一般分析试验煤样水分和浮煤的一般分析试验煤样水分。

三、任务准备

1. 氮气：纯度99.9%，含氧量小于0.01%。

2. 无水氯化钙：化学纯，粒状。

3. 变色硅胶：工业用品。

4. 小空间干燥箱：箱体严密，具有较小的自由空间，有气体进出口，并带有自动控温装置，能保持温度在105～110 ℃。

5. 鼓风干燥箱：带有自动控温装置，能保持温度在105～110 ℃。

6. 微波水分测定仪（以下简称测水仪）：带程序控制器，输入功率约1 000 W，仪器内配有微晶玻璃转盘，转盘上置有带标记圈、厚约2 mm的石棉垫。

7. 玻璃称量瓶：直径40 mm，高25 mm，并带有严密的磨口盖。

8. 干燥器：内装变色硅胶或粒状无水氯化钙。

9. 干燥塔：容量250 mL，内装干燥剂。

10. 流量计：量程为100～1 000 mL/min。

11. 分析天平：感量0.000 1 g。

12. 烧杯：容量约250 mL。

四、知识要点

方法A（通氮干燥法）：称取一定量的一般分析试验煤样，置于105～110 ℃干燥箱内，在干燥氮气流中干燥到质量恒定。根据煤样的质量损失计算出水分。

方法B（空气干燥法）：称取一定量的一般分析试验煤样，置于105～110 ℃鼓风干燥箱内，于空气流中干燥到质量恒定。根据煤样的质量损失计算出水分。

五、实训过程

1. 方法A（通氮干燥法）测定一般分析试验煤样水分

（1）称量：在预先干燥和已称量过的称量瓶内称取粒度小于0.2 mm的一般分析试验煤样（1 ± 0.1）g，称准至0.000 2 g，平摊在称量瓶中。

（2）干燥：打开称量瓶盖，放入预先通入干燥氮气并已加热到105～110 ℃的小空间干燥箱中，烟煤干燥1.5 h，褐煤和无烟煤干燥2 h。在称量瓶放入干燥箱前10 min开始通氮气，氮气流量以每小时换气15次为准。

（3）冷却称量：从干燥箱中取出称量瓶，立即盖上盖，放入干燥器中冷却至室温（约20 min）后称量。

（4）检查性干燥：每次30 min，直到连续两次干燥煤样质量的减少不超过0.001 0 g或质量增加时为止。在后一种情况下，采用质量增加前一次的质量为计算依据。当水分小于2.00%时，不必进行检查性干燥。

（5）结果记录及计算：将各测定结果记录在表3-6中。

表 3－6　　通氮干燥法一般分析试验煤样水分测定结果记录表

<table>
<tr><td colspan="3">煤样名称</td><td colspan="2"></td></tr>
<tr><td colspan="3">重复测定</td><td>第一次</td><td>第二次</td></tr>
<tr><td colspan="3">称量瓶编号</td><td></td><td></td></tr>
<tr><td colspan="3">称量瓶质量 /g</td><td></td><td></td></tr>
<tr><td colspan="3">煤样＋称量瓶质量 /g</td><td></td><td></td></tr>
<tr><td colspan="3">煤样质量 /g</td><td></td><td></td></tr>
<tr><td colspan="3">干燥后煤样＋称量瓶质量 /g</td><td></td><td></td></tr>
<tr><td rowspan="3">检查性干燥</td><td rowspan="3">干燥后煤样＋称量瓶质量 /g</td><td>第一次</td><td></td><td></td></tr>
<tr><td>第二次</td><td></td><td></td></tr>
<tr><td>第三次</td><td></td><td></td></tr>
<tr><td colspan="3">M_{ad}/%</td><td></td><td></td></tr>
<tr><td colspan="3">$\bar{M}_{ad}$（平均值）/ %</td><td></td><td></td></tr>
</table>

按式（3－7）计算一般分析试验煤样水分：

$$M_{ad}=\frac{m_1}{m}\times 100\% \tag{3-7}$$

式中，M_{ad}——一般分析试验煤样水分，%；

m——称取的一般分析试验煤样的质量，g；

m_1——煤样干燥后失去的质量，g。

（6）测定方法的精密度：水分测定结果的重复性限应符合表 3－5 的规定。对同一一般分析试验煤样进行两次水分重复测定，两次测定值的重复性限不超过表 3－5 的规定，则取算术平均值作为测定结果，否则须进行第三次测定。

（7）填写报告单。

2. 方法 B（空气干燥法）测定一般分析试验煤样水分

（1）在预先干燥并已称量过的称量瓶内称取粒度小于 0.2 mm 的一般分析试验煤样（1 ± 0.1）g，称准至 0.000 2 g，平摊在称量瓶中。

（2）打开称量瓶盖，放入预先鼓风并已加热到 105～110 ℃的空气干燥箱中。在一直鼓风的条件下，烟煤干燥 1 h，无烟煤干燥 1.5 h。

（3）从干燥箱中取出称量瓶，立即盖上盖，放入干燥器中冷却至室温（约 20 min）后称量。

（4）进行检查性干燥，每次 30 min，直到连续两次干燥煤样的质量减少不超过 0.0 010 g 或质量增加时为止。在后一种情况下，采用质量增加前一次的质量为计算依据。水分小于 2.00% 时，不必进行检查性干燥。

3. 方法 C（微波干燥法）测定一般分析试验煤样水分

（1）在预先干燥和已称量过的称量瓶内称取粒度小于 0.2 mm 的一般分析试验煤样

（1 ± 0.1）g，称准至 0.000 2 g，平摊在称量瓶中。

（2）将一个盛有约 80 mL 蒸馏水、容量约 250 mL 的烧杯置于测水仪内的转盘上，用预加热程序加热 10 min 后，取出烧杯。如连续进行数次测定，只需在第一次测定前进行预热。

（3）打开称量瓶盖，将带煤样的称量瓶放在测水仪的转盘上，并使称量瓶与石棉垫上的标记圈相内切。放满一圈后，多余的称量瓶可紧挨第一圈称量瓶内侧放置。在转盘中心放一盛有蒸馏水的带表面皿盖的 250 mL 烧杯（盛水量与测水仪说明书规定一致），并关上测水仪门。

注意：水分蒸发效果与微波电磁场分布有关，称量瓶须位于均匀场强区域内；烧杯中的盛水量与微波炉磁控管功率大小有关，以加热完毕后烧杯内仅余少量水为宜；测水仪生产厂家在设计测水仪时，应通过试验确定适合水分测定的区域并加以标记（即标记圈），并确定适宜的盛水量。

（4）按测水仪说明书规定的程序加热煤样。

（5）加热程序结束后，从测水仪中取出称量瓶，立即盖上盖，放入干燥器中冷却至室温（约 20 min）后称量。

六、注意事项

1. 称取试样前，应将煤样充分混合。

2. 煤样务必处于空气干燥状态后方可进行水分的测定。国家标准《煤样的制备方法》规定，煤样在空气中连续干燥 1 h 后质量变化≤0.1%，则该煤样达到了空气干燥状态。

3. 试样粒度应小于 0.2 mm，干燥温度必须按要求控制在 105～110 ℃；干燥时间应为煤样达到干燥完全的最短时间。不同煤源即使同一煤种，其干燥时间也不一定相同。

4. 预先鼓风的目的在于促使干燥箱内空气流动，一方面使箱内温度均匀，另一方面使煤样水分尽快蒸发，缩短分析周期。应将装有煤样的称量瓶放入干燥箱前 3～5 min 就开始鼓风。

七、思考题

1. 干燥箱测定煤样水分时为什么必须鼓风？

2. 为什么水分大于 2.00% 时要进行检查性干燥？

二、一般分析试验煤样灰分的测定

煤的灰分就是煤在规定的条件下完全燃烧后残留物的产率。灰分是煤炭贸易计价的主要指标，在冶炼用炼焦煤灰分等级划分中，10 级精煤灰分为 9.51%～10.00%。灰分过高会降低焦炭的质量，消耗更多的原材料。作为燃料燃烧时，灰分是煤炭中的有害物质，使煤炭质量降低。因此，灰分对于评价煤的质量和加工利用起着重要的作用。

煤的灰分来源于矿物质，而煤中矿物质的来源有以下 3 个方面：

原生矿物质——成煤物质中所含的无机元素；

次生矿物质——煤形成过程中混入的或与煤伴生的矿物质；

外来矿物质——煤在开采和加工处理过程中混入的矿物质。

国家标准中规定，一般分析试验煤样灰分的测定方法有两种，即缓慢灰化法和快速灰化法。其中，缓慢灰化法是仲裁测定方法。

1. 测定原理

一般分析试验煤样灰分的测定方法提要见表 3－7。

表 3－7　　一般分析试验煤样灰分的测定方法提要

方法代号	方法名称	方法提要
—	缓慢灰化法	称取一定量的一般分析试验煤样，放入马弗炉中，以一定的速度加热到（815 ± 10）℃，灰化并灼烧到质量恒定。以残留物的质量占煤样质量的百分数作为煤样的灰分
方法 A	快速灰化法	将装有煤样的灰皿放在预先加热至（815 ± 10）℃的灰分快速测定仪的传送带上，煤样自动送入仪器内完全灰化，然后送出。以残留物的质量占煤样质量的百分数作为煤样的灰分
方法 B	快速灰化法	将装有煤样的灰皿由炉外逐渐送入预先加热至（815 ± 10）℃的马弗炉中灰化并灼烧至质量恒定。以残留物的质量占煤样质量的百分数作为煤样的灰分

2. 方法的精密度

灰分测定结果的重复性限和再现性临界差应符合表 3－8 的规定。

表 3－8　　灰分测定的精密度

灰分 /%	重复性限 /%	再现性临界差 /%
＜15.00	0.20	0.30
15.00～30.00	0.30	0.50
＞30.00	0.50	0.70

技能实训八　一般分析试验煤样灰分的测定试验

一、实训目标

1. 能独立完成一般分析试验煤样灰分的测定过程并正确报出测定结果，填写实训报告单；
2. 正确理解一般分析试验煤样灰分的测定要求和注意事项。

二、任务描述

本实训任务是测定原煤的一般分析试验煤样灰分、筛分各粒级产物的一般分析试验煤样灰分和浮煤的一般分析试验煤样灰分。

三、任务准备

1. 马弗炉：炉膛具有足够的恒温区，能保持温度为（815 ± 10）℃。炉后壁的上部带有直径为 25～30 mm 的烟囱，下部离炉膛底 20～30 mm 处有插热电偶的小孔，炉门上有直径为

20 mm 的通气孔。

马弗炉的恒温区应在关闭炉门下测定，并至少每年测定一次。高温计（包括毫伏计和热电偶）至少每年校准一次。

2. 快速灰分测定仪。

3. 灰皿：瓷质，长方形，底长 45 mm，底宽 22 mm，高 14 mm。

4. 干燥器：内装变色硅胶或粒状无水氯化钙。

5. 分析天平：感量 0.000 1 g。

6. 耐热瓷板或石棉板。

四、知识要点

1. 缓慢灰化法

称取一定量的一般分析试验煤样，放入马弗炉中，以一定的速度加热到（815 ± 10）℃，灰化并灼烧到质量恒定。以残留物的质量占煤样质量的百分数作为煤样的灰分。

2. 快速灰化法

（1）方法 A：将装有煤样的灰皿放在预先加热至（815 ± 10）℃的灰分快速测定仪的传送带上，煤样自动送入仪器内完全灰化，然后送出。以残留物的质量占煤样质量的百分数作为煤样的灰分。

（2）方法 B：将装有煤样的灰皿由炉外逐渐送入预先加热至（815 ± 10）℃的马弗炉中灰化并灼烧至质量恒定。以残留物的质量占煤样质量的百分数作为煤样的灰分。

五、实训过程

1. 缓慢灰化法

（1）称量：在预先灼烧至质量恒定的灰皿中，称取粒度小于 0.2 mm 的一般分析试验煤样（1 ± 0.1）g，称准至 0.000 2 g，均匀地摊平在灰皿中，使其质量不超过 0.15 g/cm^2。

（2）灼烧：将灰皿送入炉温不超过 100 ℃的马弗炉恒温区中，关上炉门并使炉门留有 15 mm 左右的缝隙。在不少于 30 min 的时间内将炉温缓慢升至 500 ℃，并在此温度下保持 30 min。继续升温到（815 ± 10）℃，并在此温度下灼烧 1 h。

（3）冷却称量：从炉中取出灰皿，放在耐热瓷板或石棉板上，在空气中冷却为 5 min，移入干燥器中冷却至室温（约 20 min）后称量。

（4）检查性灼烧：温度为（815 ± 10）℃，每次 20 min，直到连续两次灼烧后的质量变化不超过 0.001 0 g 为止。以最后一次灼烧后的质量为计算依据。灰分小于 15.00% 时，不必进行检查性灼烧。

2. 方法 A（快速灰化法）

（1）预热：将快速灰分测定仪预先加热至（815 ± 10）℃。

（2）调速：开动传送带并将其传送速度调节到 17 mm/min 左右或其他合适的速度。

（3）称样：在预先灼烧至质量恒定的灰皿中，称取粒度小于 0.2 mm 的一般分析试验煤样（0.5 ± 0.01）g，称准至 0.000 2 g，均匀地摊平在灰皿中，使其质量不超过 0.08 g/cm^2。

（4）送样：将盛有煤样的灰皿放在快速灰分测定仪的传送带上，灰皿即自动送入炉中。

（5）冷却：当灰皿从炉内送出时，取下，放在耐热瓷板或石棉板上，在空气中冷却为 5 min，移入干燥器中冷却至室温（约 20 min）后称量。

3. 方法 B（快速灰化法）

（1）称量：在预先灼烧至质量恒定的灰皿中，称取粒度小于 0.2 mm 的一般分析试验煤样（1 ± 0.1）g，称准至 0.000 2 g，均匀地摊平在灰皿中，使其质量不超过 0.15 g/cm^2。将盛有煤样的灰皿预先分排放在耐热瓷板或石棉板上。

（2）加热马弗炉送煤样：将马弗炉加热到 850 ℃，打开炉门，将放有灰皿的耐热瓷板或石棉板缓慢地推入马弗炉中，先使第一排灰皿中的煤样灰化。待 5～10 min 后煤样不再冒烟时，以不大于 2 cm/min 的速度把其余各排灰皿顺序推入炉内炽热部分（若煤样着火发生爆燃，试验应作废）。

（3）灼烧：关上炉门并使炉门留有 15 mm 左右的缝隙，在（815 ± 10）℃温度下灼烧 40 min。

（4）冷却称量：从炉中取出灰皿，放在空气中冷却约 5 min，移入干燥器中冷却至室温（约 20 min）后称量。

（5）检查性灼烧：每次 20 min，直到连续两次灼烧后的质量变化不超过 0.001 0 g 为止。以最后一次灼烧后的质量为计算依据。如遇检查性灼烧时结果不稳定，应改用缓慢灰化法重新测定。灰分小于 15.00% 时，不必进行检查性灼烧。

4. 结果记录及计算

将各测定结果记录在表 3-9 中。

表 3-9　一般分析试验煤样灰分测定结果记录表

煤样名称		
重复测定	第一次	第二次
灰皿编号		
灰皿质量 /g		
煤样 + 灰皿质量 /g		
煤样质量 /g		
灼烧后煤样 + 灰皿质量 /g		
残渣质量 /g		
A_{ad}/%		
$\overline{A}_{ad}$（平均值）/ %		

按照式（3-8）计算一般分析试验煤样灰分：

$$A_{ad} = \frac{m_1}{m} \times 100\% \tag{3-8}$$

式中，A_{ad}——空气干燥基灰分，%；

m——称取的一般分析试验煤样的质量，g；

m_1——灼烧后残留物的质量，g。

5. 方法的精密度

灰分测定结果的重复性限和再现性临界差应符合表 3-8 的规定。对同一煤样进行两次灰分重复测定，两次测定值的重复性限如不超过表 3-8 的规定，则取算术平均值作为测定结果，否则须进行第三次测定。

六、注意事项

1. 快速灰分测定仪的要求：高温炉能加热至（815 ± 10）℃并具有足够长的恒温带；炉内有足够的空气供煤样燃烧；煤样在炉内有足够长的停留时间，以保证灰化完全；能避免或最大限度地减少煤中硫氧化生成的硫氧化物与碳酸盐分解生成的氧化钙接触。

2. 煤样在灰皿中要铺平，以避免局部过厚，使燃烧不完全。

3. 灰化过程中应始终保持良好的通风状态，使硫氧化物一经生成就及时排出。因此，马蹄形管式电炉应两端敞口，以保证炉内空气自然流通。

4. 管式炉快速灰化法可有效避免煤中硫固定在煤灰中。因使用轴向倾斜度为 5° 的马蹄形管式炉，炉中央段温度为（815 ± 10）℃，两端有 500 ℃温度区，煤样从高的一端进入 500 ℃温度区时，煤中硫氧化的生成物由高端（入口端）逸出，不会与到达（815 ± 10）℃温度区的煤样中的碳酸钙分解生成的氧化钙接触，从而可有效避免煤中硫被固定在煤灰中。

5. 对于新的快速灰分测定仪，应对不同煤种进行与缓慢灰化法的对比试验，根据对比试验的结果及煤的灰化情况，调节传送带的传送速度。

七、思考题

1. 采用马蹄形管式炉快速灰化法为什么能有效避免煤中硫固定在煤灰中？

2. 快速灰化法对高温炉有哪些要求？

三、一般分析试验煤样挥发分的测定

煤的挥发分是指煤在规定条件下隔绝空气加热并进行水分校正后的挥发物质产率。

挥发分是煤炭分类的主要指标。根据挥发分可以大致判断煤的变质程度，随着煤的变质程度增大，挥发分就降低。例如，褐煤的挥发分一般为 40%～60%，烟煤为 10%～50%，无烟煤则小于 10%。挥发分是煤加工利用的重要指标。挥发分高的煤干馏时化学副产品产率高，适合作为低温干馏和气化的原料及水煤浆制作原料；中等挥发分的煤黏结性好，可用于炼焦等。

1. 方法提要

称取一定量的一般分析试验煤样，放在带盖的瓷坩埚中，在（900 ± 10）℃下，隔绝空气加热 7 min。以减少的质量占煤样质量的百分数，减去该煤样的水分作为煤样的挥发分。

2. 方法的精密度

挥发分测定结果的重复性限和再现性临界差应符合表 3－10 的规定。

表 3－10　挥发分测定的精密度

挥发分 /%	重复性限 / %	再现性临界差 / %
＜20.00	0.30	0.50
20.00～40.00	0.50	1.00
＞40.00	0.80	1.50

技能实训九　一般分析试验煤样挥发分的测定试验

一、实训目标

1. 能独立完成一般分析试验煤样挥发分的测定过程并正确报出测定结果，填写实训报告单；
2. 正确理解一般分析试验煤样挥发分的测定要求和注意事项。

二、任务描述

本实训任务是检验原煤的一般分析试验煤样挥发分（V_{ad}）和浮煤的一般分析试验煤样挥发分（V_{ad}），然后通过式（3–9）计算干燥无灰基的挥发分（V_{daf}）：

$$V_{daf} = V_{ad} \times \frac{100\%}{100\% - M_{ad} - A_{ad}} \qquad (3-9)$$

式中，V_{daf}——干燥无灰基挥发分，%；

V_{ad}——空气干燥基挥发分，%；

M_{ad}——一般分析试验煤样水分，%；

A_{ad}——空气干燥基灰分，%。

三、任务准备

1. 挥发分坩埚：带有配合严密盖的瓷坩埚，总质量为 15～20 g。

2. 马弗炉：带有高温计和调温装置，能保持温度在（900±10）℃，并有足够的（900±5）℃的恒温区。当马弗炉起始温度为 920 ℃左右时，应能保证放入室温下的坩埚架和若干坩埚在关闭炉门后，3 min 内恢复至（900±10）℃。炉后壁有一个排气孔和一个插热电偶的小孔。小孔位置应使热电偶插入炉内后其热接点在坩埚底和炉底之间，距炉底 20～30 mm 处。

马弗炉的恒温区应在关闭炉门下测定，并至少每年测定一次。高温计（包括毫伏计和热电偶）至少每年校准一次。

3. 坩埚架夹。

4. 坩埚架：用镍铬丝或其他耐热金属丝制成。

5. 分析天平：感量 0.000 1 g。

6. 压饼机：螺旋式或杠杆式压饼机，能压制直径约 10 mm 的煤饼。

7. 秒表。

四、知识要点

称取一定量的一般分析试验煤样，放在带盖的瓷坩埚中，在（900 ± 10）℃下，隔绝空气加热 7 min。以减少的质量占煤样质量的百分数，减去该煤样的水分作为煤样的挥发分。

五、实训过程

1. 称量

在预先于 900 ℃下灼烧至质量恒定后冷却至室温的带盖瓷坩埚中，称取粒度小于 0.2 mm 的一般分析试验煤样（1 ± 0.01）g，称准至 0.000 2 g。轻轻振动坩埚，使煤样摊平，盖上盖，放在坩埚架上。

2. 压饼

如果试样是褐煤和长焰煤，应预先压饼，并切成宽度约 3 mm 的小块。

3. 灼烧

将马弗炉预先加热至约 920 ℃。打开炉门，迅速将放有坩埚的坩埚架送入恒温区，立即关上炉门并计时，加热 7 min。坩埚及坩埚架放入后，要求炉温在 3 min 内恢复到（900 ± 10）℃，此后保持在（900 ± 10）℃，否则此次试验作废。加热时间包括温度恢复时间。

4. 冷却

从炉中取出坩埚，放在空气中冷却约 5 min，移入干燥器中冷却至室温（约 20 min）后称量。

5. 结果记录及计算

将各测定结果记录在表 3-11 中。

表 3-11　　分样煤样挥发分测定结果记录表

煤样名称		
重复测定	第一次	第二次
坩埚编号		
坩埚质量 /g		
焦渣 + 坩埚质量 /g		
煤样加热后减轻的质量 /g		
干燥后煤样 + 称量瓶质量 /g		
M_{ad}/%		
V_{ad}/%		
$\overline{V}_{ad}$（平均值）/ %		
焦渣特征类型		

按式（3-10）计算煤样的空气干燥基挥发分：

$$V_{ad}=\frac{m_1}{m}\times100\%-M_{ad} \tag{3-10}$$

式中，V_{ad}——空气干燥基挥发分，%；

m——一般分析试验煤样的质量，g；

m_1——煤样加热后减少的质量，g；

M_{ad}——一般分析试验煤样水分，%。

最后用式（3-9）计算出干燥无灰基挥发分。

6. 方法的精密度

挥发分测定结果的重复性限和再现性临界差应符合表 3-10 的规定。

7. 观察焦渣特征类型

（1）粉状（1 型）：全部是粉末，没有相互黏附的颗粒。

（2）黏着（2 型）：用手指轻碰即成粉末或基本上是粉末，其中较大的团块轻轻一碰即成粉末。

（3）弱黏结（3 型）：用手指轻压即成小块。

（4）不熔融黏结（4 型）：用手指用力压才裂成小块，焦渣上表面无光泽，下表面稍有银白色光泽。

（5）不膨胀熔融黏结（5 型）：焦渣形成扁平的块，煤粒的界限不易分清，焦渣上表面有明显银白色金属光泽，下表面银白色光泽更明显。

（6）微膨胀熔融黏结（6 型）：用手指压不碎，焦渣的上下表面均有银白色金属光泽，但焦渣表面具有较小的膨胀泡（或小气泡）。

（7）膨胀熔融黏（7 型）结：焦渣上下表面有银白色金属光泽，明显膨胀，但其高度不超过 15 mm。

（8）强膨胀熔融黏结（8 型）：焦渣上下表面有银白色金属光泽，焦渣高度大于 15 mm。

六、注意事项

1. 测定低煤化程度煤（如褐煤、长焰煤）时必须压饼。这是由于它们的水分和挥发分很高，如以松散状态测定，挥发分大量释出，易把坩埚盖顶开带走碳粒，使结果偏高，且重复性较差。压饼后试样紧密，可减缓挥发分的释放速度，有效防止煤样爆燃、喷溅，使测定结果稳定可靠。

2. 挥发分的测定是一项规范性很强的试验，其测定结果受测定条件的影响很大，须严格掌握以下操作：

（1）定期对热电偶及毫伏计进行校正。校正和使用热电偶时，其冷端应放入冰水或将零点调到室温，或采用冷端补偿器。

（2）定期测量马弗炉的恒温区，装有煤样的坩埚必须放在马弗炉的恒温区内。

（3）应经常验证马弗炉温度恢复速度是否符合要求，或应手动控制以保证其符合要求。

（4）每次试验最好放同样数目的坩埚，以保证坩埚及支架的热容量基本一致。

（5）煤的挥发分是指煤在规定条件下隔绝空气加热并进行水分校正后的挥发物质产率，所以要使用符合规定的坩埚，坩埚盖子必须配合严密。

（6）要用耐热金属制作坩埚架，且受热时不能掉皮，否则影响测定结果。

（7）坩埚从马弗炉中取出后，在空气中冷却时间不宜过长，以防焦渣吸水。

（8）马弗炉预先加热温度可视马弗炉具体情况调节，以保证在放入坩埚及坩埚架后，炉温在 3 min 内恢复到（900 ± 10）℃。

七、思考题

1. 测定低煤化程度煤（如褐煤、长焰煤）时为什么要压饼？

2. 坩埚盖子为什么必须配合严密？

四、一般分析试验煤样固定碳的计算

1. 固定碳的概念

从测定一般分析试验煤样挥发分后的焦渣中减去灰分后的残留物称为固定碳（用质量分数表示）。固定碳和挥发分一样，不是煤中固有的组分，而是热分解产物。在组成上，固定碳除含有碳元素外，还包含氢、氧、氮和硫等元素。因此，固定碳与煤中有机质的碳元素含量是两个不同的概念，不可混淆。一般而言，煤中固定碳含量小于碳元素含量，只有在高煤化程度煤中两者才比较接近。

2. 固定碳的计算

煤的工业分析中，固定碳一般不直接测定，而是通过计算获得。在一般分析试验煤样测定水分、灰分和挥发分后，由式（3－11）计算一般分析试验煤样固定碳：

$$FC_{ad}=100\%-(M_{ad}+A_{ad}+V_{ad}) \tag{3-11}$$

式中，FC_{ad}——空气干燥基固定碳，%；

M_{ad}——空气干燥基水分，%；

A_{ad}——空气干燥基灰分，%；

V_{ad}——空气干燥基挥发分，%。

3. 固定碳与煤变质程度的关系

固定碳与煤变质程度有一定关系。煤中干燥无灰基固定碳 FC_{daf} 随煤化程度增高而逐渐增加，其中，褐煤固定碳＜60%，烟煤固定碳为 50%～90%，无烟煤固定碳＞90%。有些国家以 FC_{daf} 作为煤的分类依据，实际上 FC_{daf} 与 V_{daf} 是一件事情的两个方面，因为 $V_{daf}+FC_{daf}=100\%$。

4. 燃料比

燃料比是指煤的固定碳与挥发分之比。燃料比也是表征煤化程度的一个指标，随煤化程度增高而增高，其中褐煤燃料比为 0.6～1.5，长焰煤燃料比为 1.0～1.7，气煤燃料比为 1.0～2.3，焦煤燃料比为 2.0～4.6，瘦煤燃料比为 4.0～6.2，无烟煤燃料比为 9.0～29.0。无烟煤燃料比变化很大，可作为划分无烟煤小类的指标。另外，还可以用燃料比来评价煤的燃烧特性。

第三节　煤的发热量测定

发热量是评价煤质的一项重要指标，也是供热用煤的一个主要质量指标。根据煤的发热量可以粗略推测其变质程度，在我国煤分类标准中，采用恒湿无灰基高位发热量 $Q_{gr,\ maf}$ 作为划分年轻煤的一个指标。燃煤工艺过程的热平衡、耗煤量和热效率的计算，都是以所用煤的发热量为依据的。并且煤的应用基低位发热量是动力用煤计价结算的依据，常采用干基高位发热量对商品煤进行验收。因此，测定煤的发热量具有很重要的意义。

一、发热量有关定义及原理

1. 煤的发热量

煤的发热量是指单位质量的煤完全燃烧时所放出的热量，用符号 Q 表示。发热量的单位是焦耳每克（J/g）或兆焦每千克（MJ/kg），其换算关系是 1 MJ/kg=10^3 J/g。

2. 弹筒发热量

弹筒发热量是指单位质量的煤样在充有过量氧气的氧弹内燃烧，其燃烧后的物质组成为氧气、氮气、二氧化碳、硝酸、硫酸、液态水以及固态灰时放出的热量。

3. 恒容高位发热量

恒容高位发热量是指单位质量的煤样在充有过量氧气的氧弹内燃烧，其燃烧后的物质组成为氧气、氮气、二氧化碳、二氧化硫、液态水以及固态灰时放出的热量。

恒容高位发热量即由弹筒发热量减去硝酸形成热和硫酸校正热后得到的发热量。

4. 恒容低位发热量

恒容低位发热量是指单位质量的煤样在恒容条件下，在过量氧气中燃烧，其燃烧后的物质组成为氧气、氮气、二氧化碳、二氧化硫、气态水（假定压力为 0.1 MPa）以及固态灰时放出的热量。

恒容低位发热量即由恒容高位发热量减去水（煤中原有的水和煤中氢燃烧生成的水）的汽化热后得到的发热量。

5. 恒压低位发热量

恒压低位发热量是指单位质量的煤样在恒压条件下，在过量氧气中燃烧，其燃烧后的物质组成为氧气、氮气、二氧化碳、二氧化硫、气态水（假定压力为 0.1 MPa）以及固态灰时放出的热量。

6. 热量计的有效热容量

热量计的有效热容量是指量热系统产生单位温升所需的热量，简称热容量。热容量通常

以焦耳每开尔文（J/K）表示。

二、发热量的测定原理

1. 高位发热量

煤的发热量在氧弹热量计中进行测定。将一定量的一般分析试验煤样在充有过量氧气的氧弹内燃烧，氧弹热量计的热容量通过在相似条件下燃烧一定量的基准量热物（苯甲酸）来确定，根据煤样点燃前后量热系统产生的温升，并对点火热等附加热进行校正，即可求得煤样的弹筒发热量。

从弹筒发热量中扣除硝酸形成热和硫酸校正热（硫酸与二氧化硫形成热之差）后即得高位发热量。

2. 低位发热量

煤的恒容低位发热量和恒压低位发热量可以通过一般分析试验煤样的高位发热量计算。计算恒容低位发热量需要知道煤样中水分和氢的含量，原则上计算恒压低位发热量还需知道煤样中氧和氮的含量。

因此，对煤中的水分（煤中原有的水和氢燃烧生成的水）的汽化热进行校正，即可求得煤的低位发热量。

3. 热量计测定原理

发热量测定的基本原理很简单，即把一定量的煤样在充氧的弹筒中燃烧。氧弹预先要放在足以浸没氧弹的水筒里，由燃烧后水温的升高来计算煤样的发热量。然而，实际情况并不如此简单，主要会遇到如下两个问题：

（1）煤样燃烧放出的热量不仅被水吸收，而且氧弹本身、水筒以及插在水中供搅拌用的搅拌器和供测温用的温度计（或探头）都会吸收一定的热量。显然，煤样放出的热量应等于量热系统总的吸热量。

（2）量热系统不是与外界隔绝的，因而它又与周围环境发生热交换。

对于第一个问题，通常用基准量热物（苯甲酸）来标定量热系统的热容量，即量热系统产生单位温度变化所需的热量。对于第二个问题，则是把盛氧弹的内筒放在一个双壁水套中，经过计算对热交换所引起的误差进行校正，或者控制水套温度来消除热交换。

基于水套温度控制方式的不同，形成了恒温式和绝热式两种热量计。

技能实训十　煤的发热量测定试验

一、实训目标

1. 掌握煤的发热量测定原理及自动热量计测定煤的发热量的步骤和方法；
2. 学会热量计的安装和使用方法；
3. 了解热容量及仪器常数的标定方法。

二、任务描述

本实训任务是测定原煤的一般分析试验煤样发热量以及筛分各粒级产物的一般分析试验煤样发热量。

三、任务准备

1. 试剂和材料

（1）氧气：纯度至少为99.5%，不含可燃组分，不允许使用电解氧；压力足以使氧弹充氧至3.0 MPa。

（2）氢氧化钠标准溶液：c（NaOH）≈0.1 mol/L。

（3）甲基红指示剂：2 g/L。称取0.2 g甲基红，溶解在100 mL水中。

（4）苯甲酸：基准量热物质，二等或二等以上。

（5）点火丝：直径为0.1 mm的铂丝、铜丝、镍丝或其他已知热值的金属丝或棉线。各种点火丝点火时放出的热量，铁丝为6 700 J/g，镍铬丝为6 000 J/g，铜丝为2 500 J/g，棉线为17 500 J/g。

（6）点火导线：直径为0.3 mm的镍铬丝。

（7）酸洗石棉绒：使用前在800 ℃下灼烧30 min。

（8）擦镜纸：使用前先测出燃烧热。可抽取3～4张纸，团紧，称准质量，放入燃烧皿中，然后按常规方法测定发热量，取3次结果的平均值作为擦镜纸热值。

2. 仪器设备

（1）热量计：通常有恒温式和绝热式两种，均由燃烧氧弹、内筒、外筒、搅拌器、水、温度传感器、煤样点火装置、温度测量和控制系统构成。两者的差别只在于外筒的控温方式不同，其余部分无明显区别。

（2）燃烧皿：铂制品最理想，一般可用镍铬钢制品。规格可采用高为17～18 mm，底部直径为19～20 mm，上部直径为25～26 mm，厚0.5 mm。也可使用其他合金钢或石英制的燃烧皿，但以能保证试样燃烧完全而本身又不受腐蚀和产生热效应为原则。

（3）压力表和氧气导管：压力表由两个表头组成，一个指示氧气瓶中的压力，一个指示充氧时氧弹内的压力。表头上应装有减压阀和保险阀。压力表每2年应经计量部门检定一次，以保证指示正确和操作安全。

压力表通过内径为1～2 mm的无缝铜管与氧弹连接，或通过高强度尼龙管与充氧装置连接，以便导入氧气。

压力表和各连接部分禁止与油脂接触或使用润滑油。如不慎沾污，应依次用苯和酒精清洗，并待风干后再用。

（4）点火装置：点火采用12～24 V的电源，可由220 V交流电源经变压器供给。线路中应串接一个调节电压的变阻器和一个指示点火情况的指示灯或电流计。

点火电压应预先试验确定，方法是接好点火丝，在空气中通电试验。在熔断式点火的情况下，调节电压使点火丝在1～2 s内达到亮红；在非熔断式点火的情况下，调节电压使点火

线在4～5 s内达到暗红。

在非熔断式点火的情况下，如采用棉线点火，则在遮火罩以上的两电极柱间连接一段直径约0.3 mm的镍铬丝，丝的中部预先绕成螺旋数圈，以便发热集中。通电，准确测出电压、电流和通电时间，以便计算电能产生的热量。

（5）压饼机：螺旋式、杠杆式或其他形式压饼机，能压制直径为10 mm的煤饼或苯甲酸饼。模具及压杆应用硬质钢制成，表面光洁，易于擦拭。

（6）计时器：秒表或其他指示10 s的计时器。

（7）分析天平：感量0.1 mg。

（8）工业天平：载量4～5 kg，感量0.5 g。

（9）微机：打印输出等功能。微机和量热探头一套，内带自动点火装置，具有自动测试、冷却校正计算和结果计算等功能。

四、知识要点

本实训的知识要点详见发热量的测定原理相关内容。

五、实训过程

1. 恒温式热量计法

（1）安装和调节热量计：按使用说明书安装和调节热量计。

（2）称量：在燃烧皿中称取粒度小于0.2 mm的空气干燥煤样（1±0.1）g，称准到0.000 2 g。

（3）加装棉线点火：在熔断式点火的情况下，取一段已知质量的点火丝，把两端分别接在氧弹的两个电极柱上，弯曲点火丝接近煤样。

在非熔断式点火的情况下，当用棉线点火时，把已知质量的棉线一端固定在已连接到两电极柱上的点火导线上（最好夹紧在点火导线的螺旋中），另一端搭接在煤样上，根据煤样点火的难易，调节搭接的程度。对于易飞溅的煤样，应保持微小的距离。

（4）充氧：往氧弹中加入10 mL蒸馏水。小心拧紧氧弹盖，注意避免燃烧皿和点火丝的位置因受振动而改变。往氧弹中缓缓充入氧气，直至压力到2.8～3.0 MPa，达到压力后的持续充氧时间不得少于15 s；如果不小心充氧压力超过3.2 MPa，停止试验，放掉氧气后，重新充氧至3.2 MPa以下。当钢瓶中氧气压力降到5.0 MPa以下时，充氧时间应酌量延长；压力降到4.0 MPa以下时，应更换新的钢瓶。

（5）加水：往内筒中加入足够的蒸馏水，使氧弹盖的顶面（不包括突出的进气阀、出气阀和电极）淹没在水面下10～20 mm。内筒水量应在所有试验中保持相同，相差不超过0.5 g。

（6）放入氧弹并检查气密性：把氧弹放入装好水的内筒中，如氧弹中无气泡漏出，则表明气密性良好，即可把内筒放在热量计中的绝缘架上；如有气泡出现，则表明漏气，应找出原因，加以纠正，重新充氧。

（7）接电极插头：接上点火电极插头，装上搅拌器和量热温度计，并盖上热量计的盖子。量热温度计的水银球（或温度传感器）对准氧弹主体（进气阀、出气阀和电极除外）的中部，温度计和搅拌器均不得接触氧弹和内筒。当使用玻璃水银温度计作为量热温度计时，靠近露出水银柱的部位应另悬一支普通温度计，用以测定露出水银柱的温度。

（8）开搅拌器：开动搅拌器，5 min 后开始计时，读取内筒温度后立即通电点火。随后记下外筒温度和露出水银柱温度。外筒温度至少读到 0.05 K（精度），内筒温度借助放大镜读到 0.001 K。读取温度时，视线、放大镜中线和水银柱顶端应位于同一水平上，以避免视差对读数的影响。每次读数前，应开动振荡器振动 3～5 s。

（9）观察温度：观察内筒温度（注意：点火后 20 s 内不要把身体的任何部位伸到热量计上方）。如果点火后在 30 s 内温度急剧上升，则表明点火成功。点火后 100 s 时读取一次内筒温度，点火后最初几分钟内，温度急剧上升，读温精确到 0.01 K 即可，但只要有可能，读温应精确到 0.001 K。

（10）读取温度：一般点火后 8～10 min 测热过程就将接近终点，此时开始按 1 min 间隔读取内筒温度。读温度前开动振荡器，读准到 0.001 K。以第一个下降温度作为终点温度。如果终点时不能观察到温度下降（内筒温度低于或略高于外筒温度时），可以随后连续 5 min 内温度增量（以 1 min 间隔）的平均变化不超过 0.001 K/min 时的温度为终点温度。

试验主要阶段至此结束。

（11）检查燃烧情况：停止搅拌，取出内筒和氧弹，开启放气阀，放出燃烧废气，打开氧弹，仔细观察弹筒和燃烧皿内部，如果有煤样燃烧不完全的迹象或有炭黑存在，试验应作废。

（12）量点火丝长度：量出未烧完的点火丝长度，以便计算实际消耗量。

（13）冲洗：用蒸馏水充分冲洗氧弹内各部分、放气阀，燃烧皿内外和燃烧残渣；把全部洗液（共约 100 mL）收集在一个烧杯中供测硫使用。

2. 绝热式热量计法

（1）安装和调节热量计：按使用说明书安装和调节热量计。

（2）称量：按照与恒温式热量计法相同的步骤称取煤样。

（3）准备氧弹：按照与恒温式热量计法相同的步骤准备氧弹。

（4）加水：按照与恒温式热量计法相同的步骤称出内筒中所需的水。调节水温使其尽量接近室温，相差不要超过 5 K，最好稍低于室温。内筒温度过低，易使水蒸气凝结在内筒外壁；温度过高，易造成内筒水的过多蒸发。这都对获得准确的测定结果不利。

（5）放入氧弹并检查气密性：按照与恒温式热量计法相同的步骤安放内筒、氧弹、搅拌器和温度计。

（6）搅拌：开动搅拌器和外筒循环水泵，开通外筒冷却水和加热器。当内筒温度趋于稳定后，调节冷却水流速，使外筒加热器每分钟自动接通 3～5 次（由电流计或指示灯观察）。如自动控温线路采用可控硅代替继电器，则冷却水的调节应以加热器中有微弱电流为准。

（7）读取温度并点火：调好冷却水后，开始读取内筒温度，借助放大镜读到 0.001 K，每次读数前，开动振荡器 3～5 s。当以 1 min 为间隔连续 3 次温度读数极差不超过 0.001 K 时，即可通电点火，此时的温度即为点火温度。否则，调节电桥平衡钮，直到内筒温度达到稳定，再行点火。

点火后 6～7 min，再以 1 min 间隔读取内筒温度，直到连续 3 次读数极差不超过 0.001 K 为止。取最高的一次读数作为终点温度。

（8）关闭：关闭搅拌器和加热器（循环水泵继续开动），然后按照与恒温式热量计法相同的步骤结束试验。

3. 自动氧弹热量计法

（1）按照仪器说明书安装和调节热量计。

（2）按照与恒温式热量计法相同的步骤称取煤样。

（3）按照与恒温式热量计法相同的步骤准备氧弹。

（4）按仪器操作说明书进行其余步骤的试验，然后按照与恒温式热量计法相同的步骤结束试验。

（5）试验结果被打印或显示后，校对输入的参数，确定无误后报出结果并记录在表3-12中。

表3-12　测定煤的发热量结果记录表

样品名称：　样品编号：　室温及湿度：　检验日期：　检验方法：
设备使用前/后状况：　设备及编号：　依据标准：

	项目	第一次	第二次	第三次	第四次
基础数据	仪器热容量/（J/K）				
	室温变化/℃				
	坩埚质量/g				
	试样质量/g				
发热量	空气干燥煤样的弹筒发热量/（J/g）				
	空气干燥煤样的恒容高位发热量/（J/g）				
	平均值/（J/g）				
	平均值/（J/g）				
	收到基恒容低位发热量/（MJ/kg）				
备注					

六、注意事项

1. 燃烧时易于飞溅的煤样，可用已知质量的擦镜纸包紧后再进行测试，或先在压饼机中压饼并切成粒度为2～4 mm的小块使用。不易燃烧完全的煤样，可用石棉绒做衬垫（先在皿底铺上一层石棉绒，然后以手压实）。石英燃烧皿不需任何衬垫。如加衬垫仍燃烧不完全，可提高充氧压力至3.2 MPa，或用已知质量和热值的擦镜纸包裹称好的煤样并用手压紧，然后放入燃烧皿中。

2. 点火丝与试样保持良好接触或保持微小的距离（对易飞溅和易燃的煤样），并注意勿使点火丝接触燃烧皿，以免形成短路而导致点火失败，甚至烧毁燃烧皿。同时，还应注意防止两电极间以及燃烧皿与另一电极之间的短路。

3. 往内筒中加入足够的蒸馏水，水量最好用称量法测定。如用容量法测定，则需对温度变化进行补正。注意恰当调节内筒水温，使终点时内筒比外筒温度高的1 K，以使终点时内筒温度出现明显下降，外筒温度应尽量接近室温，相差不得超过1.5 K。

4. 在用铂电阻作为内外筒测温元件的自动控温系统中，在内筒初始温度下调定电桥的平衡位置后，到达终点温度（一般比初始温度高 2～3 K）时，内筒温度也能自动保持稳定。但在应用半导体热敏元件的仪器中，可能出现初始温度下调定的平衡位置不能保持终点温度稳定的情况。凡遇此种情况，平衡钮的调定位置应满足终点温度稳定的需要。具体做法是：先按常规步骤安放氧弹和内筒，但不必装煤样和充氧。把内筒水温调节到可能出现的最高终点温度，然后开动仪器，搅拌 5～10 min，精确观察内筒温度。根据温度变化方向（上升或下降）调节平衡钮位置，以达到内筒温度最稳定为止，至少应能达到以 1 min 为间隔连续 5 次的温度读数极差不超过 0.002 K。平衡钮的位置一经调定后，就不要再动，只有在又出现终点温度不稳定的情况下，才需重新调定。按照上述方式调定的仪器，在使用步骤上应作如下修正：装好内筒和氧弹后，开动搅拌器、加热器、循环水泵和冷却水，搅拌 5 min 后（此时内筒温度可能缓慢持续上升），准确读取内筒温度并立即通电点火，而无须等内筒温度稳定。

5. 检验室应为单独房间，不得在同一房间内同时进行其他检验项目。室温尽量保持恒定，每次测定时室温变化应不超过 1 ℃，室温以 15～35 ℃为宜。检验过程中应避免开启门窗。

6. 发热量测定中所用的氧弹必须经过耐压（≥20 MPa）检验，并且充氧后保持完全气密。

7. 氧气瓶口不得有油污及其他易燃物，氧气瓶附近不得有明火。

七、思考题

1. 为什么要在氧弹内加 10 mL 蒸馏水？
2. 为什么要检验氧弹的气密性？
3. 为什么要标定仪器的热容量？
4. 为什么要限定搅拌器的转速？

第四节　煤中全硫的测定

煤中的硫是有害杂质。例如：将煤作动力燃料时，其中的硫燃烧生成二氧化硫，成为大气污染的主要成分；在炼焦时，煤中的硫大部分转到焦炭里，焦炭中因硫分增加，高炉用焦量和石灰石用量增加，生铁产量降低，硫进入生铁后会使钢铁质量降低；硫化物随矸石排出、堆放，经氧化发热，会促进煤矸石山自燃，产生二氧化硫污染大气，若形成酸雨，危害甚大。所以硫分是评价煤质的重要指标。

一、煤中硫的形态

各种类型的煤中都有不同含量的硫。煤中硫可以分为有机硫和无机硫两大类，有时也含微量的元素硫。其中，无机硫可分为硫化物硫和硫酸盐硫两种：硫化物硫绝大部分以黄铁矿

硫存在，有时也以少量的白铁矿硫存在；硫酸盐硫主要是石膏（$CaSO_4 \cdot 2H_2O$）和硫酸亚铁等。有机硫含量一般较低，组成也很复杂，它和有机物紧密结合，采用机械方法很难消除。煤中各种形态硫的总和，称为全硫。

二、煤中全硫的测定方法

国家标准《煤中全硫的测定方法》规定了全硫的 3 种测定方法，分别为艾士卡法、库仑滴定法和高温燃烧中和法，其中艾士卡法为仲裁分析法。

1. 艾士卡法

（1）测定原理

将煤样与艾士卡试剂混合灼烧，煤中的硫生成硫酸盐，然后使硫酸根离子生成硫酸钡沉淀，根据硫酸钡的质量计算煤的全硫。

艾士卡法是用艾士卡试剂（Na_2CO_3 和 MgO 质量比为 1∶2 的混合物）作为熔剂，方法包括煤样的半熔反应、用水浸取、沉淀、过滤、洗涤、干燥、灰化和灼烧等过程。

煤样和艾士卡试剂均匀混合后，在高温下进行半熔反应，使各种形态的硫都转化成可溶于水的硫酸盐。煤样在空气中燃烧时，可燃硫首先转化为 SO_2，继而在空气下与艾士卡试剂作用形成可溶于水的硫酸盐，主要化学反应式如下：

$$\text{煤} + \text{空气} \longrightarrow CO_2\uparrow + H_2O + SO_2\uparrow + SO_3\uparrow + N_2\uparrow$$

$$2SO_2 + O_2 + 2Na_2CO_3 = 2Na_2SO_4 + 2CO_2\uparrow$$

$$SO_3 + Na_2CO_3 = Na_2SO_4 + CO_2\uparrow$$

艾士卡试剂中的 MgO 能疏松反应物，使空气能进入煤样，同时也能与 SO_2 和 SO_3 发生反应。

不可燃烧又难溶于水的 $CaSO_4$，也能同时和艾士卡试剂作用。难溶于水的硫酸盐 $MgSO_4$ 和艾士卡试剂中的 Na_2CO_3 反应如下：

$$MgSO_4 + Na_2CO_3 = Na_2SO_4 + MgCO_3$$

经半熔反应后的熔块，用水浸取，Na_2SO_4 将溶入水中。未作用完的 Na_2CO_3 也进入水中，并部分水解，因此水溶液呈碱性。

滤渣经过洗涤，把洗液和滤液合并，调节溶液酸度，使其呈酸性（pH=1～2），其目的是消除 CO_3^{2-} 的影响。

（2）试验步骤

1）在 30 mL 瓷坩埚内称取粒度小于 0.2 mm 的空气干燥煤样（1.00 ± 0.01）g（称准至 0.000 2 g）和艾士卡试剂 2 g（称准至 0.1 g），仔细混合均匀，再将 1 g（称准至 0.1 g）艾士卡试剂覆盖在煤样上面。若全硫为 5%～10%，称取 0.5 g 煤样；全硫大于 10% 时，称取 0.25 g 煤样。

2）将装有煤样的坩埚移入通风良好的马弗炉中，在 1～2 h 内从室温逐渐加热到 800～

850 ℃，并在该温度下保持 1～2 h。

3）将坩埚从马弗炉中取出，冷却到室温。用玻璃棒将坩埚中的灼烧物仔细搅松、捣碎，如发现有未烧尽的煤粒，应继续灼烧 30 min，然后把灼烧物转移到 400 mL 烧杯中。用热水冲洗坩埚内壁，将洗液收入烧杯，再加入 100～150 mL 刚煮沸的蒸馏水，充分搅拌。如果此时尚有黑色煤粒漂浮在液面上，则本次测定作废。

4）用中速定性滤纸以倾泻法过滤，用热水冲洗 3 次，然后将残渣转移到滤纸中，用热水仔细清洗至少 10 次，洗液总体积为 250～300 mL。

5）向滤液中滴入 2～3 滴甲基橙指示剂，用盐酸溶液中和并过量 2 mL，使溶液呈微酸性。将溶液加热到沸腾，在不断搅拌下缓慢滴加氯化钡溶液 10 mL，并在微沸状况下保持约 2 h，溶液最终体积约为 200 mL。

6）溶液冷却或静置过夜后，用致密无灰定量滤纸过滤，并用热水洗至无氯离子为止（硝酸银溶液检验无浑浊）。

7）将带有沉淀的滤纸转移到已知质量的瓷坩埚中，低温灰化滤纸后，在温度为 800～850 ℃的马弗炉内灼烧 20～40 min，取出坩埚，在空气中稍加冷却，放入干燥器中冷却到室温后称量。

8）每配制一批艾士卡试剂或更换其他任何一种试剂时，应进行 2 个以上空白试验（除不加煤样外，全部操作与煤样测定相同），硫酸钡沉淀的质量极差不得大于 0.001 0 g，取算术平均值作为空白值。

（3）结果计算

测定结果按式（3-12）计算：

$$S_{t,ad}=\frac{(m_1-m_2)\times 0.1374}{m}\times 100\% \tag{3-12}$$

式中，$S_{t,ad}$——一般分析试验煤样中全硫质量分数，%；

m_1——硫酸钡质量，g；

m_2——空白试验的硫酸钡质量，g；

0.137 4——由硫酸钡换算为硫的系数；

m——煤样质量，g。

（4）方法的精密度

艾士卡法全硫测定的重复性限和再现性临界差应符合表 3-13 的规定。

表 3-13　艾士卡法测定煤中全硫的精密度

全硫质量分数 /%	重复性限 /%	再现性临界差 /%
≤1.50	0.05	0.10
1.50～4.00	0.10	0.20
≥4.00	0.20	0.30

2. 库仑滴定法

（1）测定原理

煤样在催化剂作用下，于空气流中燃烧分解，煤中硫生成硫氧化物，其中二氧化硫被碘化钾溶液吸收，以电解碘化钾溶液所产生的碘进行滴定，根据电解所消耗的电量计算煤的全硫。

煤样在 1 150 ℃高温条件下在净化过的空气中燃烧，煤中各种形态的硫均被燃烧分解为 SO_2 和少量 SO_3，反应式如下：

$$煤（有机硫）+ O_2 \longrightarrow CO_2\uparrow + H_2O + SO_2 + SO_3 + \cdots$$

$$4FeS_2 + 11O_2 = 2Fe_2O_3 + 8SO_2\uparrow$$

$$2MSO_4 = 2MO + 2SO_2\uparrow + O_2\uparrow \text{（M 指金属元素）}$$

$$2SO_2 + O_2 = 2SO_3$$

生成的 SO_2 和 SO_3 被气流带到电解池内，与水反应生成 H_2SO_3 和少量的 H_2SO_4，破坏了 I_2/I^- 电对的电位平衡，测硫仪器便立即以自动电解碘化钾溶液生成的碘来氧化滴定 H_2SO_3。反应式为：

阳极： $2I^- - 2e \rightarrow I_2$

阴极： $2H^+ + 2e \rightarrow H_2$

碘氧化 SO_2 反应为：

$$I_2 + H_2SO_3 + H_2O \longrightarrow 2I^- + H_2SO_4 + 2H^+$$

电解产生碘所耗用的电量，由控制仪器内部积分计算并计数显示。煤样中所含硫的质量（毫克）除以煤样的质量（毫克），即可计算出煤的全硫。

（2）试验步骤

1）将管式高温炉升温并控制在（1 150 ± 10）℃。

2）开动供气泵和抽气泵并将抽气流量调节到 1 000 mL/min。在抽气下，将电解液加入电解池内，开动电磁搅拌器。

3）在燃烧舟中称取粒度小于 0.2 mm 的空气干燥煤样（0.05 ± 0.005）g（称准至 0.000 2 g），并在煤样上盖一薄层三氧化钨。将燃烧舟放在送样的石英托盘上，开启送样程序控制器，煤样即自动送进炉内，库仑滴定随即开始。试验结束后，库仑积分器显示出硫的质量（毫克）或质量分数，或由打印机打印。如试验结束后库仑积分器的显示值为 0，应再次测定，直至显示值不为 0。

（3）结果计算

当库仑积分器最终显示数为硫的质量（毫克）时，全硫质量分数按式（3－13）计算：

$$S_{t,ad} = \frac{m_1}{m} \times 100\% \quad （3-13）$$

式中，$S_{t,ad}$——一般分析试验煤样中全硫质量分数，%；

m_1——库仑积分器显示值，mg；

m——煤样质量，mg。

（4）方法的精密度

库仑滴定法全硫测定的重复性限和再现性临界差应符合表 3－14 的规定。

表 3－14　　库仑滴定法测定煤中全硫的精密度

全硫质量分数 /%	重复性限 /%	再现性临界差 /%
≤1.50	0.05	0.15
1.50～4.00	0.10	0.25
≥4.00	0.20	0.35

3. 高温燃烧中和法

（1）测定原理

煤样在催化剂作用下于氧气流中燃烧，煤中的硫生成硫氧化物，被过氧化氢溶液吸收形成硫酸，用氢氧化钠溶液滴定，根据消耗的氢氧化钠标准溶液量，计算煤的全硫。

高温燃烧中和法测全硫装置如图 3－1 所示。

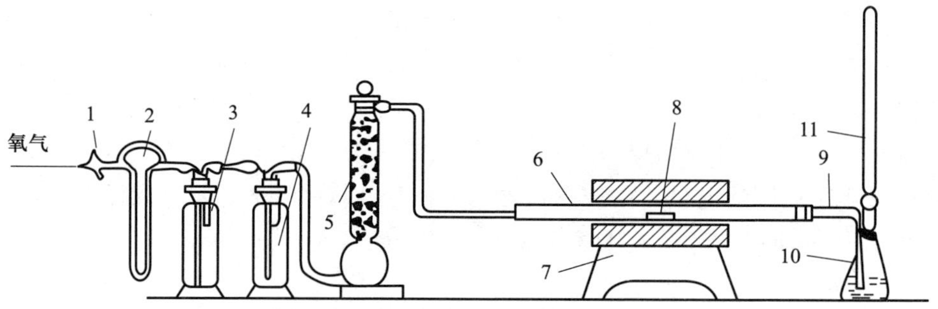

图 3－1　高温燃烧中和法测全硫装置

1—旋塞；2—氧气流量计；3，4—洗气瓶；5—干燥塔；6—燃烧管；7—管式高温炉；8—燃烧舟；9—导气管；10—吸收瓶；11—滴定管

（2）试验步骤

1）试验前准备：把燃烧管插入高温炉，使细径管端伸出炉口 100 mm，并接上一段长约 30 mm 的硅橡胶管；将管式高温炉加热并稳定在（1 200 ± 10）℃，测定燃烧管内高温恒温带及 500 ℃温度带部位和长度；将干燥塔、氧气流量计、管式高温炉的燃烧管和吸收瓶连接好，并检查装置的气密性。

2）测定步骤如下：

①将管式高温炉加热并控制在（1 200 ± 10）℃。

②用量筒量取 100 mL 已中和的过氧化氢溶液，倒入吸收瓶中，塞上带有气体过滤器的瓶塞并连接到燃烧管的细径端，再次检查其气密性。

③称取粒度小于 0.2 mm 的空气干燥煤样（0.20 ± 0.01）g（称准至 0.000 2 g）于燃烧舟中，并盖上一薄层三氧化钨。

④将盛有煤样的燃烧舟放在燃烧管入口端，随即用带橡皮塞的 T 形管塞紧，然后以

350 mL/min 的流量通入氧气。用镍铬丝推棒将燃烧舟推到 500 ℃温度区并保持 5 min，再将燃烧舟推到高温区，立即撤回推棒，使煤样在该区燃烧 10 min。

⑤停止通入氧气，取下吸收瓶。

⑥取下带橡皮塞的 T 形管，用镍铬丝钩取出燃烧舟。

⑦取下吸收瓶塞，用蒸馏水清洗气体过滤器2～3次。清洗时，用洗耳球加压，排出洗液。

⑧分别向吸收瓶内加入 3～4 滴混合指示剂，用氢氧化钠标准溶液滴定至溶液由桃红色变为钢灰色，记下氢氧化钠溶液的用量。

（3）空白测定

在燃烧舟内放一薄层三氧化钨（不加煤样），按上述步骤测定空白值。

（4）结果计算

1）煤的全硫计算：

①用氢氧化钠标准溶液的浓度计算，见式（3-14）：

$$S_{t,ad}=\frac{(V-V_0)c\times 0.016f}{m}\times 100\% \tag{3-14}$$

式中，$S_{t,ad}$——一般分析试验煤样中全硫质量分数，%；

V——煤样测定时氢氧化钠标准溶液的用量，mL；

V_0——空白测定时氢氧化钠标准溶液的用量，mL；

c——氢氧化钠标准溶液的浓度，mol/L；

0.016——硫的摩尔质量，g/mmol；

f——校正系数，当$S_{t,ad}$<1%时，f=0.95；$S_{t,ad}$为1%～4%时，f=1.00；$S_{t,ad}$>4%时，f=1.05；

m——煤样质量，g。

②用氢氧化钠标准溶液的滴定度计算，见式（3-15）：

$$S_{t,ad}=\frac{(V-V_0)T}{m}\times 100\% \tag{3-15}$$

式中，$S_{t,ad}$——一般分析试验煤样中全硫质量分数，%；

V——煤样测定时氢氧化钠标准溶液的用量，mL；

V_0——空白测定时氢氧化钠标准溶液的用量，mL；

T——氢氧化钠标准溶液的滴定度，g/mL；

m——煤样质量，g。

2）氯的校正。氯含量高于 0.02% 的煤或用氯化锌减灰的精煤应按以下方法进行氯的校正：

在氢氧化钠标准溶液滴定到终点的试液中加入 10 mL 羟基氰化汞溶液，用硫酸标准溶液滴定到溶液由绿色变钢灰色，记下硫酸标准溶液的用量，按式（3-16）计算全硫：

$$S_{t,ad} = S''_{t,ad} - \frac{cV_2 \times 0.016}{m} \times 100\% \tag{3-16}$$

式中，$S_{t,ad}$——一般分析试验煤样中全硫质量分数，%

$S''_{t,ad}$——按式（3-14）或式（3-15）计算的全硫质量分数，%；

c——硫酸标准溶液的浓度，mol/L；

V_2——硫酸标准溶液的用量，mL；

0.016——硫的摩尔质量，g/mmol；

m——煤样质量，g。

（5）方法的精密度

高温燃烧中和法全硫测定的重复性限和再现性临界差同库仑滴定法。

技能实训十一　煤中全硫的测定（库仑滴定法）试验

一、实训目标

1. 熟知库仑滴定法测定煤中全硫的基本原理、方法；
2. 掌握煤中全硫测定的步骤和操作技能。

二、任务描述

本实训任务是测定原煤的一般分析试验煤样全硫和浮煤的一般分析试验煤样全硫。

三、任务准备

1. 三氧化钨。
2. 变色硅胶：工业品。
3. 氢氧化钠：化学纯。
4. 电解液：称取碘化钾、溴化钾各 5.0 g，溶于 250～300 mL 水中并在溶液中加入冰乙酸 10 mL。
5. 燃烧舟：素瓷或刚玉制品，装样部分长约 60 mm，耐温 1 200 ℃以上。
6. 库仑测硫仪：由以下各部分组成。

（1）管式高温炉。能加热到 1 200 ℃以上，并有 70 mm 以上长的（1 150 ± 15）℃高温恒温带，附有铂铑－铂热电偶测温及控温装置，炉内装有耐温 1 300 ℃以上的异径燃烧管。

（2）电解池和电磁搅拌器。电解池高 120～180 mm，容量不少于 400 mL。电磁搅拌器转速约 500 r/min，且连续可调。

（3）库仑积分器。电解电流 0～350 mA，积分线性误差应小于 ±0.1%，配有 4～6 位数字显示器和打印机。

（4）送样程序控制器。可按指定的程序前进、后退。

（5）空气供应及净化装置。由电磁泵和净化管组成，供气量约 1 500 mL/min，抽气量约 1 000 mL/min，净化管内装氢氧化钠及变色硅胶。

7. 分析天平：感量 0.000 1 g。

四、知识要点

库仑滴定法原理：煤样在催化剂作用下，于空气流中燃烧分解，煤中硫生成硫氧化物，其中二氧化硫被碘化钾溶液吸收，以电解碘化钾溶液所产生的碘进行滴定，根据电解所消耗的电量计算煤的全硫。

五、实训过程

1. 试验准备

（1）将管式高温炉升温至 1 150 ℃，用另一组铂铑－铂热电偶高温计测定燃烧管中高温带的位置、长度及 500 ℃的位置。

（2）调节送样程序控制器，使煤样预分解及高温分解的位置分别处于 500 ℃和 1 150 ℃处。

（3）在燃烧管出口处充填洗净、干燥的玻璃纤维棉，在距出口端 80～100 mm 处充填厚度约 3 mm 的硅酸铝棉。

（4）将程序控制器、管式高温炉、库仑积分器、电解池、电磁搅拌器和空气供应及净化装置组装在一起。燃烧管、活塞及电解池之间连接时，应口对口接紧，并用硅橡胶管密封。

（5）开动抽气和供气泵，将抽气流量调节到 1 000 mL/min，然后关闭电解池与燃烧管间的活塞，若抽气量能降到 300 mL/min 以下，则证明仪器各部件及各接口气密性良好，可以进行测定；否则，检查仪器各个部件及其接口情况。

2. 仪器标定

（1）标定方法

使用有证煤标准物质，按以下方法之一进行测硫仪标定：

1）多点标定法。用硫含量能覆盖被测样品硫含量范围的至少 3 个有证煤标准物质进行标定。

2）单点标定法。用与被测样品硫含量相近的标准物质进行标定。

（2）标定程序

1）按国家标准测定煤标准物质的空气干燥基水分，计算其空气干燥基全硫标准值。

2）按库仑滴定法测定步骤，用被标定仪器测定煤标准物质的硫含量。每一标准物质至少重复测定 3 次，以 3 次测定值的平均值为煤标准物质的硫测定值。

3）将煤标准物质的硫测定值和空气干燥基标准值输入测硫仪（或仪器自动读取），生成校正系数。有些仪器可能需要人工计算校正系数，然后输入仪器。

（3）标定有效性核验

另外选取 1～2 个煤标准物质或者其他控制样品，用被标定的测硫仪按照测定步骤测定其全硫含量。若测定值与标准值（控制值）之差在标准值（控制值）的不确定度范围（控制限）内，说明标定有效。否则，应查明原因，重新标定。

3. 测定步骤

详见本节“试验步骤”有关内容。

4. 测定结果记录和计算

将各测定和计算结果记录在表3-15中。

表3-15　　库仑滴定法测定煤中全硫结果记录表

试验过程	试验Ⅰ	试验Ⅱ	平均
燃烧舟质量/mg			
煤样质量+燃烧舟质量/mg			
煤样质量/mg			
库仑积分器显示值/mg			
一般分析试验煤样中全硫质量分数（$S_{t,ad}$）/%			
备注			

5. 标定检查

测定期间，应使用煤标准物质或者其他控制样品定期（建议每10～15次测定后）对测硫仪的稳定性和标定的有效性进行核查，如果煤标准物质或者其他控制样品的测定值超出标准值的不确定度范围（控制限），应按上述步骤重新标定仪器，并重新测定自上次检查以来的样品。

六、注意事项

1. 在本试验中，要想使煤中硫全部分解为硫氧化物，必须保持较高的燃烧温度，但温度过高会缩短燃烧管和高温炉的寿命。为使硫酸盐在较低温度下完全分解，在煤样上覆盖一层三氧化钨作为催化剂。试验证明，燃烧温度为1 150 ℃时以三氧化钨作催化剂，测得全硫的结果与艾士卡法测得的结果一致。

2. 电解液可重复使用，但pH小于1时，电解液必须重新配制。

3. 在仪器使用过程中，发生停电或其他故障时，应立即关闭燃烧管和电解池间的活塞，防止电解液倒流到高温炉而引起爆炸。

4. 从二氧化硫和三氧化硫的可逆平衡角度考虑，必须保持较低的氧气分压，才能提高二氧化硫的生成率。因此，库仑滴定法选用空气而不是氧气作为载气。用未经干燥的空气做载气会使二氧化硫（或三氧化硫）在进入电解池前就形成亚硫酸（或硫酸）并吸附在管路中，使测定结果偏低。因此，空气流应预先干燥。

5. 煤灰中的硫均以硫酸盐的形式存在，在高温下，硫酸盐分解为金属氧化物和三氧化硫，由于存在二氧化硫和三氧化硫的可逆平衡，分解生成的三氧化硫将有97%转化为可被库仑滴定法测定的二氧化硫。因此，库仑滴定法也可测定煤灰中的硫（硫酸盐）。

七、思考题

1. 煤样上覆盖一层三氧化钨的作用是什么？

2. 库仑滴定法为什么必须使用干燥的空气做载气？

3. 煤灰中的硫（硫酸盐）可以用库仑滴定法测定吗？

第五节 煤中碳和氢的测定

一、煤中的主要元素

煤由有机物和无机物两部分组成，无机物主要是矿物质和水分，有机物主要由碳、氢、氧、氮和硫等元素组成。其中碳、氢、氧的含量（质量分数，下同）占总有机物的95%以上，氮的含量少且变化不大，一般为0.5%～3%。

碳是煤中有机物的主要组成元素，是组成煤的结构单元的骨架，是炼焦时形成焦炭的主要物质基础，是燃烧时产生热量的主要来源。煤中碳含量随着煤的变质程度加深而增高，如褐煤中碳含量为60%～80%，烟煤中碳含量为76%～93%，无烟煤中碳含量为90%～98%。

氢是煤中有机物的第二大组成元素，也是组成煤大分子骨架和侧链不可缺少的元素。与碳相比，氢具有较大的反应能力，单位质量的燃烧热也更大。不同成因类型的煤，氢含量不同。氢含量随着煤的变质程度加深而降低，如褐煤的氢含量为5%～6%，气煤、肥煤的氢含量为4.8%～6.8%，高煤化程度无烟煤的氢含量下降为1.0%～2.0%。

碳和氢含量与煤的变质程度关系密切，故在国家标准中以氢含量作为划分无烟煤小类的指标。同时，煤中元素组成可用来计算煤的发热量，推算燃烧设备的理论燃烧温度，氢含量还是计算低位发热量的数据之一。所以，煤中碳和氢的测定是了解煤质状况不可缺少的内容。

二、煤中碳和氢的测定方法

煤在氧气中燃烧时，生成二氧化碳、水和其他产物，只要能够排除其他元素的干扰，测定出反应生成的二氧化碳和水，就可以间接求得煤中碳和氢的含量。根据国家标准《煤中碳和氢的测定方法》，煤中碳和氢的测定方法分为三节炉法和二节炉法。

1. 测定要点

一定量的煤样在氧气流中燃烧，生成的水和二氧化碳分别用吸水剂和二氧化碳吸收剂吸收（二氧化碳用碱石棉或碱石灰吸收，水用无水氯化钙或无水高氯酸镁吸收），由吸收剂的增量来计算煤中碳和氢的含量。煤样中硫和氯对碳测定的干扰在三节炉中用铬酸铅和银丝卷消除，在二节炉中用高锰酸银热解产物消除。氮对碳测定的干扰用粒状二氧化锰消除。

2. 分析结果计算

一般分析试验煤样碳和氢的质量分数分别按式（3-17）、式（3-18）计算：

$$C_{ad}=\frac{0.272\ 9m_1}{m}\times 100\%\tag{3-17}$$

$$H_{ad}=\frac{0.111\ 9(m_2-m_3)}{m}\times 100\%-0.111\ 9M_{ad}\tag{3-18}$$

式中，　C_{ad}——一般分析试验煤样中碳的质量分数，%；

H_{ad}——一般分析试验煤样中氢的质量分数，%；

m——一般分析试验煤样质量，g；

m_1——吸收二氧化碳U形管的增量，g；

m_2——吸水U形管的增量，g；

m_3——空白值，g；

M_{ad}——一般分析试验煤样水分的质量分数，%；

0.272 9——将二氧化碳折算成碳的因数；

0.111 9——将水折算成氢的因数。

当需要测定有机碳时，按式（3-19）计算有机碳的质量分数：

$$C_{o,ad}=\frac{0.272\ 9m_1}{m}\times 100\%-0.272\ 9(CO_2)_{ad}\tag{3-19}$$

式中，　$C_{o,ad}$——一般分析试验煤样中有机碳的质量分数，%；

$(CO_2)_{ad}$——一般分析试验煤样中碳酸盐二氧化碳的质量分数，%。

3. 方法的精密度

碳和氢测定的重复性限和再现性临界差应符合表3-16的规定。

表3-16　　碳和氢测定的精密度

分析项目	重复性限/%	再现性临界差/%
C_{ad}	0.50	1.00
H_{ad}	0.15	0.25

［**例题3-1**］称取0.200 5 g某煤样测定其碳和氢，此煤样M_{ad}=1.00%，试验后得到吸收二氧化碳U形管的增量为0.601 2 g，吸水U形管的增量为0.062 1 g，空白值为0.001 8 g，求C_{ad}和H_{ad}？

解： $C_{ad}=\frac{0.272\ 9m_1}{m}\times 100\%=\frac{0.272\ 9\times 0.601\ 2\ \text{g}}{0.200\ 5\ \text{g}}\times 100\%\approx 81.83\%$。

$$H_{ad}=\frac{0.111\ 9(m_2-m_3)}{m}\times 100\%-0.111\ 9M_{ad}$$

$$=\frac{0.111\ 9(0.062\ 1\ \text{g}-0.001\ 8\ \text{g})}{0.200\ 5\ \text{g}}\times 100\%-0.111\ 9\times 1.00\%\approx 3.25\%。$$

技能实训十二　煤中碳和氢的测定（三节炉法）试验

一、实训目标

1. 掌握三节炉法测定煤中碳和氢含量的基本原理；
2. 了解三节炉的结构和燃烧管的充填方法，并学会试验操作。

二、任务描述

用三节炉法测定煤中碳和氢含量。

三、任务准备

1. 试剂和材料

（1）碱石棉：化学纯，粒度为 1～2 mm。

或使用碱石灰：化学纯，粒度为 0.5～2 mm。

（2）无水高氯酸镁：分析纯，粒度为 1～3 mm。

或使用无水氯化钙：分析纯，粒度为 2～5 mm。

（3）氧化铜：化学纯，线状（长约 5 mm）。

（4）铬酸铅：分析纯，制备成粒度为 1～4 mm。

制法：将市售的铬酸铅用蒸馏水调成糊状，挤压成粒。放入马弗炉中，在 850 ℃下灼烧 2 h，取出冷却后备用。

（5）银丝卷：丝直径约 0.25 mm。

（6）铜丝卷：丝直径约 0.5 mm；铜丝网：0.15 mm（100 目）。

（7）氧气：99.9%，不含氢。氧气钢瓶需配有可调节流量的带减压阀的压力表（可使用医用氧气吸入器）。

（8）三氧化钨：分析纯。

（9）粒状二氧化锰：化学纯，市售或用硫酸锰和高锰酸钾制备。

制法：称取 25 g 硫酸锰，溶于 500 mL 蒸馏水中，另称取 16.4 g 高锰酸钾，溶于 300 mL 蒸馏水中。两溶液分别加热到 50～60 ℃。在不断搅拌下将高锰酸钾溶液慢慢注入硫酸锰溶液中，后加以剧烈搅拌。然后加入 10 mL（1+1）硫酸。将溶液加热到 70～80 ℃并继续搅拌 5 min，停止加热，静置 2～3 h。用热蒸馏水以倾泻法洗至中性。将沉淀移至漏斗过滤，除去水分，然后放入干燥箱中，在 150 ℃左右干燥 2～3 h，得到褐色、疏松状的二氧化锰，小心破碎和过筛，取粒度 0.5～2 mm 的备用。

（10）真空硅脂。

（11）硫酸：化学纯。

（12）带磨口塞的玻璃管或小型干燥器（不放干燥剂）。

2. 装置

（1）分析天平

感量 0.1 mg。

（2）碳和氢测定仪

碳和氢测定仪包括净化系统、燃烧装置和吸收系统 3 个主要部分，结构如图 3-2 所示。

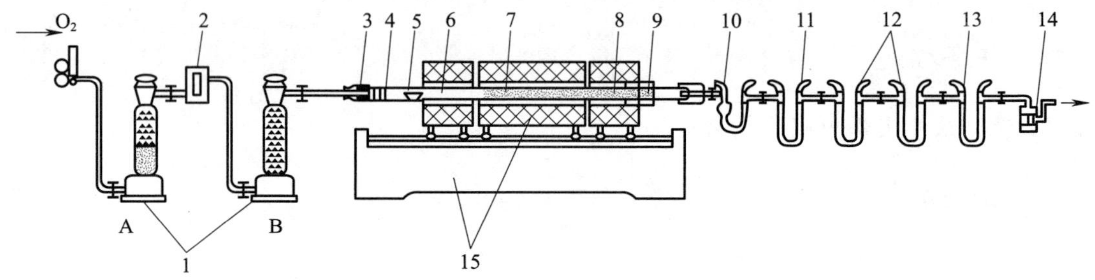

图 3-2　碳和氢测定仪的结构

1—气体干燥塔；2—流量计；3—橡胶塞；4—铜丝卷；5—燃烧舟；6—燃烧管；7—氧化铜；8—铬酸铅；9—银丝卷；10—吸水 U 形管；11—除氮氧化物 U 形管；12—吸收二氧化碳 U 形管；13—空 U 形管；14—气泡计；15—三节管式炉及控温装置

1）净化系统。用来脱除氧气中的二氧化碳和水，包括气体干燥塔和流量计。

① 气体干燥塔：容量 500 mL，2 个，一个（A）上部（约 2/3）装无水氯化钙（或无水高氯酸镁），下部（约 1/3）装碱石棉（或碱石灰），另一个（B）装无水氯化钙（或无水高氯酸镁）。

② 流量计：测量值 0～150 mL/min。

2）燃烧装置。包括三节管式炉及控温装置，用以将煤样完全燃烧，使其中的碳和氢分别生成二氧化碳和水，同时脱除测定干扰的硫氧化物和氯。

① 三节管式炉（双管炉或单管炉）：炉膛直径约 35 mm，每节炉装有热电偶、测温和控温装置。第一节长约 230 mm，可加热到（850 ± 10）℃，并可沿水平方向移动；第二节长 330～350 mm，可加热到（800 ± 10）℃；第三节长 130～150 mm，可加热到（600 ± 10）℃。

② 燃烧管：由素瓷、石英、刚玉或不锈钢制成，长 1 100～1 200 mm，内径为 20～22 mm，壁厚约 2 mm。

③ 燃烧舟：由素瓷或石英制成，长约 80 mm。

④ 镍铬丝钩：直径约 2 mm，长约 700 mm，一端弯成钩。

⑤ 橡胶塞或橡胶帽（最好用耐热硅橡胶）或铜接头。

3）吸收系统。用来吸收燃烧生成的二氧化碳和水，并在二氧化碳吸收管前将氮氧化物脱除。

① 吸水 U 形管：装药部分高 100～200 mm，直径约 15 mm，入口端有一球形扩大部分，内装无水氯化钙或无水高氯酸镁。

②吸收二氧化碳U形管：2个，装药部分高100～120 mm，直径约15 mm，前2/3装碱石棉或碱石灰，后1/3装无水氯化钙或无水高氯酸镁。

③除氮氧化物U形管：装药部分高100～120 mm，直径约15 mm，前2/3装粒状二氧化锰，后1/3装无水氯化钙或无水高氯酸镁。

④气泡计：容量约10 mL，内装浓硫酸。

四、知识要点

一定量的煤样在氧气流中燃烧，生成的水和二氧化碳分别用吸水剂和二氧化碳吸收剂吸收，即用碱石棉或碱石灰吸收水，用无水氯化钙或无水高氯酸镁吸收二氧化碳，由吸收剂的增量计算煤中碳和氢的质量分数。煤样中硫和氯对碳测定的干扰在三节炉中用铬酸铅和银丝卷消除，氮对碳测定的干扰用粒状二氧化锰消除。

五、实训过程

1. 试验前准备及空白试验

（1）燃烧管的填充

使用三节炉时，按图3–3所示填充。

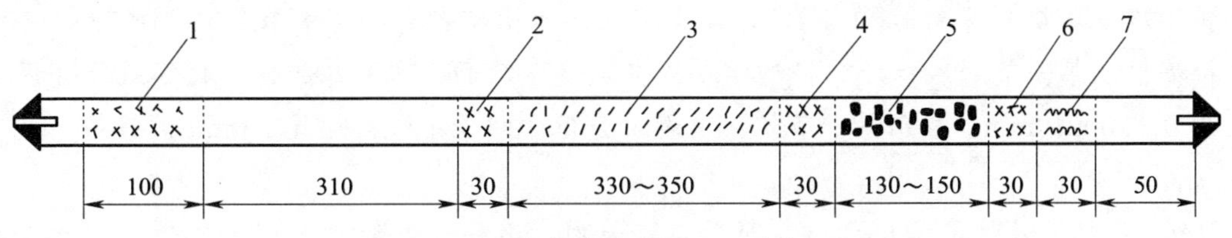

图3–3 三节炉燃烧管的填充（单位：mm）

1, 2, 4, 6—铜丝卷；3—氧化铜；5—铬酸铅；7—银丝卷

用直径约0.5 mm的铜丝制作3个长约30 mm和1个长约100 mm、直径稍小于燃烧管，使之既能自由插入管内又与管壁密接的铜丝卷。

从燃烧管出口端起，留50 mm长空间，依次填充30 mm直径约0.25 mm银丝卷、30 mm铜丝卷、130～150 mm（与第三节电炉长度相等）铬酸铅（使用石英管时，应用铜片把铬酸铅与石英管隔开）、30 mm铜丝卷、330～350 mm（与第二节电炉长度相等）线状氧化铜、30 mm铜丝卷、310 mm空间和100 mm铜丝卷。燃烧管两端通过橡胶塞或铜接头分别同净化系统和吸收系统连接。橡胶塞使用前应在105～110 ℃下干燥8 h左右。

燃烧管中的填充物（氧化铜、铬酸铅和银丝卷）经70～100次测定后应检查或更换。

（2）炉温的校正

将工作热电偶插入三节炉的热电偶孔内，使热端插入炉膛，冷端与高温计连接。将炉温升至规定温度，保温1 h。然后沿燃烧管轴向将标准热电偶依次插到空燃烧管中对应于第一、第二、第三节炉的中心处（注意勿使热电偶和燃烧管管壁接触）。根据标准热电偶指示，将管式电炉调节到规定温度并恒温5 min。记下相应工作热电偶的读数，以后即以此控制炉温。

（3）测定仪整个系统的气密性检查

将仪器按图 3-2 所示连接好，将所有 U 形管磨口塞旋开，与仪器相连，接通氧气；调节氧气流量为 120 mL/min。然后关闭靠近气泡计处 U 形管磨口塞，此时若氧气流量降至 20 mL/min 以下，表明整个系统气密性好（检查气密性时间不宜过长，以免 U 形管磨口塞因系统内压力过大而弹开）。否则，应逐个检查 U 形管的各个磨口塞，查出漏气处，予以解决。

（4）测定仪可靠性检验

为了检查测定仪是否可靠，可称取 0.2 g 标准煤样（称准至 0.000 2 g），进行碳和氢测定。如果实测的碳和氢值与标准值的差值不超过标准煤样规定的不确定度，表明测定仪可用。否则，须查明原因并纠正后才能进行正式测定。

（5）空白试验

将仪器各部分按图 3-2 所示连接，通电升温。将吸收系统各 U 形管磨口塞旋至开启状态，接通氧气，调节氧气流量为 120 mL/min，并检查系统气密性。在升温过程中，将第一节电炉往返移动几次，通气约 20 min 后，取下吸收系统，将各 U 形管磨口塞关闭，用绒布擦净，在天平旁放置 10 min 左右，称量。当第一节炉达到并保持在（850 ± 10）℃、第二节炉达到并保持在（800 ± 10）℃、第三节炉达到并保持在（600 ± 10）℃后，开始做空白试验。此时将第一节炉移至紧靠第二节炉，接上已经通气并称量过的吸收系统。在燃烧舟内加入三氧化钨（质量和煤样分析时相当）。打开橡胶塞，取出铜丝卷，将装有氧化钨的燃烧舟用镍铬丝推棒推至第一节炉入口处，将铜丝卷放在燃烧舟后面，塞紧橡胶塞，接通氧气并调节氧气流量为 120 mL/min。移动第一节炉，使燃烧舟位于炉子中心，通气 23 min，将第一节炉移回原位。

2 min 后取下吸收系统 U 形管，将磨口塞关闭，用绒布擦净，在天平旁放置 10 min 后称量，吸水 U 形管增加的质量即为空白值。重复上述试验，直到连续两次空白值相差不超过 0.001 0 g，除氮氧化物 U 形管、吸收二氧化碳 U 形管最后一次质量变化不超过 0.000 5 g 为止。取两次空白值的平均值作为当天氢的空白值。在做空白试验前，应先确定燃烧管的位置，使出口端温度尽可能高又不会使橡胶塞受热分解。如空白值不易达到稳定，可适当调节燃烧管的位置。

2. 试验操作

（1）将第一节炉炉温控制在（850 ± 10）℃，第二节炉炉温控制在（800 ± 10）℃，第三节炉炉温控制在（600 ± 10）℃，并使第一节炉紧靠第二节炉。

（2）在预先灼烧过的燃烧舟中称取粒度小于 0.2 mm 的一般分析试验煤样 0.2 g（称准至 0.000 2 g），并均匀铺平，在试样上铺一层三氧化钨。可将装有试样的燃烧舟暂存入专用的磨口玻璃管或不加干燥剂的干燥器中。

（3）接上已恒定并称量的吸收系统，并以 120 mL/min 的流量通入氧气，打开橡胶塞，取出铜丝卷，迅速将燃烧舟放入燃烧管中，使其前端刚好在第一节炉炉口，再放入铜丝卷，塞上橡胶塞，保持氧气流量为 120 mL/min。1 min 后向净化系统移动第一节炉，使燃烧舟的一半进入炉子；2 min 后，移动炉体，使燃烧舟全部进入炉子；再 2 min 后，使燃烧舟位于炉子中央。保温 18 min 后，把第一节炉移回原位。2 min 后，取下吸收系统，将磨口塞关闭，用绒布擦净，在天平旁放置 10 min 后称量（除氮氧化物 U 形管不必称量）。第二个吸收二氧化碳 U 形管质量变化小于 0.000 5 g，计算时可忽略。

3. 实训记录及结果计算

（1）实训记录

将实训结果记录在表 3-17 中。

表 3-17　　实训结果记录表

<table>
<tr><td colspan="2">煤样名称</td><td colspan="2"></td><td>煤样来源</td><td colspan="4">测定及计算结果</td></tr>
<tr><td colspan="2">燃烧舟编号</td><td>燃烧舟质量 /g</td><td>燃烧舟 + 煤样质量 /g</td><td>煤样质量 /g</td><td colspan="2" rowspan="2">空白值 /g</td><td colspan="2" rowspan="2"></td></tr>
<tr><td colspan="2"></td><td></td><td></td><td></td></tr>
<tr><td colspan="2"></td><td></td><td></td><td></td><td colspan="2">空气干燥煤样水分 /%</td><td colspan="2"></td></tr>
<tr><td rowspan="5">U 形管质量</td><td>U 形管</td><td>吸收前质量 /g</td><td>吸收后质量 /g</td><td>增量值 /g</td><td colspan="2">重复测值 /%</td><td colspan="2">平均值 /%</td></tr>
<tr><td rowspan="2">水分吸收管</td><td></td><td></td><td></td><td>H_{ad}</td><td></td><td rowspan="2">$\bar{H}_{ad}$</td><td rowspan="2"></td></tr>
<tr><td></td><td></td><td></td><td>H_{ad}</td><td></td></tr>
<tr><td rowspan="2">二氧化碳吸收管</td><td></td><td></td><td></td><td>C_{ad}</td><td></td><td rowspan="2">$\bar{C}_{ad}$</td><td rowspan="2"></td></tr>
<tr><td></td><td></td><td></td><td>C_{ad}</td><td></td></tr>
</table>

（2）计算结果

一般分析试验煤样碳和氢的质量分数按式（3-17）和式（3-18）计算。

当需要测定有机碳时，则按式（3-19）计算。

（3）方法的精密度

碳和氢测定的重复性限和再现性临界差应符合表 3-16 的规定。

六、注意事项

1. 整个测定过程中，各节炉炉温不能超过规定温度，特别是第三节炉炉温不能超过（600±10）℃，否则铬酸铅颗粒可能熔化粘连，降低脱硫效果，干扰碳的测定。遇此情况，应立即停止试验，切断电源，待炉温降低后，更换燃烧管内的试剂。

2. 燃烧管出口端的橡胶塞使用前应于 105～110 ℃下烘烤 8 h 以上至恒重。因为新的橡胶塞受热会分解，既干扰碳和氢的测定，又使空白值不恒定。

3. 瓷性燃烧管导热性能差，燃烧管出口端露出部分的温度较低，煤样燃烧生成的水会在燃烧管出口端凝结，冬天或测定水分含量较高的褐煤和长焰煤时此现象更为明显，造成氢测定值偏低。因此要在燃烧管出口端露出部分加金属制保温套管，使此处温度既不会使水蒸气凝结，又不至于烧坏橡胶塞。若不用保温套管，也可通过调节燃烧管出口端露出部分的长度来调节该段的温度。

4. 燃烧管内填充物经70～100次测定后应更换。填充剂的氧化铜、铬酸铅、银丝卷经下列方法处理后可重复使用：

（1）氧化铜：用1 mm孔径筛筛去粉末。

（2）铬酸铅：用热的稀碱液（约50 g/L氢氧化钠溶液）浸渍，用水洗净、干燥，并在500～600 ℃下灼烧0.5 h。

（3）银丝卷：用浓氨水浸泡5 min，在蒸馏水中煮沸5 min，用蒸馏水冲洗干净并干燥。

5. 吸收系统取下后，需在天平旁放置10 min后再称量。这是因为氯化钙吸水、碱石棉吸收二氧化碳都是放热反应，放置一定时间，使其温度降到室温后再称量可保证称量的准确性。

6. 碳和氢测定的净化系统的吸水U形管和吸收二氧化碳U形管在测定过程中，发生下述现象应及时更换：

（1）吸水U形管中靠近燃烧管端的氯化钙开始熔化粘连并阻碍气流畅通时，应及时更换。否则，吸出的部分水被气流带走会使氢的测定结果偏低。

（2）两个串联的吸收二氧化碳U形管中，第二个U形管增量超过50 mg时，应更换第一个U形管中的二氧化碳吸收剂。如不及时更换，会使碳的测定值偏低。

7. 除氮氧化物U形管应在50次测定后检查或更换。否则，一旦二氧化锰试剂失效，氮氧化物将被碱石棉吸收，使碳的测定结果偏高。

七、思考题

1. 煤中碳和氢的测定原理是什么？

2. 煤中碳和氢的测定净化系统中，吸水U形管和吸收二氧化碳U形管在什么情况下需要更换？

第六节　煤中氮的测定和氧的计算

一、煤中的氮元素

氮是煤中唯一完全以有机状态存在的元素。煤中氮元素含量较少，一般质量分数为0.5%～3%。煤中氮含量随煤化程度的增高而趋向减少，但此规律性到高变质烟煤阶段以后才较为明显。

煤在燃烧和气化时，氮转化为污染环境的氮氧化物。在煤的炼焦过程中，部分氮可生成氮气、氨气、氰化氢及其他有机含氮化合物，由此可回收制成硫酸铵、硝酸等化学产品，其余的氮则进入煤焦油或残留在焦炭中，以某些结构复杂的氮化合物形式出现。

二、煤中氮的测定方法

煤中氮的测定方法有开氏法、杜马法和蒸汽燃烧法，其中以开氏法应用最为广泛。开氏法分为常量（试样量 1 g，用硫酸铜做催化剂）开氏法和半微量（试样量 0.2 g，用硒－汞做催化剂）开氏法。

1. 测定原理

煤中氮的测定，是称取一定量的煤样在浓硫酸和催化剂作用下加热分解，煤中氮转化为硫酸氢铵。在过量的氢氧化钠作用下，氨被蒸出并被硼酸溶液吸收。用硫酸标准溶液来滴定，根据硫酸的用量，计算煤中氮的含量。其反应如下：

$$\text{煤（有机物）} + HSO_4\text{（浓）} \xrightarrow{\text{催化剂}} CO_2\uparrow + SO_3\uparrow + N_2\uparrow + NH_4HSO_4 + \cdots$$

$$NH_4HSO_4 + 2NaOH \overset{\Delta}{=\!=\!=} Na_2SO_4 + 2H_2O + NH_3\uparrow$$

$$H_3BO_3 + NH_3 =\!=\!= NH_4H_2BO_3$$

$$2NH_4H_2BO_3 + H_2SO_4 =\!=\!= (NH_4)_2SO_4 + 2H_3BO_3$$

2. 结果计算

空气干燥煤样中氮的质量分数按式（3－20）计算：

$$N_{ad} = \frac{c(V_1 - V_2) \times 0.014}{m} \times 100\% \tag{3-20}$$

式中，　N_{ad}——空气干燥煤样中氮的质量分数，%；

c——硫酸标准溶液的浓度，mol/L；

V_1——样品试验时硫酸标准溶液的用量，mL；

V_2——空白试验时硫酸标准溶液的用量，mL；

0.014——氮的摩尔质量，g/mmol；

m——分析样品质量，g。

测定值和报告值均保留到小数点后两位。

3. 方法的精密度

煤中氮测定的重复性限和再现性临界差应符合表 3－18 的规定。

表 3－18　氮测定的精密度

分析项目	重复性限 /%	再现性临界差 /%
N_{ad}	0.50	1.00

三、氧的计算

煤中的氧一般不直接测定，而是以间接法计算求得。氧的质量分数按式（3－21）计算：

$$O_{ad}=100\%-M_{ad}-A_{ad}-C_{ad}-H_{ad}-N_{ad}-S_{t,ad}-(CO_2)_{ad} \tag{3-21}$$

式中，　O_{ad}——空气干燥煤样中氧的质量分数，%；
M_{ad}——空气干燥煤样水分的质量分数，%；
A_{ad}——空气干燥煤样灰分的质量分数，%；
C_{ad}——空气干燥煤样中碳的质量分数，%；
H_{ad}——空气干燥煤样中氢的质量分数，%；
N_{ad}——空气干燥煤样中氮的质量分数，%；
$S_{t,ad}$——空气干燥煤样全硫的质量分数，%；
$(CO_2)_{ad}$——空气干燥煤样中二氧化碳的质量分数，%。

技能实训十三　煤中氮的测定（开氏法）试验

一、实训目标

1. 掌握开氏法测定煤中氮元素含量的基本原理；
2. 了解蒸馏试验装置并学会试验操作。

二、任务描述

用开氏法测定煤中氮元素含量。

三、任务准备

1. 试剂

（1）混合催化剂：将无水硫酸钠、硫酸汞和化学纯硒粉按质量比64∶10∶1（如32 g+5 g+0.5 g）混合，研细且混匀后备用。

（2）硫酸：分析纯。

（3）高锰酸钾或铬酸酐：化学纯。

（4）蔗糖：分析纯。

（5）无水碳酸钠：优级纯、基准试剂或碳酸钠纯度标准物质。

（6）混合碱溶液：将氢氧化钠370 g和硫化钠30 g溶解于水中，配制成1 000 mL溶液。

（7）硼酸溶液：30 g/L。将30 g硼酸溶入1 L热水中，配制时加热溶解并滤去不溶物。

（8）甲基橙指示剂：1 g/L。将0.1 g甲基橙溶于100 mL水中。

（9）甲基红和亚甲基蓝混合成A、B指示剂。

A：称取0.175 g甲基红，研细，溶入50 mL、95%乙醇中，存于棕色瓶。

B：称取0.083 g亚甲基蓝，溶入50 mL、95%乙醇中，存于棕色瓶。

使用时将A和B按体积比1∶1混合。混合指示剂的使用期一般应不超过1周时间。

（10）硫酸标准溶液：$c\left(\frac{1}{2}H_2SO_4\right)=0.025\ mol/L$。

硫酸标准溶液的配制：于 1 000 mL 容量瓶中，加入约 40 mL 蒸馏水，用移液管吸取 0.7 mL 硫酸缓缓加入容量瓶中，加水稀释至刻度，充分震荡均匀。

硫酸标准溶液的标定：于锥形瓶中称取 0.02 g（称准至 0.000 2 g）预先在 130 ℃下干燥到质量恒定的无水碳酸钠，加入 50～60 mL 蒸馏水使之溶解，然后加入 2～3 滴甲基橙指示剂，用硫酸标准溶液滴定到由黄色变为橙色。煮沸，蒸出二氧化碳，冷却后，继续滴定到橙色。

按式（3-22）计算硫酸标准溶液的浓度：

$$c=\frac{m}{0.053V} \tag{3-22}$$

式中，　c——硫酸标准溶液的浓度，mol/L；

m——称取的碳酸钠的质量，g；

V——硫酸标准溶液用量，mL；

0.053——碳酸钠$\left(\frac{1}{2}Na_2CO_3\right)$的摩尔质量，g/mmol。

需 2 人重复标定，每人各做 4 次，8 次重复标定结果的极差不大于 0.000 60 mol/L，以其算术平均值作为硫酸标准溶液的浓度，保留 4 位有效数字。若极差超过 0.000 60 mol/L，再补做 2 次试验，取符合要求的 8 次结果的算术平均值作为硫酸标准溶液的浓度。若任何 8 次结果的极差都超过 0.000 60 mol/L，则舍弃全部结果，并对标定条件和操作技术进行仔细检查，纠正存在的问题后，重新进行标定。

2. 仪器设备

（1）消化装置

1）开氏瓶：容量 50 mL。

2）短颈玻璃漏斗：直径约 30 mm。

3）加热体：具有良好的导热性能以保证温度均匀。使用时四周以绝热材料缠绕，如石棉绳等。

4）加热炉：带有控温装置，能控温在 350 ℃。

（2）蒸馏装置

蒸馏装置的结构如图 3-4 所示。

1）开氏瓶：容量 250 mL。

2）锥形瓶：容量 250 mL。

3）直形玻璃冷凝管：冷却部分长约 300 mm。

4）开氏球：直径约 55 mm。

5）圆底烧瓶：容量 1 000 mL。

6）加热电炉：额定功率 1 000 W，功率可调。

7）微量滴定管：A 级，10 mL，分度值 0.05 mL。

8）分析天平：感量 0.1 mg。

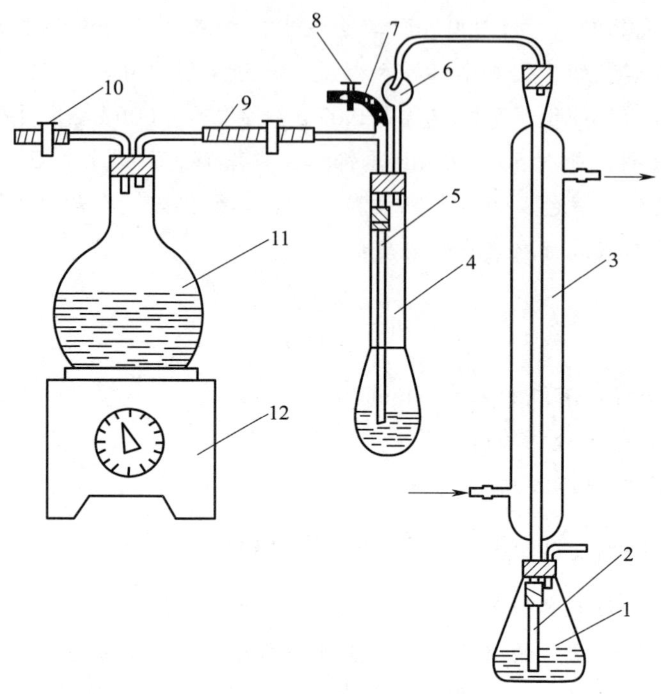

图 3-4　蒸馏装置的结构

1—锥形瓶；2，5—玻璃管；3—直形玻璃冷凝管；4—开氏瓶；6—开氏球；7，9—橡胶管；8，10—夹子；11—圆底烧瓶；12—加热电炉

四、知识要点

定量的空气干燥煤样加入混合催化剂和硫酸，加热分解，氮转化为硫酸氢铵。加入过量的氢氧化钠溶液，氨被蒸出并被硼酸溶液吸收。用硫酸标准溶液滴定，根据其用量，计算样品中氮的含量。

五、实训过程

1. 煤样消化

在薄纸（擦镜纸或其他纯纤维纸）上称取粒度小于 0.2 mm 的空气干燥煤样（0.2 ± 0.01）g（称准至 0.000 2 g）。把试样包好，放入 50 mL 开氏瓶中，加入混合催化剂 2 g 和浓硫酸 5 mL。然后将开氏瓶放入铝加热体的孔中，并在瓶口插入一短颈玻璃漏斗。在铝加热体的中心小孔中插入热电偶。接通放置铝加热体的圆盘电炉的电源，缓缓加热到 350 ℃左右，保持此温度，直到溶液清澈透明，漂浮的黑色颗粒完全消失为止。遇到分解不完全的试样时，可将试样粒度磨细至 0.1 mm 以下，再按上述方法消化，但必须加入高锰酸钾或铬酸酐 0.2～0.5 g。分解后如无黑色颗粒物，表示消化完全。

2. 消化液的蒸馏和吸收

将溶液冷却，用少量蒸馏水稀释后，移至 250 mL 开氏瓶中。用蒸馏水充分洗净原开氏瓶

中的剩余物，洗液并入 250 mL 开氏瓶中（当加入铬酸酐消化样品时，需用热水溶解消化物，必要时用玻璃棒将粘连物刮下后进行转移），使溶液体积约为 100 mL。然后将盛有溶液的开氏瓶放在蒸馏装置上。

将直形玻璃冷凝管的上端与开氏球连接，下端用橡胶管与玻璃管相连，直接插入盛有 20 mL 硼酸溶液和 2～3 滴混合指示剂的锥形瓶中，管端插入溶液并距瓶底约 2 mm。

往开氏瓶中加入 25 mL 混合碱溶液，然后通入蒸汽进行蒸馏。蒸馏至锥形瓶中馏出液达到 80 mL 左右为止（约 6 min），此时硼酸溶液由紫色变成绿色。

3. 硫酸滴定

拆下开氏瓶并停止供给蒸汽，取下锥形瓶，用水冲洗插入硼酸溶液中的玻璃管，洗液收入锥形瓶中，总体积约 11 mL。用硫酸标准溶液滴定吸收溶液至溶液由绿色变成钢灰色即为终点。由硫酸用量计算试样中氮的质量分数。

每日在试样分析前蒸馏装置须用蒸汽进行冲洗空蒸，待馏出物体积达 100～200 mL 后，再正式放入试样进行蒸馏。蒸馏瓶中水的更换应在每日空蒸前进行，否则应加入刚煮沸过的蒸馏水。

4. 空白试验

更换水、试剂或仪器设备后，应进行空白试验。

用 0.2 g 蔗糖代替试样进行空白试验，以硫酸标准溶液滴定体积相差不超过 0.05 mL 的 2 个空白测定平均值作为当天（或当批）的空白值。

六、结果计算

空气干燥煤样中氮的质量分数按式（3-20）计算，测定值和报告值均保留到小数点后两位。

七、注意事项

1. 煤样消化是本试验中十分关键的操作且费时较多，特别是年老煤（如贫煤、无烟煤）消化完全要 4 h 以上。为了消化完全，就必须把这类煤样磨细至 0.1 mm 以下，采用高效催化剂铬酸酐。但由于铬的化合物易污染环境，尽可能不用。

2. 每日在煤样分析前冷凝管须用蒸汽进行冲洗，待馏出液体达 100 mL 后，再放入煤样蒸馏。这是由于蒸馏装置放置过夜后，冷凝管等玻璃管道内壁会游离出一些碱性物质，使得第一个测定结果偏高。

3. 煤样消化也可采用以下方法：将 0.2 g 煤样直接放置在 250 mL 开氏瓶里，把开氏瓶置于万用电炉上，球形部分用保温材料包住，以保持消化度。消化完毕后，开氏瓶可直接置于蒸馏装置中进行蒸馏。

八、总结与思考

测定值结果不理想的原因分析如下。

1. 测定值偏低，重复性不好

原因分析：①采用的混合碱液由氢氧化钠和硫化钠组成，催化剂由硫酸钠、硫酸汞和硒粉组成，其中汞盐能与氨生成稳定的非挥发性汞氨络合物，从而使得氢氧化钠的中和作用没有完全发挥；②用硫酸煮沸消化时，煤中氮没有完全转化为硫酸氢铵；③蒸馏馏出物低于80 mL，氮没有完全逸出。

2. 每天第一个测定值偏高

原因分析：蒸馏装置放置过夜后，冷凝管等玻璃管道内壁会游离出一些碱性物质，导致检测重复性不好。

3. 年老的贫煤和无烟煤测定值偏低

原因分析：年老的贫煤和无烟煤含氮杂环有机物多，消化比较困难，时间长，须附加催化剂，或将煤样粒度减小。

4. 检测准确度和再现性差

原因分析：①使用的蒸馏水不符合要求，水中含有碱性挥发物或蒸馏系统被碱性物质污染，蒸馏过程中碱性物质逐渐逸出而减少，同时测定系统也逐渐被水蒸气冲洗干净，测定结果不稳定；②正式测定前，没有预先进行水蒸馏或补充烧瓶的蒸馏水时，没有使用预先煮沸过的蒸馏水；③仪器不符合标准要求。

5. 空白试验值低

原因分析：进行空白试验时没有加蔗糖，蔗糖中的碳与煤中碳在消化过程中起着相同作用。

第七节　煤灰熔融性的测定

煤灰熔融性是动力用煤和气化用煤的重要指标。在动力用煤中，煤灰熔融性的好坏直接关系锅炉是否结渣。结渣是生产中的严重安全问题，容易结渣的煤灰将给锅炉燃烧带来困难，影响正常运行，甚至导致停炉事故。对于固体排渣的气化炉来说，结渣则会造成煤气质量下降。所以动力用煤要选用煤灰熔融温度高的煤，一般软化温度要高于 1 350 ℃，且越高越好。不过对于液态排渣的气化炉，为了使炉渣以液体形式排出，则煤灰熔融温度越低越好。

一、煤灰的组分

煤灰的组分即煤的灰分，是指煤在规定条件下完全燃烧后的残留物。通常，煤灰由各种氧化物（SiO_2、Fe_2O_3、Al_2O_3、CaO、MgO、TiO_2、K_2O 和 Na_2O 等）所组成，矿物质是煤灰的主要组分。由于煤灰中有几十种元素，因而没有固定的熔点。煤灰是在一定的温度范围内熔融的，其熔融温度主要取决于煤灰的化学组成。例如，SiO_2、Al_2O_3 的含量越高，煤灰熔点越高；Fe_2O_3 的含量越高，煤灰熔点则越低。同时，煤灰熔点也与测定时试样所处的试验条件

有关。

二、煤灰熔融性的测定方法

1. 方法要点

将煤灰制成一定尺寸的三角锥，在一定的气体介质中，以一定的升温速度加热，观察灰锥在受热过程中的形态变化，并记录它的 4 个特征熔融温度：变形温度、软化温度、半球温度和流动温度。

2. 相关温度

（1）变形温度 DT：灰锥尖端或棱开始变圆或弯曲时的温度。

（2）软化温度 ST：灰锥弯曲至锥尖触及托板或灰锥变成球形时的温度。

（3）半球温度 HT：灰锥形变至近似半球形，即高约等于底长一半时的温度。

（4）流动温度 FT：灰锥熔化展开成高度在 1.5 mm 以下的薄层时的温度。

煤灰特征熔融温度下的形状变化如图 3－5 所示，如灰锥尖保持原形则锥体收缩和倾斜不算变形温度。

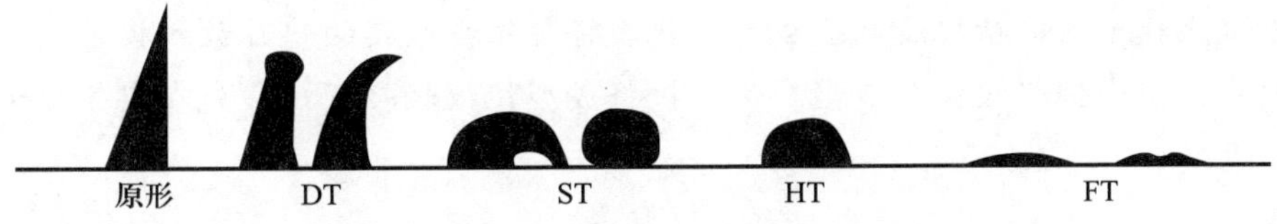

图 3－5　煤灰特征熔融温度下的形状变化

3. 操作要点

将带灰锥的托板置于刚玉舟上，舟内放入足够量的碳物质。打开高温炉炉盖，将刚玉舟缓缓推入炉内，使灰锥位于高温带并与热电偶热端相距约 2 mm。关上炉盖，开始加热并控制升温速度。在 900 ℃以前，升温速度可快些，为 15～20 ℃ /min；900 ℃以后为 4～6 ℃ /min。如用通气法产生弱还原性气氛，则从 600 ℃开始通入少量二氧化碳来赶走空气，700 ℃开始则通入氢气和二氧化碳的混合气或通入一氧化碳和二氧化碳的混合气。随时观察灰锥的形态变化（高温时，应戴上墨镜），记录灰锥的 4 个熔融特征温度：DT、ST、HT 和 FT。

待炉子冷却后，取出刚玉舟，解下托板，仔细检查其表面。如发现试样与托板作用，则另换一种托板重新试验。

如在氧化性气氛下测定，刚玉舟内不放任何碳物质，并使空气在炉内自由流通。

技能实训十四　煤灰熔融性的测定试验

一、实训目标

1. 掌握弱还原性气氛下角锥法测定煤灰熔融性的基本原理；

2. 了解高温炉试验装置并学会试验操作。

二、任务描述

弱还原性气氛下的角锥法测定煤灰熔融性。

三、任务准备

1. 试剂和材料

（1）糊精溶液：糊精（化学纯）10 g 溶于 100 mL 蒸馏水中，配成 100 g/L 溶液。

（2）氧化镁：工业品，研细至粒度小于 0.1 mm。

（3）碳物质：灰分低于 15%、粒度小于 1 mm 的无烟煤、石墨或其他碳物质。

（4）煤灰熔融性标准物质：可用来检查试验气氛性质的煤灰熔融性标准物质。

（5）二氧化碳。

（6）氢气或一氧化碳。

（7）刚玉舟：耐温 1 500 ℃以上，能盛足够量的碳物质，如图 3-6 所示。

（8）灰锥托板：在 1 500 ℃下不变形，不与灰锥发生反应，不吸收灰样，如图 3-7 所示。

灰锥托板可购置或按下述方法制作：

取适量氧化镁，用糊精溶液润湿成可塑状。将灰锥托板模的垫片放入模座，用小刀将氧化镁铲入模中，用小锤轻轻锤打成型。用顶板将成型托板轻轻顶出，先在空气中干燥，然后在高温炉中逐渐加热到 1 500 ℃。

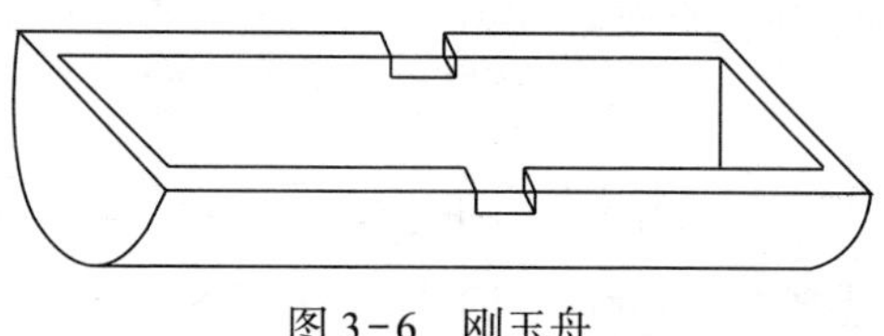

图 3-6　刚玉舟

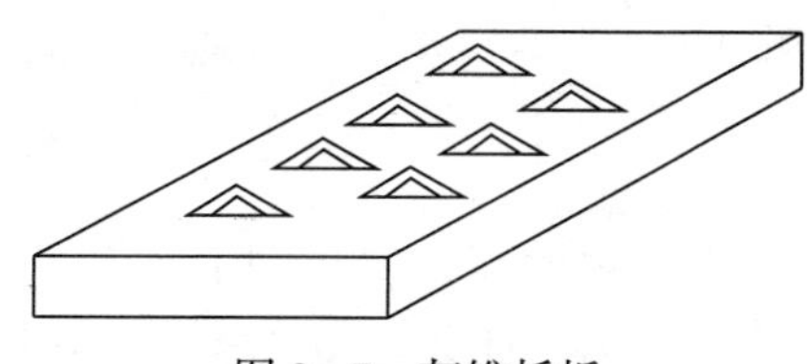

图 3-7　灰锥托板

除氧化镁外，也可用三氧化二铝粉或用等质量比的高岭土和氧化铝粉混合物制作托板。

（9）三氧化二铝（工业用）。

（10）高岭土（工业用）。

（11）可溶性淀粉（工业用）。

（12）玛瑙研钵。

（13）金丝：直径不小于 0.5 mm；或金片，厚度为 0.5 mm～1.0 mm。纯度 99.99%，熔点 1 064 ℃。

（14）钯丝：直径不小于 0.5 mm；或钯片，厚度为 0.5 mm～1.0 mm。纯度 99.9%，熔点 1 554 ℃。

2. 仪器设备

（1）高温炉：能加热到 1 500 ℃以上；有足够的恒温带（各部分温差小于 5 ℃）；能按规定的程序加热；炉内气氛可控制为弱还原性和氧化性；能在试验过程中观察试样形态变化。

（2）热电偶及高温计：测量温度为 0～1 500 ℃，最小分度 1 ℃，加气密刚玉保护管使用。

热电偶和高温计至少每年校准一次。

用下列方法之一进行热电偶和高温计的校准：

1）用标准热电偶校准热电偶和高温计；

2）在日常测定条件下，定期观测金的熔点，如可能，同时观测钯的熔点。如果观测到的金和钯的熔点与给出的金熔点 1 064 ℃、钯熔点 1 554 ℃差值超过 10 ℃，则重新进行调节或校准。

（3）灰锥模子：由对称的两个半块构成的黄铜或不锈钢制品。

（4）灰锥托板模：由模座、垫片和顶板 3 个部分构成。用硬木或其他坚硬材料制作。

（5）常量气体分析器：可测量一氧化碳、二氧化碳和氧气含量。

四、知识要点

煤灰熔融温度随测定时的气氛条件不同而不相同。国家标准《煤灰熔融性的测定方法》规定，煤灰熔融性可在弱还原性气氛或氧化性气氛下测定。如为氧化性气氛，炉内不放任何碳物质，并使空气自由流通。

五、实训过程

1. 炉内气氛及其控制

弱还原性气氛，可用下面两种方法之一控制：

（1）通气法

炉内通入体积分数为（50 ± 10）% 的氢气和（50 ± 10）% 的二氧化碳混合气体，或（40 ± 5）% 的二氧化碳和（60 ± 5）%（V/V）的一氧化碳混合气体。

（2）封碳法

炉内封入碳物质。对气疏刚玉管炉膛，在刚玉舟中央放置石墨粉 15～20 g，两端放置无烟煤 40～50 g；对气密刚玉管炉膛，在刚玉舟中央放置石墨粉 5～6 g 或放置木炭粉 3～4 g。

2. 灰锥制备

取粒度小于 0.2 mm 的空气干燥煤样放在大灰皿中，按国家标准中的慢速灰分测定方法将其完全灰化，然后用玛瑙研钵研细至 0.1 mm 以下。灰越细，则灰锥的成型性越好。取研细的煤灰置于光的瓷板上或玻璃板上，滴加糊精溶液数滴，搅拌并调成可塑状，然后用小刀铲入灰锥模中挤压成型。用小刀将制成的灰锥小心地推至瓷板或玻璃板上，加工好的灰锥应该锥尖完好、表面光滑平整、棱角分明，并在空气中干燥或在 60 ℃的干燥箱中干燥备用。用糊精溶液将少量氧化镁调成糊状或将少量待测煤灰调成糊状，把灰锥平稳地固定在灰锥托板三角形坑内，并使灰锥垂直于底面。

3. 测定步骤

（1）在弱还原性气氛中测定

1）用糊精溶液将少量氧化镁调成糊状，用它将灰锥固定在灰锥托板的三角坑内，并使灰锥垂直于底面的侧面与托板表面垂直。

2）将带灰锥的托板置于刚玉舟上。如用封碳法来产生弱还原性气氛，则预先在舟内放置足够量的碳物质。炉内封入的碳物质种类和量根据炉膛大小和密封性用试验的方法确定。

对于高温炉，一般可在刚玉舟中央放置石墨粉15～20 g，两端放置无烟煤40～50 g（对气疏高刚玉管炉膛）或在刚玉舟中央放置石墨粉5～6 g（对气密刚玉管炉膛）。

3）打开高温炉炉盖，将刚玉舟徐徐推入炉内，至灰锥位于高温带并紧邻热电偶热端（相距2 mm左右）。

4）关上炉盖，开始加热并控制升温速度为：900 ℃以下，15～20 ℃/min；900 ℃以上，（5±1）℃/min。

如用通气法产生弱还原性气氛，则从600 ℃开始通入氢气和二氧化碳的混合气体，或一氧化碳和二氧化碳的混合气体，通气速度以能避免空气渗入为准。

流经灰锥的气体线速度不低于400 mm/min；对于高温炉，可为800～1 000 mL/min。

注意：从炉内排出的气体中含有部分一氧化碳，因此，应将这些气体排放到外部大气中（可使用排风罩或高效风扇系统）。如果使用了氢气，要特别注意防止发生爆炸，应在通入氢气前和停止氢气供入后用二氧化碳吹扫炉内空间。

5）随时观察灰锥的形态变化（高温下观察时，应戴上墨镜），记录灰锥的4个熔融特征温度：DT、ST、HT、FT。

6）待全部灰锥都达到流动温度或炉温升至1 500 ℃时，断电，结束试验。

7）待炉子冷却后，取出刚玉舟，拿下托板，仔细检查其表面。如发现试样与托板作用，则另换一种托板重新试验。

（2）在氧化性气氛下测定

测定步骤与在弱还原性气氛中测定的相同，但刚玉舟内不放任何碳物质，并使空气在炉内自由流通。

（3）使用自动测定仪测定

使用带有自动判断功能的自动测定仪时，在测定后应对记录下来的图像进行人工核验，且应经常用标准物质检查试验气氛。

4. 弱还原性气氛的检查

定期或不定期地用下述方法之一检查炉内气氛性质：

（1）标准物质测定法

用煤灰熔融性标准物质制成灰锥并测定其熔融特征温度。如其实际测定值与弱还原性气氛下的标准值相差不超过40 ℃，则证明炉内气氛为弱还原性；如超过40 ℃，则根据它们与强还原性或氧化性气氛下的参比值的接近程度以及刚玉舟中碳物质的氧化情况来判断炉内气氛，并加以调整。

（2）取气分析法

用一根气密刚玉管从炉子高温带以一定的速度（以不改变炉内气体组成为准，对于高温炉，一般为6～7 mL/min）取出气体并进行成分分析。如在1 000～1 300 ℃温度下，还原性气体（一氧化碳、氢气和甲烷等）的体积分数为10%～70%，同时1 100 ℃以下还原性气体的总

体积和二氧化碳的体积比不大于 1∶1、氧含量低于 0.5%，则炉内气氛为弱还原性。

5. 方法的精密度

煤灰熔融性测定的重复性限和再现性临界差应符合表 3-19 的规定。

表 3-19　　煤灰熔融性测定的精密度

熔融特征温度	精密度	
	重复性限 /℃	再现性临界差 /℃
DT	60	—
ST	40	80
HT	40	80
FT	40	80

六、注意事项

1. 煤灰熔融性高温炉以硅碳管为发热元件。常用的硅碳管为一端引线的双螺纹管，正常使用温度为 1 500 ℃以下，最高为 1 600 ℃，在合理使用下，使用寿命较长。因此，使用硅管应注意以下 5 个方面：

（1）选用电阻值为 7～8 Ω 的硅碳管为好。

（2）为了延长硅碳管的寿命，一般升温至 1 450 ℃则不再升温。动力用煤的煤灰熔融性特征温度主要是看 ST，ST 大于 1 350 ℃即可。

（3）当炉温升至 1 450 ℃后，不要立即断电，而要慢慢降低电流使炉温慢慢下降。这样可延长硅碳管的寿命。

（4）硅碳管很脆，要防止摔碰，特别是在安装时，更应多加小心。在炉子高温时，不能移动炉子。

（5）在测定时，要集中多个煤灰样一次测完。这是因为硅碳管从室温到 1 450 ℃升降 1 次，相当于连续使用数天。因此要集中煤灰样，一次最好做满 7 个单样，以减少升温次数。

2. 在煤灰熔融性特征温度中，DT 较难判别，而且各人判断结果有可能差异很大。因此，在参比灰锥法确定炉内气氛和测定精密度的再现性临界差中没有 DT 的指标。

3. 新型煤灰熔融性测定仪采用计算机判别 4 个灰熔融性特征温度时，还应经常用人工观察法检查计算机判断结果的正确性。这是因为，在煤灰熔融性测定中，各特征温度的判断不仅仅依据灰锥的尺寸，还要看灰锥的形态，这给计算机自动判断煤灰熔融性特征温度带来了很大困难。

七、思考题

1. DT 的定义是什么？判定 DT 时应注意什么？

2. 煤灰熔融性测定中常用哪些气氛？

复习思考题

1. 名词解释：煤的外在水分、煤的内在水分、收到煤、一般分析试验煤样、变形温度、软化温度、半球温度、流动温度。

2. 简述测定煤中全水分的方法要点及适用范围。

3. 简述测定一般分析试验煤样水分的方法要点及适用范围。

4. 简述煤中全硫的艾士卡法测定原理。

5. 简述煤中碳和氢的测定要点。

6. 简述煤中氮元素的开氏法测定原理。

7. 简述煤灰熔融性的测定操作要点。

第四章

煤的焦化指标工艺性能分析

学习目标

1. 熟悉煤的焦化指标工艺性能分析中各种指标测定的原理；

2. 掌握黏结指数、胶质层指数、奥阿膨胀度等关键焦化指标的测定方法，确保试验操作的准确性和规范性；

3. 能够准确记录和分析试验数据，理解各指标的意义及其对焦炭质量的影响。

学习引导

焦化工艺中，黏结指数、胶质层指数、奥阿膨胀度是关键指标。黏结指数反映煤的结焦能力，通过转鼓测定焦块强度；胶质层指数衡量胶质体量，通过探针测量厚度；奥阿膨胀度表征煤膨胀性，记录膨胀杆位移。通过本章学习，须掌握各指标测定原理，应严格按步骤操作，注意控制条件，准确记录数据；通过理论学习结合试验操作，分析影响因素，总结经验教训，提升煤的焦化指标工艺性能分析能力。

第一节　烟煤黏结指数测定

一、烟煤黏结性指标

黏结性和结焦性是炼焦用煤的重要工艺性质。在我国煤炭分类中，黏结指数作为表征烟煤黏结性的主要参数，是煤炭分类中的主要指标。在炼焦过程中，常用黏结指数和挥发分来指导炼焦配煤。

黏结性是指煤在隔绝空气条件下加热时，形成具有可塑性的胶质体，黏结自身或外加惰性物质的能力。黏结性的大小，取决于煤热分解过程中形成胶质体的数量和质量。在相同的加热条件下，一般煤所产生的液体量越多，形成的胶质体的量也就越多，黏结性也就越大。煤热解时产生的液体量的多少取决于煤的组成和结构。煤化程度低的煤（如褐煤、长焰煤），热解时产物多数呈气态，液相产物数量少且热稳定性差，所以没有黏结性或黏结性很小；煤化程度高的煤（如贫煤、无烟煤），热解时生成的低分子量化合物大部分是氢气，几乎不产生液体，因此没有黏结性；只有中等煤化程度的烟煤（如肥煤、焦煤），其热分解产物中液体量较多且热稳定性高，形成胶质体的数量多，故黏结性大。

由于烟煤黏结性和结焦性对于许多工业生产部门都至关重要，因而出现了多种测定烟煤黏结性和结焦性的方法。所有这些方法的目的都是用物理测量方法获得一些指标，用于烟煤的分类和预测烟煤在燃烧、气化或炭化时的行为和特征数值。有些测量方法是针对某一特定的生产过程开发的。因此，有几种测量方法只有微小的差别，有的方法只适用于某些特殊的需要。测定烟煤黏结性和结焦性的方法可以分为以下三类：

（1）根据胶质体的数量和性质进行测定，如胶质层厚度、吉泽勒流动度、奥阿膨胀度等。

（2）根据烟煤黏结惰性物料能力的强弱进行测定，如罗加指数和黏结指数等。

（3）根据所得焦块的外形进行测定，如坩埚膨胀序数和格－金指数等。

测定烟煤的黏结性和结焦性时，煤样的制备与保存十分重要，一般应在制样后立即分析以防止氧化的影响。

二、黏结指数及测定

黏结指数作为区分黏结性的指标，已用于我国烟煤的分类，用 G_{RI} 表示，也可简写为 G。

黏结指数的测定原理是，通过测定焦块的耐磨强度来评定烟煤黏结性的大小。其测定方法要点是：将空气干燥煤样和标准无烟煤先按 1∶5 的比例混合在坩埚内，然后放在 850 ℃的马弗炉中焦化 15 min，称出焦粒质量；将称重后的焦粒放入转鼓内进行第一次转磨，以（50 ± 0.5）r/min 的转速转磨 5 min；用 1 mm 孔径的圆孔筛筛分，称出其筛上物质量；再将筛上物以同样的转速与时间进行第二次转磨、筛分，并称量筛上焦炭质量；最后用式（4－1）计算黏结指数。

$$G_{RI} = 10 + \frac{30m_1 + 70m_2}{m} \tag{4-1}$$

式中，G_{RI}——黏结指数；

m——焦化后焦渣总质量，g；

m_1——第一次转鼓试验后过筛，其中大于 1 mm 焦渣的质量，g；

m_2——第二次转鼓试验后过筛，其中大于 1 mm 焦渣的质量，g。

当测得的 $G_{RL}<18$ 时，需要重新测定。此时煤样和标准无烟煤样的比例改为 3∶3，即称取 3 g 试验煤样和 3 g 标准无烟煤混合。其余操作同上。结果按式（4－2）计算：

$$G_{RI}=\frac{30m_1+70m_2}{5m} \tag{4-2}$$

黏结指数测定的允许误差：每一份测定煤样应分别进行两次重复测试，G_{RL}≥18 时，同一检验室两平行测定值之差不得超过 3，不同检验室测定值之差不得超过 4；G_{RL}＜18 时，同一检验室平行测定值之差不得超过 1，不同检验室间测定值之差不得超过 2。以两次平行测定结果的算术平均值为最终结果（小数点后保留一位有效数字）。

技能实训十五　烟煤黏结指数测定试验

一、实训目标

1. 掌握黏结指数仪测定黏结指数的基本原理；

2. 了解转鼓试验装置并学会试验操作。

二、任务描述

本实训任务是测定烟煤黏结指数。

三、任务准备

1. 仪器设备和工具

（1）转鼓试验装置：主要由转鼓、变速器和电动机组成，转鼓转速为（50 ± 0.5）r/min。

（2）马弗炉：能控制温度为（850 ± 10）℃，炉膛恒温区长度不小于 120 mm。

（3）分析天平：最小分度值为 1 mg。

（4）圆孔筛：筛孔直径为 1 mm。

（5）平铲或夹子。

（6）秒表。

（7）干燥器：内盛变色硅胶。

（8）镊子和刷子。

（9）带盖坩埚和坩埚架。

（10）压块：镍铬钢制，质量为 110～115 g。

（11）搅拌丝：由直径为 1.0～1.5 mm 的硬质金属丝（如钢丝）制成。

2. 煤样

（1）试验煤样按国家标准《煤样的制备方法》规定逐级破碎缩分，制备成粒度小于 0.2 mm 的一般分析试验煤样。其中，粒度为 0.1～0.2 mm 的煤样比例应为 20%～35%。

（2）试验煤样应装在密封的容器内，试验前充分混合均匀，制样后到试验时间应不超过 5 天，如超过 5 天，应在报告中注明制样和试验时间。

（3）测定黏结指数专用无烟煤。

四、知识要点

将一定质量的试验煤样和专用无烟煤，在规定的条件下混合后快速加热形成焦块，所得焦块使用转鼓进行强度检验，计算其黏结指数，以表示试验煤样的黏结能力。

五、实训过程

1. 称样

先称取 5.00 g 专用无烟煤，再称取 1.00 g 试验煤样放入坩埚中，质量称准至 0.001 g。

2. 搅拌

用搅拌丝将坩埚内的混合物搅拌 2 min。搅拌方法是：坩埚倾斜 45°，逆时针方向转动，转速约 15 r/min，搅拌丝按同样倾角按顺时针方向转动，转速约 150 r/min，搅拌时搅拌丝的圆环接触坩埚壁与底相连接的圆弧部分。约经 1.75 min 后，一边继续搅拌，一边将坩埚与搅拌丝逐渐转到垂直位置，约 2 min 时，搅拌结束。搅拌过程中应防止煤样外溅。

亦可使用达到同样搅拌效果的机械装置。

3. 拨平

搅拌后，将坩埚壁上煤粉用刷子轻轻扫下，用搅拌丝将混合物小心地拨平，并使沿坩埚壁的层面略低 1～2 mm，以便压块将混合物压紧，使煤样表面处于同一水平面。

4. 压块

用镊子夹压块置于坩埚中央，然后将其置于压力器下，将压杆轻轻放下，加压 30 s。加压结束后，压块仍留在混合物上，盖上坩埚盖。

注意：在上述整个过程中，盛有样品的坩埚应轻拿轻放，避免受到撞击与震动。

5. 加热

将马弗炉预先加热至 850 ℃左右。打开炉门，迅速将放置带盖坩埚的坩埚架送入恒温区，立即关上炉门并计时，准确加热 15 min。坩埚架和坩埚放入后，要求炉温在 6 min 内恢复至（850 ± 10）℃，此后一直保持在（850 ± 10）℃。加热时间包括温度恢复时间。

6. 冷却

从炉中取出坩埚，放在空气中冷却到室温。若不立即进行转鼓试验，则将坩埚移入干燥器中。

7. 取块称量

从坩埚中取出压块，当压块上附有焦屑时，应刷入坩埚内。称量焦渣总质量。

8. 转鼓试验

将压块放入转鼓内，进行转鼓试验。第一次转鼓试验后的焦渣用 1 mm 圆孔筛进行筛分后，称量筛上物的质量；然后将筛上物放入转鼓内进行第二次转鼓试验，筛分、称量。每次转鼓试验 5 min，即 250 转。质量均称准到 0.01 g。

9. 结果表述

用式（4−1）计算黏结指数，结果保留到小数点后一位。

10. 补充试验

当测得的黏结指数小于18时，需更改专用无烟煤和试验煤样的比例为3∶3，即称取3.00 g专用无烟煤与3.00 g试验煤样，重新试验。结果按式（4−2）计算，结果保留到小数点后一位。结果以两次重复测定的算术平均值按规定修约到整数报出。

11. 方法的精密度

烟煤黏结指数测定的重复性限和再现性临界差应符合表4−1的规定。

表4−1　烟煤黏结指数测定的重复性限和再现性临界差

黏结指数	重复性限	再现性临界差
≥18	3	4
<18	1	2

六、注意事项

1. 黏结指数测定是一种规范性很强的方法，其试验结果随试验条件变化而变化。因此，只有严格遵守国家标准的各项规定，才能获得准确的结果。

2. 将煤样和专用无烟煤样混合均匀是获得可靠结果的首要条件，如果未混合均匀，后面的操作做得再好，误差也会很大。因此，试验中应遵照国家标准规定的搅拌煤样的方法，将煤样搅拌均匀。

3. 为了保证煤样的粒度，最好采用手工制样。如用密封式粉碎机破碎煤样，煤样粒度太细，将达不到国家标准对煤样的要求，使得结果不准确。

4. 炼焦煤选煤厂，特别是选外来煤的选煤厂，须确定原煤牌号测定黏结指数时，往往根据国家标准用1.4的密度液浮沉原煤，取浮煤来测定黏结指数。这里要注意的是，生产中选出来的精煤的黏结指数比1.4密度液浮出来的精煤的黏结指数低。因为生产中选出来的精煤灰分较高。例如，小于1.4的浮煤的灰分在5%左右，那么选十级精煤的灰分是9.51%～10.00%，灰分增加，黏结指数就减小。

5. 当煤样放入马弗炉后，炉温应在6 min内恢复到850 ℃，如没有达到规定，煤样必须重做。

6. 马弗炉后壁有一个排气孔和一个插热电偶的小孔。小孔位置应使热电偶插入炉内后其接点在坩埚底和炉底之间，距炉底20～30 mm处。马弗炉的恒温区每年至少测定一次，高温计和热电偶每年应检定一次。

七、思考题

1. 当测得黏结指数小于18时，为什么要做补充试验？

2. 补充试验时，为什么要将煤样与专用无烟煤样的比例由1∶5改为3∶3？

3. 带有混合物的坩埚为什么要避免撞击与振动？

第二节　烟煤胶质层指数测定

炼焦厂的主要产品焦炭是钢铁工业的重要原料，焦炭质量的高低直接影响钢铁的质量。为了选择合适的炼焦用煤和合理的配煤方案，必须判断煤的结焦性能的高低。而烟煤胶质层指数测定中的胶质层最大厚度直接反映烟煤的胶质体特性和数量，是煤的结焦性能的一个标志。因此，当黏结指数大于 85 时，我国煤炭分类中规定用胶质层指数和挥发分来确定煤的牌号。炼焦厂常用胶质层指数来指导配煤炼焦。

一、胶质层指数测定原理

胶质层指数是由萨波日尼柯夫提出的一种表征烟煤塑性的指标，以胶质层最大厚度 Y 值、最终收缩度 X 值等表示。

胶质层最大厚度是我国煤炭分类和评价炼焦及配煤炼焦的主要指标。此外，通过对胶质层指数测定仪煤杯中焦炭的观察和描述，还可得到焦炭技术特征等资料。胶质层指数测定仪的主要部分是一个特制钢杯（即煤杯），底部是带有孔眼的活底，煤气可从孔眼排出。煤样装在煤杯内，上部压以带有小孔眼的活塞。活塞与装有砝码的杠杆相连，对煤施加 0.1 MPa 的压力。此法模拟工业炼焦条件，对煤样从底部单向加热。因此，煤样温度从下到上不断降低，形成一系列的等温层面：温度相当于软化点的层面上的煤样尚未有明显的变化；而该层面以下的煤样都热解化，形成具有塑性的胶质体；温度相当于固化点的层面的煤样则已热解、固化后形成半焦。这样，在加热过程中的某一段时间内，在煤杯内就形成了半焦层、胶质层和未软化的煤样层三部分，如图 4-1 所示。

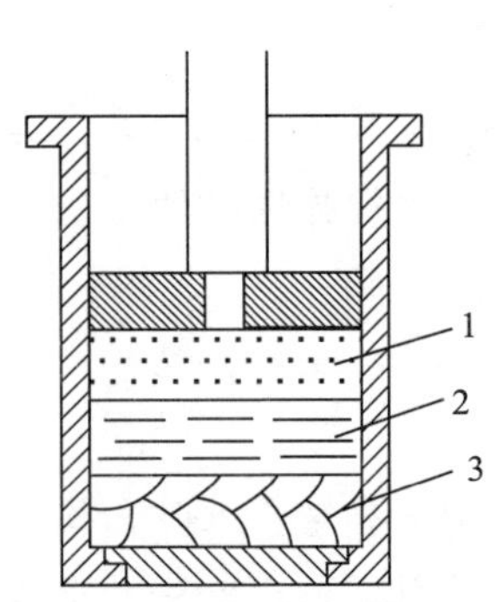

图 4-1　煤杯中煤样结焦过程

1—未软化的煤样层；2—胶质层；3—半焦层

加热条件是，先在半小时内升温至 250 ℃，然后以 3 ℃ /min 的速度加热至 730 ℃为止。在加热过程中，每隔一定的时间用插在预留的检查孔中的特制钢针向下穿刺，凭手感先接触胶质层的上部层面，接着刺穿胶质层直达已固化的半焦层，即胶质层的下部层面。上下层面之间的垂直距离即胶质层厚度。在煤杯下部刚刚生成的胶质层比较薄，在向上移动的过程中，厚度不断增加，在煤杯中部达到最大值，再向上厚度不断降低。以测定的胶质层最大厚度 Y（mm）作为报出结果。

在胶质层指数测定过程中，煤样热解产生气体。若胶质体的透气性好，则挥发分的析出和缩聚反应将造成煤样体积缩小，压力盘下降；若胶质体的透气性不好，气体就会积聚使胶质体膨胀，压力盘上升。通过记录系统可绘制出压力盘位置随时间变化的曲线，即体积曲线。体积曲线的形状与煤在胶质体状态下的性质有直接关系，它取决于胶质体分解时产生的气体析出量、析出强度、胶质层厚度和透气性以及半焦的裂纹等。

二、胶质层曲线图

如图 4-2 所示为胶质层体积曲线图。如果胶质体透气性很好，且煤的主要热分解是在半焦形成之后进行的，则体积曲线呈平滑下降形和平滑斜降形，如图 4-2（a）和图 4-2（b）所示。如果胶质体不透气，底部半焦层的裂纹又比较少，再加上热解气体无法逸出，煤杯内煤样的体积就随温度升高而增大，直到胶质体全部固化后体积才减小，这时曲线呈“山”字形，如图 4-2（f）所示。如果胶质体膨胀不大，气体逸出也慢，那么煤的体积曲线呈波形下降，如图 4-2（c）所示。如果胶质体不透气，底部半焦裂纹又比较多，胶质体膨胀，聚集的气体从半焦的裂隙中逸出，则体积下降；但随着温度的升高，很快又生成新的胶质体和大量的气体，这些气体又在胶质体内部重新聚集，使胶质体膨胀；当气体聚集到一定程度时，半焦又产生裂纹，所聚集的气体从半焦的裂隙中逸出，则体积又下降。这个过程重复进行，使胶质层体积曲线时起时伏，呈“之”字形，如图 4-2（e）所示；除此之外，还有其他一些类型的曲线如“之”“山”字混合形和微波形等，如图 4-2（g）、图 4-2（h）和图 4-2（d）所示。

测定结束时，煤杯内的煤样全部结成半焦，同时体积收缩，体积曲线将下降到最低点，则最低点和零点线之间的垂直距离为最终收缩度 X（mm）。

最终收缩度主要与煤化程度有关，随煤化程度的增高，最终收缩度变小。最终收缩度可以表征煤成焦后的收缩情况，通常最终收缩度大的煤炼出的焦炭裂纹多、块度小、强度低。

煤的胶质层指数测定中所记录的胶质体上部层面位置随温度变化的曲线为胶质层体积曲线，其测定结果可在一张图上反映出来。如图 4-3 所示为胶质层曲线加工示意图。

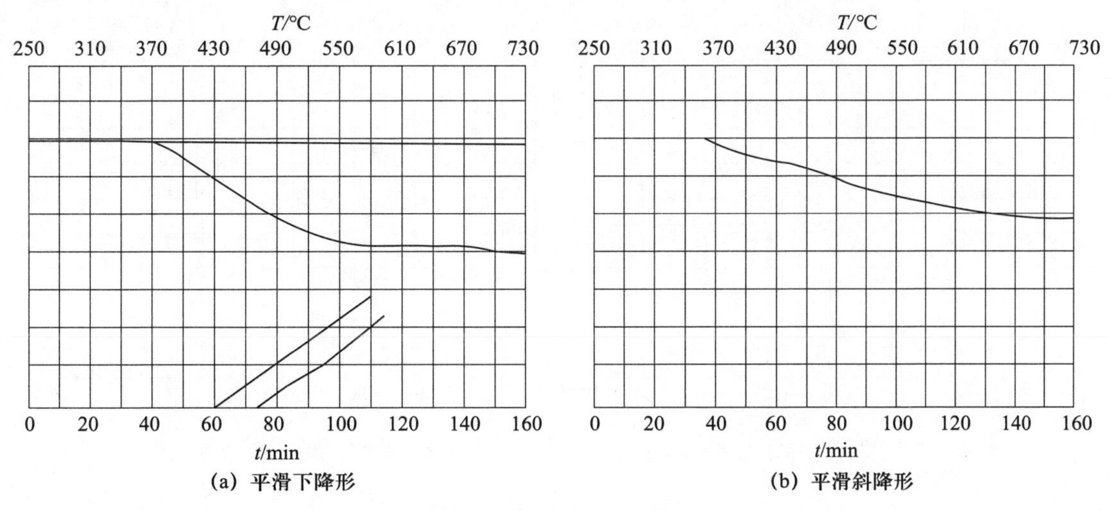

(a) 平滑下降形　(b) 平滑斜降形

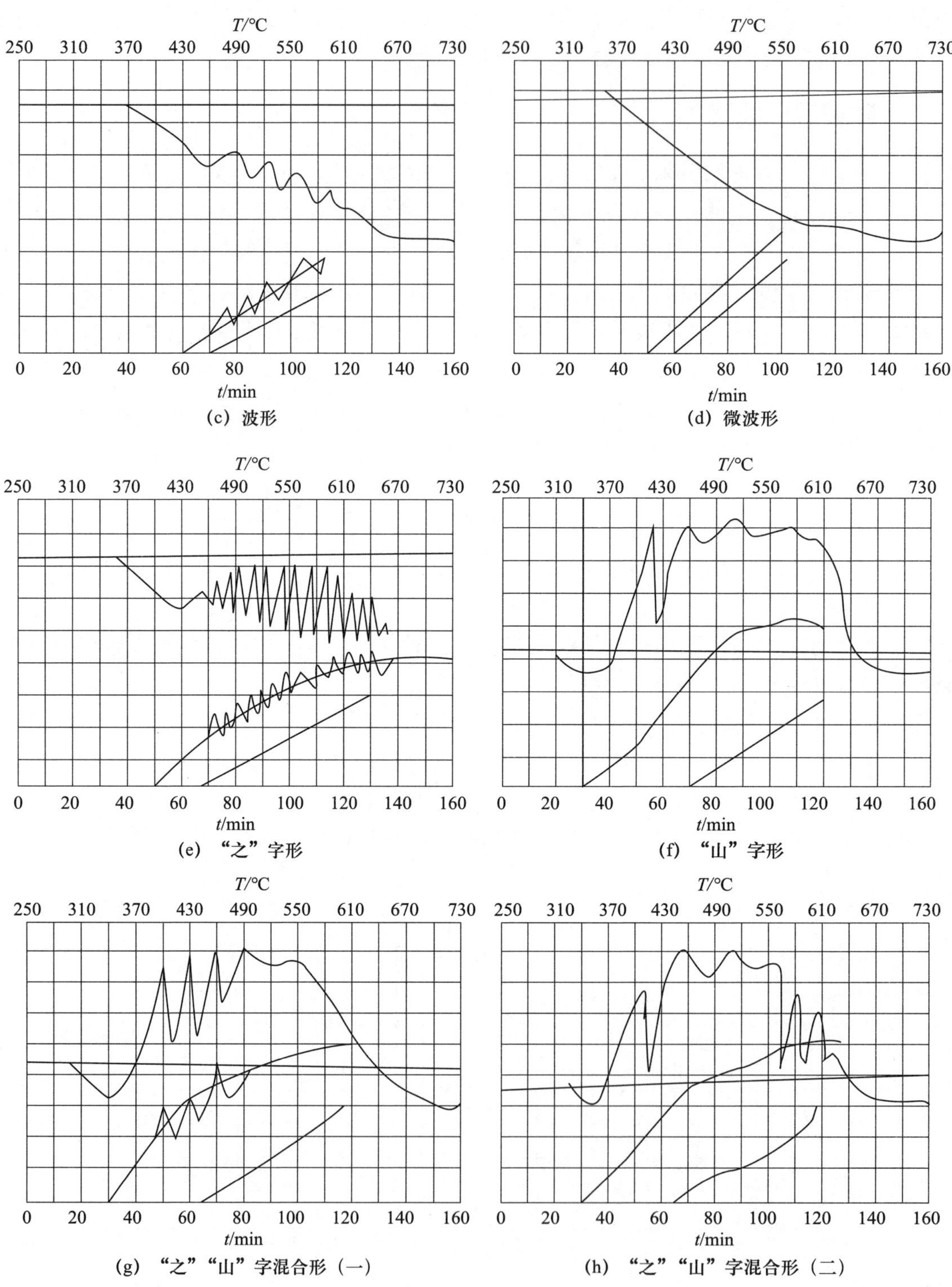

图 4-2 胶质层体积曲线图

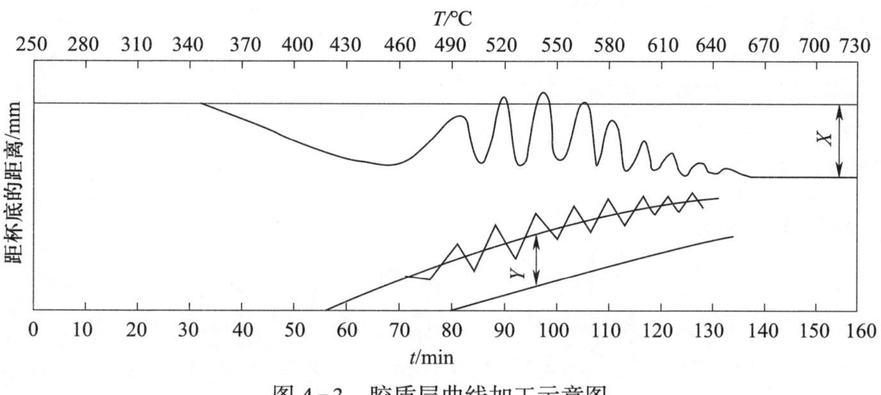

图 4-3 胶质层曲线加工示意图

三、胶质层指数测定法的优缺点

1. 优点

（1）测定简单，重现性好，对中等煤化程度煤的黏结性区分能力强。

（2）许多国家的生产实践证明，用此法所测胶质层指标对评价烟煤的黏结性和炼焦配煤基本适用，且煤样的 Y 值具有加和性，对配煤有一定的帮助，这是其他黏结性指标所不具备的。

（3）此法不仅可测定 Y 值，而且可确定胶质体温度间隔、最终收缩度、体积曲线和焦块特征等。

2. 缺点

胶质层厚度 Y 值只能表示胶质体的数量而不能反映胶质体的质量。胶质体是由气、液、固三相共同组成的，胶质层厚度 Y 值除与煤在热分解过程中所生成的液体量有关外，还受其他因素的影响，如膨胀度大，则所测 Y 值显著偏高。而煤的黏结性主要与液体的量有关，煤在热解过程中所产生的液体量越多，煤的黏结性越好。当两种煤的 Y 值相同而气、液、固三相比例不同时，其黏结性有很大的差别。所以不少 Y 值相同的煤，在相同的炼焦条件下，却得出质量不同的焦炭。一般地，当 $Y<10$ mm 和 $Y>25$ mm 时，Y 值测不准。胶质层指数的测定受主观因素的影响很大，对仪器的规范性很强，测定结果受到诸多试验条件如升温速度、压力、煤杯材料、耐火材料等的影响。此外，测试用煤样量太大，也是此方法的缺点。所以生产和科研上还要通过其他方法来评定煤的黏结性。

技能实训十六　烟煤胶质层指数测定试验

一、实训目标

1. 掌握烟煤胶质层指数测定的基本原理；

2. 了解胶质层指数测定的试验装置并学会试验操作。

二、任务描述

本实训任务是测定烟煤胶质层指数。

三、任务准备

1. 试剂和材料

（1）纸管：在一根细钢棍上用卷烟纸粘制成直径为2.5～3 mm、高度约为60 mm的纸管。装煤杯时将钢棍插入纸管，纸管下端折约2 mm，纸管上端与钢棍贴紧，防止煤样进入纸管。

（2）滤纸条：定性滤纸，条状，宽约为60 mm，长为190～200 mm。

（3）石棉圆垫：厚度为0.5～1.0 mm，直径为59 mm。在上部圆垫上有供热电偶铁管穿过的圆孔。

（4）体积曲线记录纸：用标准计算纸（毫米坐标纸）作为体积曲线记录纸，其高度与记录转筒的高度相同，其长度略大于转筒圆周。

（5）有证烟煤胶质层指数标准物质。

（6）干磨砂布：棕刚玉磨料，粒度为P80，NO.1－1/2。

2. 仪器设备

（1）胶质层指数测定仪。

（2）加热炉。

（3）程序控温仪：能控制加热炉温度。温度低于250 ℃时，升温速度约为8 ℃/min；温度为250 ℃以上时，升温速度为3 ℃/min。在温度为350～600 ℃的时间范围内，显示温度与应达到的温度差值不超过5 ℃，其余时间内应不超过10 ℃。

（4）记录装置。

（5）煤杯：外径为70 mm，杯底内径为59 mm，从距杯底50 mm处至杯口的内径为60 mm，从杯底到杯口的高度为110 mm。

（6）探针。

（7）托盘天平：最大称量500 g，感量0.5 g。

（8）取样铲：长方形，宽30 mm、长45 mm。

（9）热电偶：镍铬－镍铝或镍铬－镍硅电偶，一般每年校准一次，在更换或重焊热电偶后应重新校准。

（10）附属设备：石棉圆垫切垫机、推焦器和煤杯清洁机械装置。

3. 煤样

（1）测定胶质层指数的煤样按国家标准《烟煤胶质层指数测定方法》制备，粒度不小于3 mm，再使用对辊式破碎机逐级破碎到全部通过1.5 mm圆孔筛，其中粒度小于0.2 mm部分不超过30%，缩分出不少于500 g。

（2）达到空气干燥状态的煤样应储存在磨口玻璃瓶或其他密闭容器中，置于阴凉处，应在制样后不超过15天内完成测定。

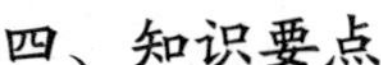

四、知识要点

一定量的煤样装入煤杯，煤杯放在特制的电炉内，以规定的升温速度进行单侧加热，煤样相应形成半焦层、胶质层和未软化的煤样层3个等温层面。用探针测量出胶质层最大厚度Y，根据试验记录的体积曲线测得最终收缩度X。

五、实训过程

1. 试验准备

（1）清理煤杯

煤杯、热电偶管及压力盘上遗留的焦屑等用砂布人工清除干净，也可用机械方法清除。杯底及压力盘上各析气孔应畅通，热电偶管内不应有异物。

（2）装煤杯

1）将杯底放入煤杯，使其下部凸出部分进入煤杯底部圆孔中，杯底上放置热电偶铁管的凹槽中心点与压力盘上放热电偶的孔洞中心点对准。

2）将石棉圆垫铺在杯底，石棉圆垫上的圆孔应对准杯底上的凹槽，在杯内下部沿壁围一条滤纸条。将热电偶铁管插入杯底凹槽，把带有纸管的钢棍放在下部石棉圆垫的探测孔标志处，用压板把热电偶铁管和钢棍固定，并使它们都保持垂直状态。

3）将全部试样倒在缩分板上，堆掺均匀并摊成厚约10 mm的方块。用直尺将方块划分为若干30 mm×30 mm左右的小块，用取样铲按棋盘式取样法隔块分别取出两份试样，每份试样质量为（100±0.5）g。

4）将每份试样用堆锥四分法分为4部分，分4次装入煤杯中。每装25 g之后，用金属丝将煤样摊平，但不得捣固。

5）试样装完后，将压板暂时取下，把上部石棉圆垫小心地平铺在煤样上，并将露出的滤纸边缘折叠于石棉圆垫之上，放入压力盘，再用压板固定热电偶铁管。将煤杯放入上部炉砖砖垛的炉孔中，把压力盘与杠杆连接起来，挂上砝码，调节杠杆到水平。

6）如试样在试验中生成流动性很大的胶质体溢出压力盘，则应按以上步骤重新装样试验。重新装样的过程中，应在折复滤纸后，用压力盘压平，再用直径为2～3 mm的石棉绳在滤纸和石棉垫上方沿杯壁和热电偶铁管外壁围一圈，再放上压力盘，使石棉绳把压力盘与煤杯、压力盘与热电偶铁管之间的缝隙严密地堵起来。

7）在整个装样过程中，纸管应保持垂直状态，当压力盘与杠杆连接好后，在杠杆上挂上砝码，把细钢棍小心地由纸管中抽出来（可轻轻旋转），务必使纸管留在原有位置。如纸管被拔出，应重新装样。并用探针测量纸管底部，将刻度尺放在压板上，指针应指在刻度尺的零点。如不在零点，须重新装样。

（3）连接热电偶

将热电偶置于热电偶套（铁）管中，检查前杯和后杯热电偶连接是否正确。

（4）调节记录转筒（需要时）

1）若使用转筒记录体积曲线，把标准计算纸装在记录转筒上，并使纸上的水平线始末端彼此衔接，调节记录转筒或记录笔的高低，使其能同时记录前后杯两个体积曲线。

2）检查活轴轴心到记录笔笔尖的距离，并将其调整为 600 mm。

（5）计算装填高度

加热以前，按式（4-3）求出煤样的装填高度：

$$h=H-(a+b) \tag{4-3}$$

式中，h——煤样的装填高度，mm；

H——由杯底上表面到杯口的距离，每次装煤前实测，mm；

a——由压力盘上表面到杯口的距离，测量时，顺煤杯周围在 4 个不同位置共测量 4 次，取平均值，mm；

b——压力盘和两个石棉圆垫的总厚度，可用卡尺实测，mm。

（6）核查装填高度

同一煤样重复测定时，装填高度的允许差为 1 mm，超过允许差时应重新装填。报出结果时，应将煤样的装填高度的平均值附注于 X 值之后。

2. 试验步骤

（1）当上述准备工作就绪后，打开程序控温仪开关，通电加热，并控制两煤杯杯底升温速度如下：250 ℃以前约为 8 ℃ /min，并要求 30 min 内升到 250 ℃；250 ℃以后为 3 ℃ /min。在试验中，应按时记录时间和温度，时间从 250 ℃起开始计算，以分钟为单位。每 10 min 记录一次温度。在 350～600 ℃时间内，实际温度与应达到的温度的差应不超过 5 ℃，在其余时间内应不超过 10 ℃。否则，试验作废。

（2）若使用转筒记录体积曲线，温度到达 250 ℃时，调节记录笔笔尖使之接触记录转筒，固定其位置，并旋转记录转筒一周，划出一条“零点线”，再将笔尖对准起点，开始记录体积曲线。

（3）对一般分析试验煤样，测量胶质层面在体积曲线下降后几分钟开始，到温度升至约 650 ℃时停止。当试样的体积曲线呈“山”字形或生成流动性很大的胶质体时，其胶质层面的测定可适当地提前停止，一般可在胶质层最大厚度出现后再对上下部层面各测 2～4 次即可停止，并立即用石棉绳或石棉绒把压力盘上探测孔严密地堵起来，以免胶质体溢出。

注：一般可在体积曲线下降约 5 mm 时开始测量胶质层上部层面，上部层面测值达 10 mm 左右时，开始测量下部层面。

（4）测量胶质层上部层面时，将探针刻度尺放在压板上，使探针通过压板和压力盘上的专用小孔小心地插入纸管中，轻轻往下探测，直到探针下端接触胶质层面（手感有阻力了为上部层面）。读取探针刻度毫米数（为层面到杯底的距离），将读数填入记录表（见表 4-2）中“胶质层上部层面”栏内，并同时记录测量层面的时间。

（5）测量胶质层下部层面时，用探针首先测出上部层面，然后轻轻穿透胶质体到半焦表面（手感阻力明显加大为下部层面），将读数填入记录表 4-2 中“胶质层下部层面”栏内，同

表 4-2　　　　　　　　　　　　胶质层指数试验记录表

样号________	装填高度 *H*/mm	前：　　　　后：
	试验结果： 胶质层厚度 *Y* ________mm　　最终收缩度 *X* ________mm 体积曲线类型________	

前炉			后炉			焦块技术特征
时间 / min	胶质层上部层面 / mm	胶质层下部层面 / mm	时间 / min	胶质层上部层面 / mm	胶质层下部层面 / mm	1. 焦块缝隙（平面图）
						2. 海绵体绽边（剖面图）
						缝隙________　色泽________
						孔隙________　海绵体________
						绽边________　熔合状况________
						附注________

时间 /min	10	20	30	40	50	60	70	80	90	100	110	120	130	140	150
应到温度 /℃															
温度（前）/℃															
温度（后）/℃															

时记录测量层面的时间。探针穿透胶质层和从胶质层中抽出时，均应小心缓慢。在抽出时还应轻轻转动，防止带出胶质体或使胶质层内存积的煤气突然逸出，以免破坏体积曲线形状和影响层面位置。

（6）根据转筒所记录的体积曲线的形状及胶质体的特性，来确定测量胶质层上下部层面的频率。

1）当体积曲线呈“之”字形或波形时，在体积曲线上升到最高点时测量上部层面，在体积曲线下降到最低点时测量上部层面和下部层面，但下部层面的测量不应太频繁，每 8～10 min 测量一次。如果曲线起伏非常频繁，可间隔一次或两次起伏，在体积曲线的最高点和最低点测量上部层面，并每隔 8～10 min 在体积曲线的最低点测量一次下部层面。

2）当体积曲线呈“山”字形、平滑下降形或微波形时，上部层面每 5 min 测量一次，下部层面每 10 min 测量一次。

3）当体积曲线分阶段符合上述典型情况时，上下部层面测量应分阶段按其特点依上述规定进行。

4）当体积曲线呈平滑斜降形时（属结焦性不好的煤，*Y* 值一般在 7 mm 以下），胶质层上下部层面往往不明显，总是一穿即达杯底。遇到此种情况时，可暂停 20～25 min，使层面恢复，然后以每 15 min 不多于一次的频率测量上部和下部层面，并力求准确地探测出下部层面的位置。

5）如果煤样在试验时形成流动性很大的胶质体，下部层面的测定可稍晚开始，然后每隔 7～8 min 测量一次，到 620 ℃也应堵孔。在测量这种煤的上下部胶质层面时，应特别注意，以免探针带出胶质体或胶质体溢出。

（7）当温度到达 730 ℃时，试验结束。调节记录笔使之离开转筒，关闭电源，卸下砝码，使仪器冷却。

（8）当胶质层测定结束后，必须等上部炉砖砖垛完全冷却，或更换上部炉砖砖垛，方可进行下一次试验。

（9）在试验过程中，当煤气大量从杯底析出时，应不时地向电热元件吹风，使从杯底析出的煤气和炭黑被烧掉，以免发生短路，烧坏硅碳棒、镍铬线或影响热电偶正常工作。

（10）如试验时煤的胶质体溢出到压力盘上，或在纸管中的胶质层面骤然升高，则试验应作废。

3. 曲线的加工及胶质层测定结果的确定

（1）取下记录转筒上的毫米方格纸，在体积曲线上方水平方向标出“温度”，在下方水平方向标出“时间”作为横坐标。在体积曲线下方、“温度”和“时间”坐标之间留一适当位置，在其左侧标出层面“距杯底的距离”作为纵坐标。根据表 4-2 上所记录的各个上下部层面位置和相应的“时间”数据，按坐标在图纸上标出“上部层面”和“下部层面”的各点，分别以平滑的线加以连接，得出上下部层面曲线。如按上述方法连成的层面曲线呈“之”字形，则应通过“之”字形部分各线段的中部连成平滑曲线作为最终的层面曲线。

（2）取胶质层上下部层面曲线之间沿纵坐标方向的最大距离（读准到 0.5 mm）作为胶质层最大厚度 Y。

（3）取 730 ℃时体积曲线与零点线间的距离（读准到 0.5 mm）作为最终收缩度 X。

（4）将整理完毕的曲线图（如图 4-3 所示）标明试样的编号，贴在记录表 4-2 上一并保存。

4. 方法的精密度

烟煤胶质层指数测定的重复性限和再现性临界差应符合表 4-3 的规定。

表 4-3　烟煤胶质层指数测定的重复性限和再现性临界差

参数	重复性限 /mm	再现性临界差 /mm
Y值	Y值≤20 : 1 Y值>20 : 2	6
X值	3	8

注：确定方法再现性协同试验所用煤样的 Y 值为 10～25 mm，X 值为 19～41 mm。

5. 焦块技术特征的判别

（1）缝隙：缝隙的鉴定以焦块底面（加热侧）为准，一般以无缝隙、少缝隙和多缝隙 3 种特征表示，并附以单位焦块底部缝隙示意图（如图 4-4 所示）。

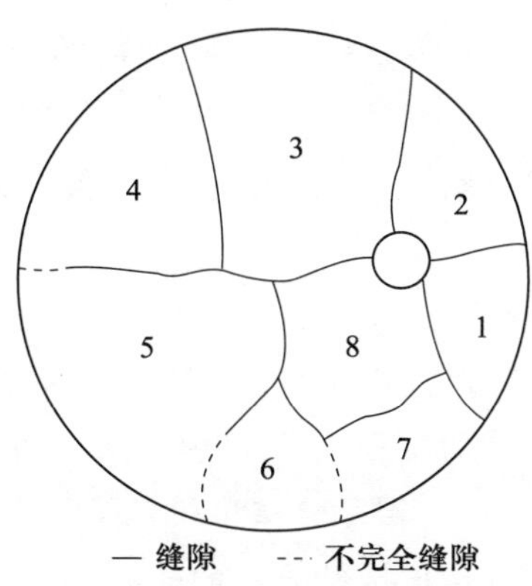

图 4-4　单体焦块底部缝隙示意图

无缝隙、少缝隙和多缝隙是按单体焦块的块数多少区分的。单体焦块块数是指裂缝把焦块底面划分成的区域数（当一条裂缝的一小部分不完全时，允许沿其走向延长，以清楚地划出区域。图 4-4 所示焦块的单体焦块数为 8，虚线为裂缝沿走向的延长线）：

1）单体焦块数为 1 块——无缝隙。

2）单体焦块数为 2～6 块——少缝隙。

3）单体焦块数为 6 块以上——多缝隙。

（2）孔隙：指焦块剖面的孔隙情况，以小孔隙、小孔隙带大孔隙和大孔隙很多来表示。

（3）海绵体：指焦块上部的蜂焦部分，分为无海绵体、小泡状海绵体和敞开的海绵体。

（4）绽边：指有些煤样的焦块由于收缩应力裂成的裙状周边，依其高度分为无绽边、低绽边（约占焦块全高 1/3 以下）、高绽边（约占焦块全高 2/3 以上）和中等绽边（介于高绽边和低绽边之间），如图 4-5 所示。海绵体和焦块绽边的情况应记录在表上，以剖面图表示。

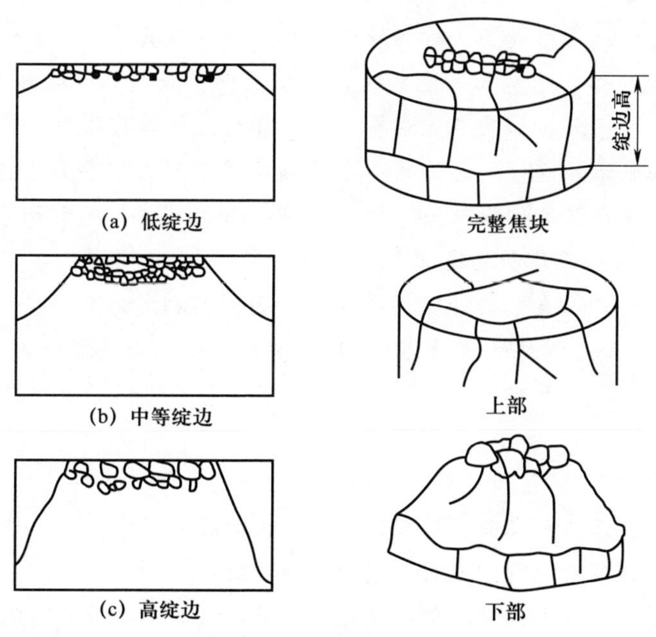

图 4-5　焦块绽边示意图

（5）色泽：以焦块断面接近杯底部分的颜色和光泽为准。焦色分黑色（不结焦或凝结的焦块）、深灰色、银灰色等。

（6）熔合情况：分为粉状（不结焦）、凝结、部分熔合、完全熔合等。

六、注意事项

1. 胶质层指数测定是一个规范性很强的试验，特别是胶质层测定仪，仪器上炉砖的材质、煤杯的材质、煤杯的直径、硅碳棒的电阻是否相等，直接影响胶质层指数的数值正确与否。鉴于各厂家生产的仪器很难做到统一，国家标准中规定了重复性限而没有规定再现性。

2. 胶质层指数的主要指标 Y 值是用探针凭人的手指感觉来测定的，因此带有主观性。如有多人测定体积曲线为“之”字形的煤样时，Y 值相差可达 5 mm。

3. 胶质层指数测定中 Y 值是用探针来测定的。因此，准确测定胶质体上下部层面，是保证测定结果准确度和精密度的关键。测定上下部层面，全要靠经验和手感。测定上部层面时，探针插入测孔中感觉到有阻力即可，否则会将上部层面扎凹而使结果偏低。测定下部层面时，则要使探针穿透胶质层达到半焦表面。由于胶质体黏度不同，所以刺穿胶质体所用的力也不相同，但只要碰到比较硬的半焦面，就是下部层面。对于弱黏结的煤来说，Y 值一般在 6 以下，测定时手感很差，不易测准，测定的准确度和精密度很差。

4. 升温速度要达到国家标准中的规定。升温速度过快，会使 X 值减少，而使 Y 值因为煤种不同而增大或减少。

5. 煤中水分对 X 值有明显影响，因此煤样一定要达到空气干燥状态。

6. 煤样在生成胶质体时，同时还生成气体。当胶质层透气性好，煤样的热分解又在形成半焦后进行，挥发气体可以穿透胶质体逸散出去，形成平滑下降形体积曲线；若挥发分含量很少，胶质体数量也少，就形成了平滑斜降形体积曲线。若其透气性不好，那么气体就被裹在胶质体内，促使胶质体膨胀。如果这些气体没有出路，胶质体就会较长时间地不断膨胀，使得体积曲线呈“山”字形。如果半焦层有裂缝，那么，气体膨胀到一定程度，就会从裂缝中逸散出去，使体积收缩。这样一时膨胀一时收缩就成了“之”字形体积曲线。如果膨胀不大，气体逸出也慢，就成了波形或微波形体积曲线。如果“之”字形和“山”字形混在一起就成了“之”“山”字混合形体积曲线。

7. 从体积曲线形状可以大致估计煤样的 Y 值，并判断测定的准确性。平滑斜降的煤样的 Y 值在 6 以下，平滑下降的煤样的 Y 值为 6～12，波形、微波形的煤样的 Y 值为 8～15，“之”字形的煤样的 Y 值绝大部分为 13～25，“之”“山”混合形的煤样的 Y 值在 25 以上。

七、思考题

1. 杯底及压力盘上各析气孔若有堵塞时，对本试验有何影响？

2. 为什么不同的煤样可以得到不同类型的体积曲线？

3. 胶质层最大厚度 Y 值与煤质有何关系？用它反映煤的黏结性有何优点和局限性？

4. 试验时，如果探针带出胶质体或使胶质层内积存的煤气突然逸出，对测定结果将有何影响？

第三节　烟煤奥阿膨胀度测定

一、奥阿膨胀度测定原理

奥阿膨胀度是我国新的煤炭分类国家标准中区分肥煤与其他煤类的重要指标之一。奥阿膨胀度测定是一种以慢速加热来测定烟煤黏结性的方法：将粒度小于 0.15 mm 的煤样 10 g 与 1 mL 水混匀，在钢模内按规定方法压制成煤笔（长 60 mm），放在一根内部非常光洁的标准口径的膨胀管内，其上放置一根连有记录笔的能在管内自由滑动的钢杆（膨胀杆）。将上述装置放入已预热到 330 ℃的电炉中加热，升温速度保持 3 ℃ /min，加热至 500～550 ℃为止。在此过程中，煤受热达到一定温度后开始分解，首先析出一部分挥发分，接着开始软化析出胶质体。随着胶质体的不断析出，煤笔开始变形缩短，膨胀杆随之下降——标志煤的收缩。当煤笔完全熔融呈塑性状态充满煤笔和膨胀管壁间的全部空隙时，膨胀杆不再下降，收缩过程结束。然后随着温度的升高，塑性体开始膨胀并推动膨胀杆上升——标志煤的膨胀。

当温度达到该煤样的固化点时，塑性体固化形成半焦，膨胀杆停止运动。以膨胀杆上升的最大距离占煤笔原始长度的百分数作为煤的膨胀度；以膨胀杆下降的最大距离占煤笔原始长度的百分数作为最大收缩度。以规定的升温速度加热，记录膨胀杆的位移曲线。图 4-6 所示为一种典型的体积膨胀曲线示意图。

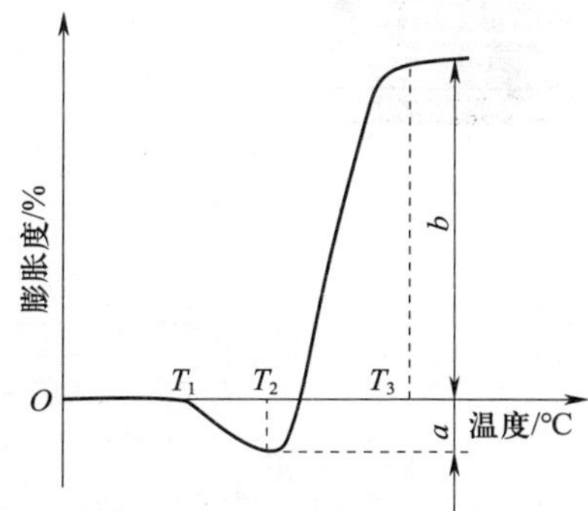

图 4-6　体积膨胀曲线示意图

图 4-6 中，T_1 为软化温度，即膨胀杆下降 0.5 mm 时的温度；T_2 为开始膨胀温度，即膨胀杆下降到最低点后开始上升的温度；T_3 为固化温度，即膨胀杆停止移动时的温度；a 为最大收缩度；b 为煤的膨胀度。

煤的性质不同，煤笔膨胀的高低、快慢也不相同。换句话说，膨胀杆运动的状态和位置与煤的性质（气体析出速度、塑性体的量、黏度、热稳定性等）有密切的关系。图 4-7 所示为不同性质煤的体积膨胀曲线示意图。膨胀曲线超过零点后达到水平，这种情况称为“正膨胀”如图 4-7（a）所示；若膨胀曲线在恢复到零点线前达到水平，则称之为“负膨胀”，如图 4-7（b）所示；若收缩后没有回升，则结果以“仅收缩”表示，如图 4-7（c）所示；如果最终的收缩曲线不是完全水平的，而是缓慢向下倾斜，则最大膨胀度以“倾斜收缩”表示，如图 4-7（d）所示，并规定最大收缩度以 500 ℃处的收缩值报出。

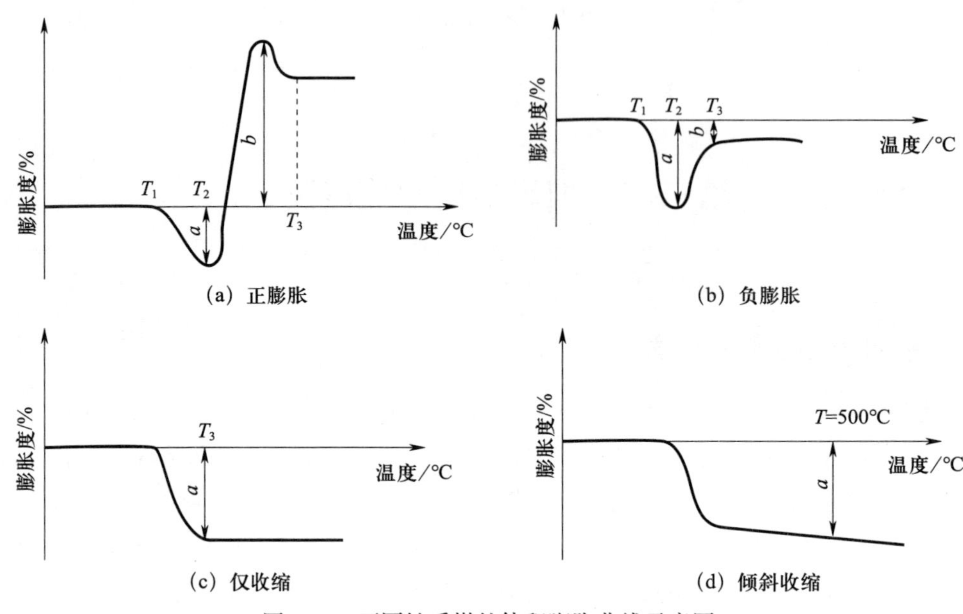

(a) 正膨胀　(b) 负膨胀　(c) 仅收缩　(d) 倾斜收缩

图 4-7　不同性质煤的体积膨胀曲线示意图

通常，煤化程度较低和煤化程度较高的煤，其膨胀度小；而中等煤化程度的煤，膨胀度大，黏结性好。因此，煤的膨胀度测定试验也能较好地反映煤的黏结性。一组烟煤的膨胀度测定结果见表 4-4。

表 4-4　一组烟煤的膨胀度测定结果

项目	煤样					
	C_{14}	C_{17}	C_{22}	C_{32}	C_{37}	C_{38}
V_{daf}/%	14.5	17.5	22.3	32.9	37.6	38.2
C_{daf}/%	90.39	90.44	89.48	84.26	83.01	81.95
T_1/℃	475	422	404	355	361	367
T_2/℃	—	479	473	479	437	—
胶质体温度范围 /℃	—	57	69	124	76	—
a/%	10	24	30	32	26	36
b/%	—	13	62	221	49	—

二、结果报出

根据测定时的记录曲线可计算出 5 个基本参数，即软化温度 T_1、开始膨胀温度 T_2、固化温度 T_3、最大收缩度 a 和膨胀度 b。该方法偶然误差小，重现性好，对强黏结性煤的黏结性有较好的区别能力，对弱黏结性煤区别能力差。另外，煤的奥阿膨胀度与胶质体最大厚度之间有较强的相关关系，Y 越大，煤的膨胀度也越大，如图 4-8 所示。

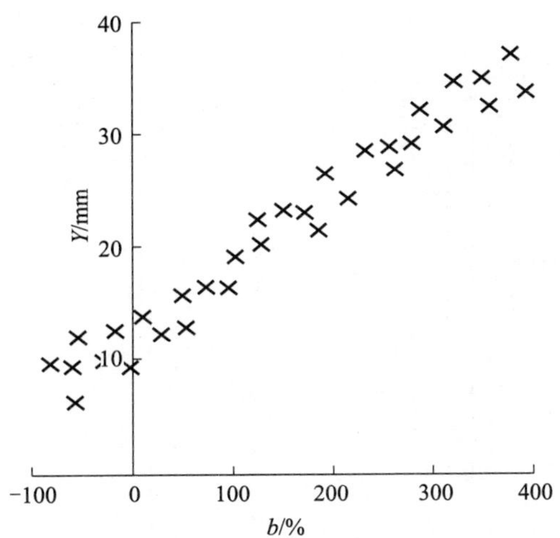

图 4－8　奥阿膨胀度与胶质体最大厚度的关系

技能实训十七　烟煤奥阿膨胀度测定试验

一、实训目标

1. 掌握奥阿膨胀度测定试验的原理、方法和具体操作步骤；

2. 了解不同煤质的膨胀曲线类型，学会计算软化温度、开始膨胀温度、固化温度、最大收缩度和膨胀度；

3. 能够正确、完整地报出试验结果。

二、任务描述

某钢铁企业的炼焦车间为了优化炼焦工艺，提高焦炭质量和产量，需要对不同种类的烟煤进行奥阿膨胀度测定。奥阿膨胀度是衡量烟煤在加热过程中产生膨胀和收缩能力的一个重要指标，它直接影响焦炭的裂纹、密度和强度等关键性质。本实训任务为测定炼焦配煤的奥阿膨胀度。

三、任务准备

1. 测试记录设备

（1）膨胀管及膨胀杆：如图 4–9 所示，膨胀管的底部带有不漏气的丝堵，膨胀杆和记录笔的总质量应控制在（150 ± 5）g。

（2）电炉：由带有底座、顶盖的外壳与金属炉芯构成。金属块上有两个直径为 15 mm、深 350 mm 的圆孔，用以插入膨胀管。另有直径为 8 mm、深 320 mm 的圆孔，用以放置热电偶。电炉的使用功率应不小于 1.5 kW，以满足在温度为 300～550 ℃的时间范围内升温速度不低于 5 ℃ /min 的要求。电炉的使用温度为 0～600 ℃。

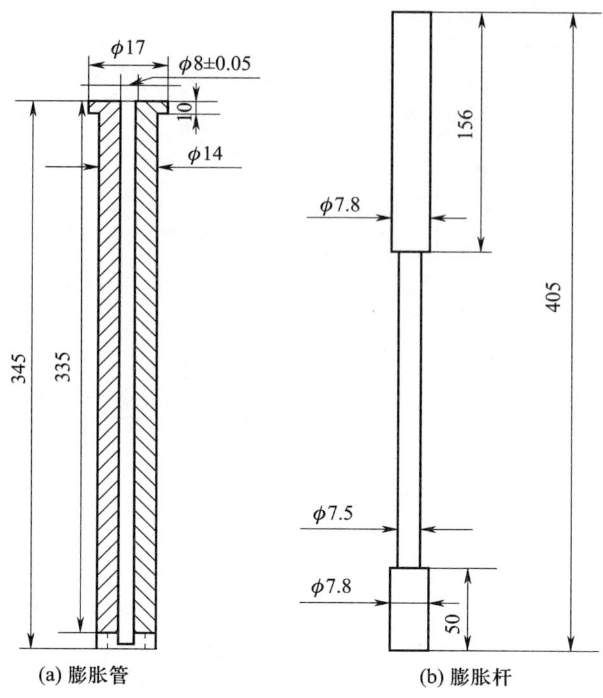

图 4-9　膨胀管及膨胀杆（单位：mm）

（3）程序温控仪：升温速度为 3 ℃ /min 时，控温精度应满足 5 min 内升温（15 ± 1）℃。

（4）记录转筒：周边速度应为 1 mm/min。

2. 制备煤笔的设备

（1）成型模及其附件：内部光滑，带有漏斗和模座。

（2）量规：用以测量成型模的尺寸。

（3）成型打击器。

（4）脱模压力器及其附件。

（5）切样器。

3. 辅助用具

（1）膨胀管清洁工具：由直径约 6 mm 头部呈斧形的金属杆、铜丝网刷和布拉刷组成。铜丝网刷由 80 目的铜丝网绕在直径为 6 mm 的金属杆上，用以擦去黏附在管壁上的焦末。布拉刷由适量的纱布系在一根金属丝上构成。各清洁工具总长度应不小于 400 mm。

（2）成型模清洁工具：由试管刷和布拉刷组成。试管刷直径为 20～25 mm，布拉刷由适量的纱布系上一根长约 150 mm 的金属丝构成。

（3）涂蜡棒：尺寸与成型模相配的金属棒。

（4）托盘天平：最大称量 500 g，感量 0.5 g。

（5）酒精灯。

4. 仪器的校准和检查

（1）炉孔温度的校正。采用对比每一孔中膨胀计管内的温度与测温孔内温度的办法来进行校正。

在试验所规定的升温速度下，使热电偶在膨胀管孔内的热接点与管底上部 30 mm 处的管壁接触，然后测量测温孔与膨胀管内的温度差。根据差值对试验时读取的温度进行校正。

（2）电炉温度场的检查。在电炉的测温孔及膨胀管内各置一热电偶，以 5 ℃ /min 的升温速度加热，在 400～550 ℃时间范围内，每 5 min 记录一次两个热电偶的差值。改变膨胀管内热电偶的位置，在膨胀管底部往上 180 mm 工具总长内，至少测定 0 mm、60 mm、120 mm、180 mm 4 个点。计算各点两个热电偶差值的平均值，各点之间平均值之差应符合上述电炉的规定。

（3）成型模的检查。可用量规检查试验中所用成型模的磨损情况，同样也可用于检查新的成型模。如果将量规从被检查成型模的大口径一端插入，可以观察到：

1）有两条线时，则成型模过小，应重新加工；

2）有一条线时，成型模适合使用；

3）没有线时，则成型模已磨损，应予以替换。

（4）膨胀管检查。将已做 100 次测定后的膨胀管及膨胀杆，与一套新的膨胀管和膨胀杆所测得的 4 个煤样结果相比较。如果平均值大于 3.5（无论正负），则弃去旧膨胀管、旧膨胀杆；如果膨胀管、膨胀杆仍然适用，则以后每测定 50 次再重新检查。

四、实训过程

1. 煤笔制备

（1）用布拉刷擦净成型模，并用涂蜡棒在成型模内壁涂一薄层蜡。称取一般分析试验煤样 4 g，放在小蒸发皿中，用 0.4 mL 水润湿试样，迅速混匀，并防止有气泡产生。然后将成型模的小口径一端向下，放置在模子垫架上，并将漏斗套在大口径一端，用牛角勺将试样顺着漏斗的边拨下，直到装满成型模，将剩余的试样刮回小蒸发皿中。将打击导板水平压在漏斗上，用打击杆沿垂直方向压实试样。试验中要注意：压实过程中防止试样外溅或打击杆卡住。

（2）将整套成型模放在打击器下，先用长打击杆打击 4 下，然后加入试样再打击 4 下；依次使用长、中、短三种打击杆各打击 2 次，每次 4 下，共计 24 下。

（3）移开打击导板和漏斗，取下成型模，将出模导器套在成型模小口径的一端，接样管套在成型模大口径一端，再将出模活塞插入出模导器，然后将整套装置置于脱模压力器中，旋转手柄将煤笔推入接样管中。当推出有困难时，须将出模活塞取出擦净。当无法将煤笔推出时，须用铝丝或铜丝将成型模中煤样挖出，重新称取试样制备煤笔。试验中如果遇到脱模困难的煤，在制作煤笔时，可以适当增加水量。

（4）将装有煤笔的接样管放在切样器槽中，用打击杆将其中的煤笔轻轻推入切样器的煤笔槽中，在切样器中部插入固定片使煤笔细的一端与其靠紧，用刀片将伸出煤笔槽部分的煤笔（长度大于 60 mm 的部分）切去。煤笔长度要调整到（60 ± 0.25）mm。

（5）将制备好的煤笔细端向上从膨胀管的下端轻轻推入膨胀管中，再将膨胀杆慢慢插入膨胀管中。当试样的最大膨胀度超过 300% 时，改为半笔试验，即将 60 mm 长的煤笔从两头各切掉 15 mm，留下中间的 30 mm 进行试验。

2. 膨胀度测定

（1）根据试样挥发分 V_{daf} 大小将电炉预升至一定温度（见表 4-5）。

表 4-5　电炉预升温的温度

V_{daf}/%	预升温的温度 /℃
$V_{daf}<20$	380
$20 \leq V_{daf} \leq 26$	350
$V_{daf}>26$	300

（2）将装有煤笔的膨胀管放入电炉孔内，再将记录笔固定在膨胀杆的顶端，并使记录笔尖与转筒上的记录纸接触。调节电流使炉温在 7 min 恢复到入炉时的温度。然后以 3 ℃ /min 的速度升温。必须严格控制升温速度，满足每 5 min 温升（15 ± 1）℃的要求，每 5 min 记录一次温度。

（3）待试样开始固化（膨胀杆停止移动）后，继续加热 5 min。然后停止加热，并立即将膨胀管和膨胀杆从炉中取出，分别垂直放在架子上。

3. 膨胀管和膨胀杆清洁

（1）膨胀管清洁：卸去膨胀管底的丝堵，用头部呈斧形的金属杆除去管内的半焦，然后用铜丝网刷清管内残留的半焦粉，再用布拉刷擦净，直到内壁光滑明亮为止。当膨胀管不易擦净时，可用粗苯或其他适当的溶液装满膨胀管，浸泡数小时后再擦净。

（2）膨胀杆清洁：用细砂纸擦去黏附在膨胀杆上的焦油渣，并注意不要将其边缘的棱角磨圆，最后检查膨胀杆能否在管中自由滑动。

4. 结果表述

根据试验位移曲线判断曲线类型。被测样品的特征温度测定值修约到整数，最大收缩度和最大膨胀度的测定值修约到小数点后一位。最终结果以两次重复测定结果的算术平均值按国家标准《煤炭分析试验方法一般规定》中的规定修约到整数报出。

5. 方法的精密度

烟煤奥阿膨胀度测定方法的重复性限和再现性临界差应符合表 4-6 的规定。

表 4-6　烟煤奥阿膨胀度测定方法的重复性限和再现性临界差

参数	重复性限	再现性临界差
软化温度 T_1/℃	7	15
开始膨胀温度 T_2/℃	7	15
固化温度 T_3/℃	7	15
最大膨胀度 b/%	$5\times\left(1+\frac{\bar{b}}{100}\right)$	$5\times\left(2+\frac{\bar{b}}{100}\right)$

注：$\bar{b}$ 是两次重复测定结果的算术平均值。

五、注意事项

1. 试验前，一定要用细砂纸将膨胀管内壁及膨胀杆擦至光滑明亮并使膨胀杆能在膨胀管中自由滑动。

2. 制备煤笔时，一定要防止气泡进入。

3. 试验过程中，必须严格按步骤控制升温速度并能准确记录各试验数据。

六、思考题

1. 奥阿膨胀曲线与煤质之间有何联系？

2. 在我国的煤炭分类标准中，奥阿膨胀度有什么用途？

复习思考题

1. 名词解释：胶质层最大厚度、最终收缩度、黏结性。

2. 煤的黏结性和结焦性测定方法有哪三类？

3. 简述煤的黏结指数测定原理。

4. 简述煤的胶质层指数测定原理。

5. 简述奥阿膨胀度测定原理。

第五章

煤质检验常用仪器

学习目标

1. 熟悉煤质检验常用仪器的结构；

2. 掌握电子天平、鼓风干燥箱、马弗炉、量热仪、碳氢测定仪、硫分仪、黏结指数测定仪、胶质层测定仪的使用方法；

3. 掌握电子天平、鼓风干燥箱、马弗炉、量热仪、碳氢测定仪、硫分仪、黏结指数测定仪、胶质层测定仪的故障排除及操作注意事项。

学习引导

熟悉煤质检验常用仪器的结构，掌握其使用方法及故障排除技术，是每个从业者必备的技能。本章将深入讲解煤质检验常用仪器相关知识，以促进掌握电子天平、鼓风干燥箱、马弗炉、量热仪、碳氢测定仪、硫分仪、黏结指数测定仪、胶质层测定仪等仪器的使用方法。同时，还要学习如何在实际操作中应用这些仪器，如何准确读取数据，以及如何快速排除故障。此外，还将学习各种仪器使用过程中的注意事项，确保严格遵守安全规范，避免意外发生。

第一节　电子天平

一、电子天平的工作原理

电子天平是一种现代化的质量测量设备，集自动校准、去皮、故障追踪、数字显示及数

据导出等功能于一体。操作上，它简便快捷、称量高效、读数精准，且维护简便。

电子天平的设计基于电磁力补偿原理，并受微机精确控制。它能将被测物体的质量转化为电信号，再经过模数转换，最终以数字和符号的形式清晰显示结果。

在称量过程中，当物体被置于称量盘或从中移走时，称盘会产生垂直方向的位移，这一位移随即被位置检测器捕捉并转换为电信号。该电信号会经过PID（比例、积分、微分）控制器和放大器进行强化，并转化为与称量物体质量相关的电流信号：一部分信号被送入反馈线圈，产生电磁力来抵消物体引起的称量盘位移；另一部分则在精密电阻上转换成电压信号，再经过低通滤波器和模数转换器处理成数字信号。最终，这个数字信号会被单片机处理，并以数字形式显示出物体的质量。

二、电子天平的校准

电子天平在正式使用前，校准是不可或缺的一步。不同型号电子天平的校准方法各异，应参照各自的操作手册执行。

1. 校准前的预备步骤

（1）调整水准：确保电子天平的水准器处于最佳状态，以保证称量的准确性。

（2）电源预热：接通电源，让天平预热30 min，以达到稳定的工作状态。

（3）准备砝码：准备一套符合要求的二等标准砝码，或天平自带的100 g砝码。

2. 内校流程

（1）开机与初始显示：按下“ON”键启动天平，待显示屏出现0.000 0 g后，进行下一步。

（2）去皮与校准：按下去皮键“T”，随后按校准键“CAL”。此时，显示屏会出现“C”并伴随轻微的蜂鸣声，随后可能出现“CC”。若数秒后“CC”消失，则内校完成。

（3）异常处理：若首个“C”后出现“E”，表示操作有误或天平内部出现故障。此时，可重新按“T”键，紧接着按“CAL”键，待“CC”出现后，校准即可恢复正常。

3. 外校流程

（1）启动外校：内校结束后，持续按住“T”键数秒，直至显示屏出现校准质量（如100.000 0 g）。

（2）放置砝码：松开“T”键，将100 g标准砝码置于秤盘中央。数秒后，显示屏应出现质量单位符号“g”。

（3）异常处理：若不显示“g”，则应重新按“T”键开始，直至“g”出现。随后，取下砝码，外校完成。

4. 四角校准

（1）中心校准：内外校完成后，将100 g砝码置于秤盘中心，按“T”键去皮，待显示0.000 0 g。

（2）多点校准：将砝码分别移至秤盘的四个角（记为1点、2点、3点、4点）。在每个位置，观察显示屏的读数，确保误差不超过 ±0.4 mg。

（3）调整：若误差超出范围，则须根据天平的说明书进行调整，以确保称量的准确性。

三、电子天平的正确使用

1. 称量步骤

（1）开机前准备：确保天平处于水平位置，观察水准泡并将其调整至中心圆圈内。检查秤盘是否干净，如有杂物应及时清理。

（2）开机与自检：按下“ON”键启动天平，进行自检。当天平回零后，即可开始称量。

样品称量：样品应轻轻放置在托盘正中央，并确保天平门关闭。

固体样品：使用称量瓶（基准物采用减量法），有的可用称量纸。

液体样品：采用锥形瓶加量法或取样器减量法。

（3）称量结束：称量完成后，按“＞0/T＜”键使天平回零。

2. 试样的称取方法

（1）直接称量法

准备盛放器皿：选择适当的器皿，清洗、烘干并冷却至室温。

称量空器皿：记录器皿的质量 m_1。

加入样品：将待称样品置于准备好的器皿中。

再次称量：记录总质量 m_2，则 $m_2 - m_1$ 即样品的质量。

（2）指定质量称量法

目的：简化分析计算，需要称取指定质量的物质。

步骤：首先称出容器的质量。去皮后，装入少于指定质量的样品。使用盛有被称物的工具（如角匙）在容器上方轻轻震动，使样品少量落入容器内。持续此过程，直至天平示数达到指定质量，且在误差允许范围内。

注意：对于易氧化或易与二氧化碳反应的物质，应使用带盖的称量瓶进行称量，以防止样品变质。同时，在拿取称量瓶时，应戴洁净的细纱手套或用纸条捏取，以避免污染样品。

四、电子天平的保养与维护

1. 使用环境

电子天平应安置在平稳、坚固且远离墙壁的水泥台上，确保周围环境无震动干扰。电子天平应与门窗、暖气等热源保持适当距离，防止两臂受热不均。保持电子天平和天平台的清洁也是日常保养的重要一环。另外，还应特别注意避免强电磁场和高频信号的干扰；被称物的温度应与室温一致后再进行称量，避免称量过冷或过热的物体，以免影响称量结果。

2. 使用前检查

在使用电子天平前，务必确认其是否在有效期内，并检查天平是否处于水平状态，各部分零件是否安装正确，砝码是否归零。

3. 放置样品

被称物应置于秤盘中央，粉状或液体样品须放在合适的器皿内称量，以避免污染天平或影响称量的准确性。

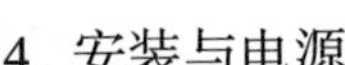

4. 安装与电源

电子天平的安装应遵循说明书的指导，应特别注意仪器电压与电源电压的匹配。条件允许时，应使用交流自动稳压器确保电源电压稳定。

5. 预热与校正

电子天平在使用前应预热一段时间，以确保其达到最佳工作状态。新装的电子天平或长时间未使用的电子天平，在使用前须用标准砝码进行校正，以确保称量准确。

6. 操作结束

称量结束后，应关闭电子天平，并将砝码放回盒内，以便下次使用。

7. 定期检查与维护

定期检查电子天平的计量性能，并按检定周期送检。对于长时间不使用的电子天平，应定期通电，防止受潮、生锈，以延长其使用寿命。

第二节　鼓风干燥箱

一、鼓风干燥箱的结构

常用的电热鼓风干燥箱的结构如图 5-1 所示。

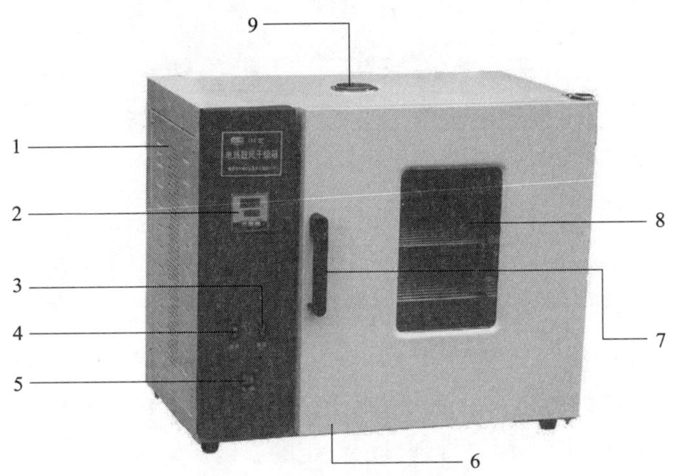

图 5-1　电热鼓风干燥箱的结构

1—电器箱；2—控温仪面板；3—鼓风开关；4—加热开关；5—电源开关；
6—门托支架；7—门把手；8—观察窗；9—换气阀

电热鼓风干燥箱采用优质冷轧钢板制作，外壳喷塑处理，工作室内设可调换气阀和保温棉隔热。控制面板集中了电源、鼓风、加热等开关及控温仪面板，便于操作。加热系统包括电加热器、鼓风机、强循环风道及控温装置，以提供稳定加热环境。

二、鼓风干燥箱的安装与调试

1. 将鼓风干燥箱安放在室内干燥、平稳的台面或工作台上，并确保其处于水平位置。在电源接入处，应安装带漏电保护功能的插座，并正确连接接地线以确保安全。

2. 将待干燥的物品妥善放入箱内，紧密关闭箱门。

3. 接通电源后，开启电源开关，此时指示灯亮起，表明设备运行正常。控温仪面板将显示工作室的当前温度。

4. 根据实际需要，通过调节控温仪面板的旋钮或拨码开关，将温度设定至所需值。同时，开启加热开关和鼓风开关，干燥箱内部将开始加热。

5. 在加热过程中，控温仪上的绿灯亮起，表示正在通电升温；红灯亮起，则表示已断电进入保温状态；当红绿灯交替闪烁时，表示干燥箱已进入恒温阶段。

6. 鼓风机开始工作，促进工作室内空气有效循环，从而进一步提高工作室内的温度均匀性。

三、控温仪面板布局和使用方法

1. 控温仪面板布局

控温仪面板布局如图 5-2 所示。

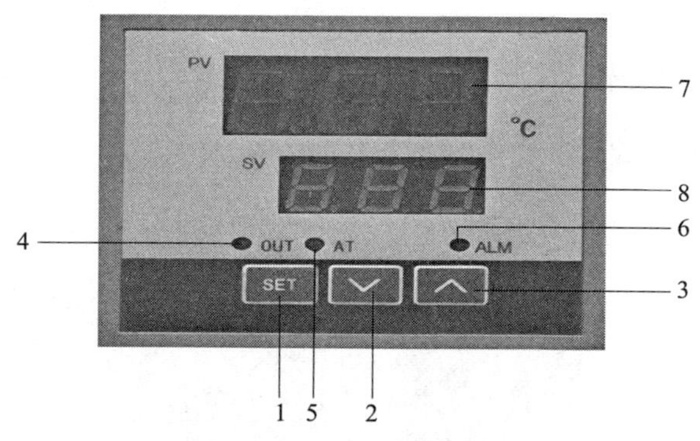

图 5-2　控温仪面板布局

1—功能键；2—减键-自整定；3—加键-通电时间；4—主控输出指示灯；
5—自整定指示灯；6—上限报警指示灯；7—测量值显示窗口；8—设定值显示窗口

2. 使用方法

（1）开启设备：接通电源后，首先开启电源开关、加热开关及鼓风开关。此时，仪表的上排将显示工作室的实际温度，而下排则显示设定的温度。

（2）设定温度：要设定所需温度，轻按“SET”键，使上排进入可编辑状态，然后通过“∧”或“∨”键调整至期望的温度，再次按下“SET”键即可保存此设定。随后，加热过程启动，“OUT”指示灯将呈现闪烁状态，表明干燥箱正在升温。当实际温度与设定温度基本相符时，干燥箱将进入恒温状态。

（3）自整定：长按“∧”键 5 s，“AT”灯开始闪烁，表示自整定过程启动。一旦整定完成，“AT”灯将熄灭，此时仪表将自动得出一组优化的 PID 参数，以有效防止超温现象出现。

（4）时间显示与定时：短按“︿”键，总通电时间将以分钟为单位显示，5 s 后自动恢复常规显示。若需设定定时功能，则长按“SET”键 10 s 进入第二菜单，此时上排显示当前设定时间（min），下排则用于设定。

注意：定时功能仅在测量温度达到设定值后才会启动。当设定时间到达时，下排显示将熄灭，输出功能随之停止。若需重新设定控制时间，要先关闭电源再重新开启。若将时间设定为 0，则控温仪将取消定时功能，保持连续输出状态。

四、使用注意事项及故障检修

1. 使用注意事项

（1）为确保安全，设备外壳必须有效接地。

（2）须将设备置于通风良好的室内，并确保室内相对湿度不超过 85%。同时，避免在设备周围放置易燃易爆及腐蚀性物品。

（3）该设备未配备防爆装置，因此干燥室内严禁放置易燃易爆物品。

（4）在干燥室内摆放物品时，应确保物品之间留有足够空间，摆放面积不超过隔板面积的 70%，以保证热量循环顺畅，使物品受热均匀。

（5）为保持设备内外清洁，长期不使用时应盖好防尘罩。同时，在电镀件上涂抹适量机油，并将其放置在干燥室内。

（6）在使用过程中，应适当开启换气阀以排出潮湿气体。若发现温度变化异常，应及时停机检查。

（7）为延长使用寿命，鼓风机应间歇工作。

（8）严禁将物品放置在炉丝盖板上，以免损坏设备或引发安全事故。

2. 故障排查与检修

（1）若打开电源后电源指示灯不亮，应检查电源线路、开关及熔丝是否断路。

（2）若打开加热开关后控温仪不显示升温（绿灯不亮）且干燥室内不升温，可能是加热器、开关或连接线路出现断路。此时，应检查并维修或更换相关部件。

（3）若控温仪显示温度远高于设定值且持续不降，或关闭电源开关后仍继续加热，可能是可控硅被击穿或控温仪出现故障，应及时更换损坏部件以确保设备正常运行。

第三节　马弗炉

一、马弗炉的结构

1. 面膜按键

面膜按键如图 5-3 所示，通过按动“慢灰”“快灰”“挥发”“黏结”等对应的键选择要执行的试验程序。当试验结束时，按动“结束”键。“开始 / 启动”键是复用键，当选择试验类别后，按动此键开始试验；当在试验中需要切换进程时，按动此键切换到下一进程（如“快灰”“挥发”“黏结”）。

2. 试验界面

试验界面如图 5-4 所示。

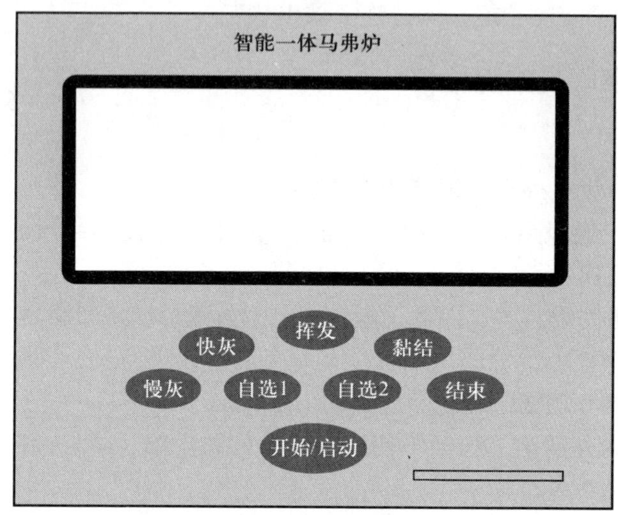

图 5-3　面膜按键

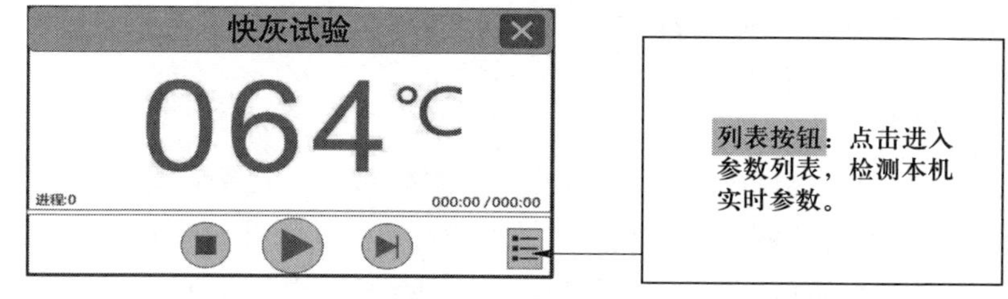

图 5-4　试验界面

二、试验操作展示

1. 慢速灰分测定试验

在主界面选择“慢灰试验”，进入相应界面。确认炉温低于 100 ℃后，打开炉门，将装有（1 ± 0.1）g 煤样的灰皿送入炉内恒温区。随后，打开烟筒，关闭炉门并安装灰分座（保持炉门约有 1.5 cm 缝隙）。

点击“开始 / 启动”按钮，试验进入第一阶段，炉温逐渐上升。当温度达到 499 ℃时，自动转入第二阶段，在 500 ℃下恒温 30 min。时间结束后，进入第三阶段，炉温继续升至 815 ℃。达到该温度后，进入第四阶段，在 815 ℃下恒温 1 h。试验完成后，蜂鸣器会发出提示音，点击“结束”按钮终止试验。最后，打开炉门，平稳取出试样。

2. 快速灰分测定试验

在主界面选择“快灰试验”，进入相应界面。打开烟筒，点击“开始”按钮。试验开始后，炉温逐渐上升。当温度达到 850 ℃时，蜂鸣器响起，提示准备放入煤样（点击温度显示处消音），同时按钮会红绿交替闪烁。此时，迅速打开炉门，将装有（1 ± 0.1）g 煤样的灰皿缓缓推入马弗炉中。待煤样不再冒烟后，以不超过 2 mm/min 的速度将剩余灰皿按顺序推入炉内恒温区。送入试样后，关上炉门并留有约 15 mm 的缝隙。点击“继续”按钮，炉温将恢复至 815 ℃，并在此温度下恒温 40 min。试验结束后，蜂鸣器提示，点击“结束”按钮，取出试样。

3. 挥发分测定试验

（1）挥发分调节

挥发分调节的作用是：挥发分测定试验 3 min 恢复温度不符合要求时，可调节界面内部参数完成要求。挥发分调节界面如图 5-5 所示。

1）最大触发开度：当 3 min 恢复温度低于试验要求时，表明当前加热功率不足，此时可适当增大触发开度值，以增加热量输入，加速温度恢复至预定范围。

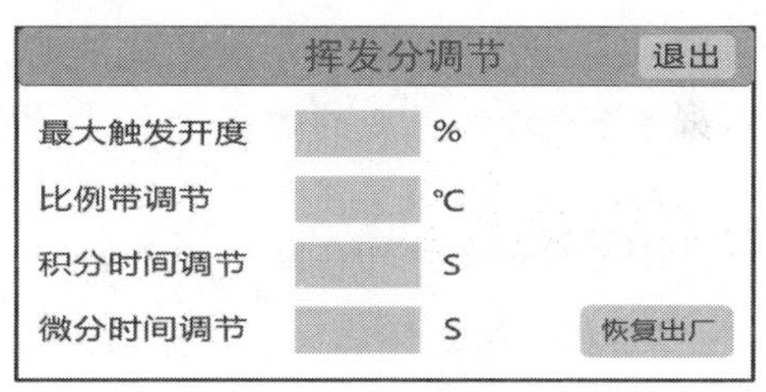

图 5-5　挥发分调节界面

相反，若恢复温度高于试验要求，则意味着加热功率过大，此时应适当减小触发开度值，减少热量供应，防止温度继续上升，确保试验条件稳定。

2）比例带调节：比例带是控制系统对温度偏差响应灵敏度的关键参数。当 3 min 恢复温度低于要求时，适当减小比例带值可增强系统对温度偏差的敏感度，促使温度更迅速地回归至目标范围。

若恢复温度过高，则适当增大比例带值，降低系统对温度变化的响应强度，避免过度校正导致的温度波动，确保试验条件的稳定性和准确性。

3）积分时间调节（通常保持默认）：积分时间主要用于调节系统对温度偏差的累积效应。在挥发分测定试验中，由于温度控制的精确性和响应速度至关重要，积分时间的调整通常不是首要考虑因素，因此一般保持默认设置即可。

4）微分时间调节（通常保持默认）：微分时间用于预测温度变化趋势并提前进行校正。在挥发分测定试验的常规操作中，微分时间的调节同样不是必需的，因为系统已经预设合适的微分控制参数，以确保温度控制的稳定性和准确性。

（2）挥发分测定

在主界面选择“挥发分测定”，进入相应界面。关闭烟筒和炉门，点击“开始”按钮。炉温逐渐上升，当达到 910 ℃时，蜂鸣器响起，提示准备放入试样（点击温度显示处消音），同时按钮红绿交替闪烁。此时，迅速打开炉门，将试样送入炉内恒温区，并立即关闭炉门。点击“继续”按钮，试样开始 7 min 定时加热。在 3 min 内，炉温须恢复至（900 ± 10）℃，并在此温度下恒温至试验结束。试验完成后，蜂鸣器提示，打开炉门取出试样，并点击“结束”

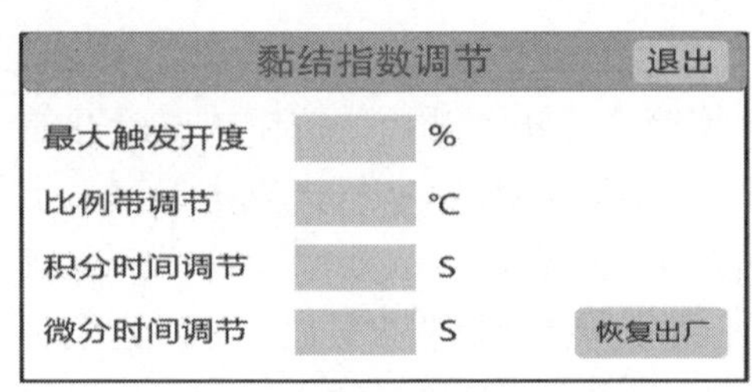

图 5-6　黏结指数调节界面

按钮。

4. 黏结指数测定试验

（1）黏结指数调节

在黏结指数测定试验中，若 6 min 恢复温度未能满足既定标准，可通过调节特定界面内的参数来实现合规性。黏结指数调节界面如图 5-6 所示。

1）最大触发开度：当 6 min 恢复温度低于预期值时，意味着需要增加热量输入以加速升温，此时可适当增大触发开度值，以促进系统更快地达到所需温度。

相反，若 6 min 恢复温度高于预期，则表明热量输入过多，此时应适当减小触发开度值，以减少热量供应，使温度回归至目标范围。

2）比例带调节：比例带是控制系统对温度偏差响应的灵敏度指标。当 6 min 恢复温度低于要求时，表明系统对温度变化的响应不够迅速或力度不足，此时可适当减小比例带值，以增强系统对温度偏差的敏感度，促使温度更快达到标准。

反之，若恢复温度过高，则意味着系统响应过于敏感，此时应适当增大比例带值，以降低系统对温度微小变化的反应强度，避免超调现象。

3）积分时间调节：通常无须调整。

4）微分时间调节：通常无须调整。

（2）黏结指数测定

在主界面选择“黏结指数测定”，进入相应界面。关闭烟筒和炉门，点击“开始”按钮。炉温逐渐上升，当达到 860 ℃时，蜂鸣器响起，提示准备放入试样（点击温度显示处消音），同时按钮红绿交替闪烁。此时，迅速打开炉门，将试样送入炉内恒温区，并立即关闭炉门。点击“继续”按钮，试样开始 15 min 定时加热。在 6 min 内，炉温须恢复至（850 ± 10）℃，并在此温度下恒温至试验结束。试验完成后，蜂鸣器提示，打开炉门取出试样，并点击“结束”按钮。

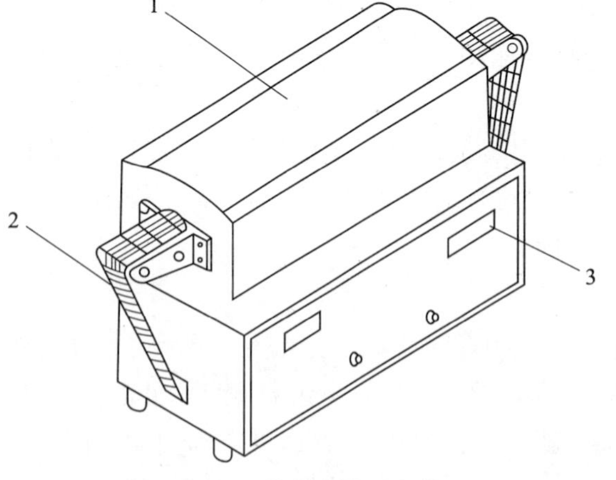

图 5-7　快速灰分测定仪

1—管式电炉；2—传送带；3—控制仪

三、快速灰分测定仪

快速灰分测定仪由管式电炉、传送带和控制仪三部分组成，如图 5-7 所示。

1. 管式电炉

管式电炉又称马蹄形管式电炉，炉膛长约 700 mm，底宽约 75 mm，高约 45 mm，两端敞口，轴向倾斜度为 5° 左右。其恒温带要求：（815 ± 10）℃部分长约 140 mm，750～825 ℃部分长约 270 mm，出口端温度不高于 100 ℃。

2. 传送带

链式自动传送装置简称传送带，用耐高温金属制成，传送速度可调，在 1 000 ℃下不变形、不掉皮。

3. 控制仪

控制仪主要包括温度控制装置和传送带传送速度控制装置。温度控制装置能将炉温自动控制在（815 ± 10）℃，传送带传送速度控制装置能将传送速度控制在 15～50 mm/min。

4. 性能特点

快速灰分测定仪具有如下性能特点：

（1）高温炉能加热至（815 ± 10）℃并具有足够长的恒温带；

（2）炉内有足够的空气供煤样燃烧；

（3）煤样在炉内有足够长的停留时间，以保证灰化完全；

（4）能避免或最大限度地减少煤中硫氧化生成的硫氧化物与碳酸盐分解生成的氧化钙接触。

第四节　量热仪

一、量热仪的安装与测试

以下以微机自动量热仪为例进行讲解。

1. 系统结构

图 5-8 所示为自动量热仪的正面结构示意图，图 5-9 所示为背面结构示意图。

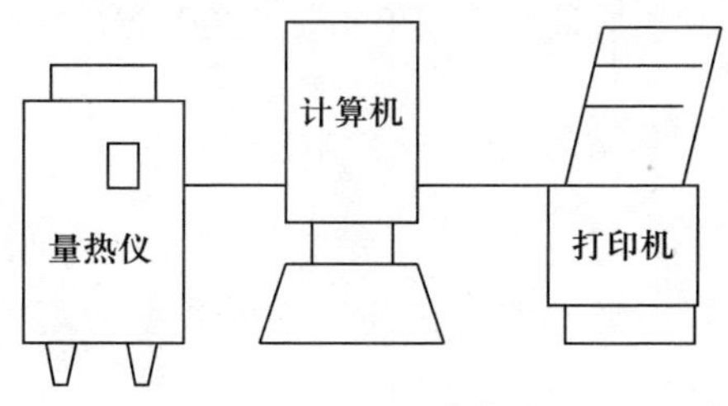

图 5-8　正面结构示意图

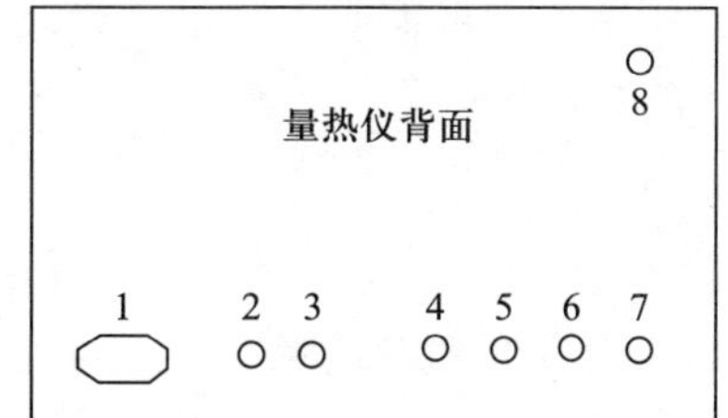

图 5-9　背面结构示意图

1—电源插口；2—计算机控制线；3—制冷控制线；4—放水口；5—排污口；6—小桶排水；7—注水；8—回水口

传统的恒温式量热仪的结构如图 5-10 所示。

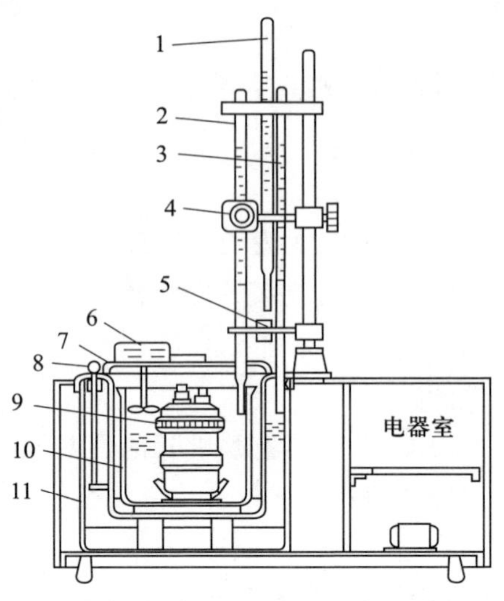

图 5-10　恒温式量热仪的结构

1—室温温度计；2—内筒温度计；3—外筒温度计；4—放大镜；5—振荡器；6—内搅拌器；7—盖；8—外搅拌器；9—氧弹；10—内筒；11—外筒

（1）氧弹

氧弹由耐热、耐腐蚀的镍铬或镍铬钼合金钢打造，须满足的关键性能包括：耐热、耐腐蚀，避免燃烧过程中产生热效应；承受充氧压力及燃烧瞬时高压；保持完全气密性。

氧弹弹筒容积为 250～350 mL，弹头上应装有供充氧和排气的阀门以及点火电源的接线电极。新氧弹及新换部件需经 20.0 MPa 水压试验验证无误后方可使用，日常须检查与强度相关的结构，如螺纹、阀门、电极连接处等，磨损或松动时须修理并再次进行水压试验。氧弹应定期进行水压试验，每次试验后使用期限不超过 2 年。使用多个相同设计的氧弹时，每个氧弹须作为独立单元，不可交换部件使用，以防事故发生。

（2）内筒

内筒采用紫铜、黄铜或不锈钢材料制成，内装水量通常为 2 000～3 000 mL，以能浸没氧弹（进出气阀和电极除外）为准。

（3）外筒

外筒为双壁金属容器，外壁呈圆形，内壁依内筒形状而定，完全包围内筒并保持 10～12 mm 间距，底部设绝缘支架。自动控温装置能够确保点火前后内筒温度稳定（5 min 内温度变化不超过 0.000 5 K/min），且内外筒间热交换量不超过 20 J。

（4）搅拌器

搅拌器采用螺旋桨式或其他形式，转速恒定在 400～600 r/min。

（5）量热温度计

可使用玻璃水银温度计或数字显示温度计作为量热温度计。现代自动量热仪采用数字温度计，配备铂电阻、热敏电阻等传感器和电子设备，计算机自动记录温度、处理数据，并打印出发热量的测定结果。

2. 调试

首次启用自动量热仪时，需要向外筒注入蒸馏水，水位应达到外筒最高处下方30～40 mm处，或直至溢流口有水流出。

接着，启动计算机并进入量热仪程序。在“工具”选项中，进行以下操作：

（1）通过鼠标点击“搅拌检测”及“点火检测”，确认搅拌与点火功能是否正常（正常时能听到继电器的吸合声）。

（2）检查“点火时间”及“注水时间”设置。点火时间通常设为3～5 s；注水时间则应根据试验需求调整，初始可设为30 s，保存设置后退出。随后打开量热仪上盖，清理内筒，并将氧弹置于量热筒内。观察注水停止后，水面是否恰好完全覆盖氧弹。若水面过高或过低，应重新调整注水时间，并重复试验，直至水面恰好覆盖氧弹为止。

3. 工作原理

煤的发热量通过氧弹热量计进行测定。在测定过程中，一定量的煤样在充有过量氧气的氧弹内燃烧。为了确定氧弹热量计的热容量，通常在相似条件下燃烧一定量的基准物质（苯甲酸）。通过测量煤样点燃前后量热系统产生的温升，并对点火热等附加热进行校正，可以计算出煤样的弹筒发热量。弹筒发热量反映了煤样在氧弹内完全燃烧所释放的热量。

为了得到煤样的高位发热量，需要从弹筒发热量中扣除硝酸形成热和硫酸校正热（硫酸与二氧化硫形成热之差）。高位发热量表示煤样燃烧后产生的热量，不包括水的汽化热。

为了求得煤样的低位发热量，还需要对煤中水分（包括煤中原有的水和氢燃烧生成的水）的汽化热进行校正。低位发热量更贴近煤在实际应用中的能量利用价值，因为它扣除了水分汽化所消耗的热量。

4. 系统安装

（1）硬件组装

将仪器的各个组件按照预设位置妥善摆放。参照安装说明书，准确无误地连接系统的各个部件。仔细检查所有连接线路，确保无误后，方可接通电源，准备进行软件安装。

（2）软件安装

通常情况下，系统软件在出厂前已预装完成，无须额外安装。若需要重新安装，应遵循以下步骤：启动计算机，进入Windows操作系统；将随设备附带的光盘插入计算机的光驱中，在“我的电脑”中找到并双击“光驱”图标，定位到“SETUP”文件并执行，以启动微机自动量热仪的安装向导；遵循安装向导的指示，逐步完成系统软件的安装过程。安装完成后，再安装软件锁（加密密匙）的驱动程序。

5. 系统启动流程

接通电源，启动计算机，进入Windows操作系统。在桌面或开始菜单中，点击“开始”按钮。接着，选择“程序”或“所有程序”。

在程序列表中，找到并点击“微机量热仪”文件夹，然后选择“量热仪”系统，如图5-11所示。

为快速启动，可直接双击桌面上的量热仪快捷图标。

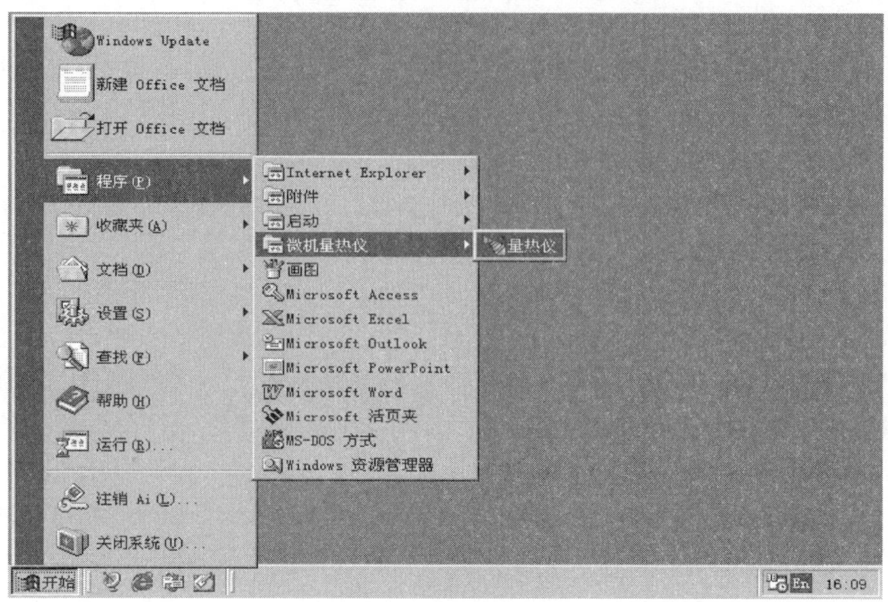

图 5-11　系统启动流程

进入微机自动量热仪界面，如图 5-12 所示。

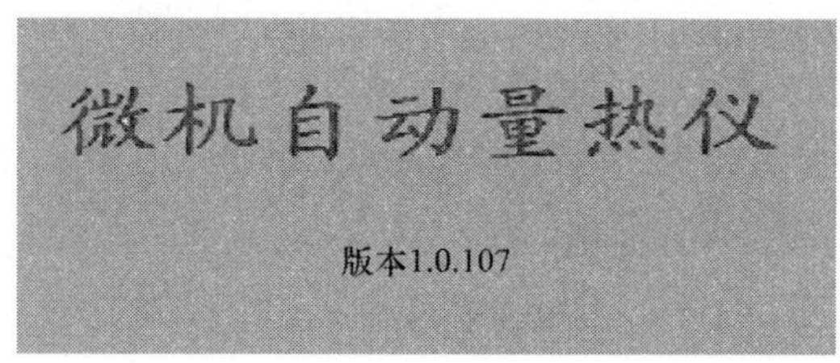

图 5-12　微机自动量热仪界面

鼠标单击界面上任意空白处进入量热仪测量系统。

6. 系统测试

（1）进入系统界面后，首要任务是检查即时温度显示是否处于正常范围。若发现异常，应立即核查温度计的连接状态，确保其正确无误地接入系统。

（2）用鼠标点击界面上的“工具”选项。在弹出的子菜单中，分别点击“点火检测”与“搅拌检测”按钮。此时，要仔细观察系统的点火操作与搅拌动作是否均按预期进行，确保两者均处于正常工作状态。

（3）系统测试各按钮的功能如下：

“开始”按钮：激活此按钮后，系统将启动发热量（或能量等价物）的测试流程。其间，其他功能按钮将暂时失效，如图 5-13 所示。

“停止”按钮：按下此按钮，系统将立即中断当前正在进行的测试。

“读盘”按钮：点击此按钮，屏幕上将弹出测量文件选择器，用户可以选择并查看所有已保存的测量结果。

“存盘”按钮：激活此按钮，屏幕上将显示“存盘”操作菜单，用户可以将当前的测试结果保存到计算机中。在能量等价物测试模式下，系统将自动保存屏幕上显示的所有测试结果。

“打印”按钮：按下此按钮，用户可以将测试结果打印出来。

“模式”按钮：在发热量测试界面，点击此按钮可以切换到能量等价物测试界面；在能量等价物测试界面，点击此按钮则可以切换回发热量测试界面。

“工具”按钮：点击此按钮后，系统将展开“工具”菜单，如图 5-14 所示。通过选择“点火检测”和“搅拌检测”，用户可以手动控制点火和搅拌功能的开关。完成设置后，点击“保存”按钮自动保存系统参数，随后点击“退出”按钮关闭工具栏。

“清除当前数据”按钮：点击此按钮，系统将删除蓝色光标所在位置的测试结果，如图 5-15 所示。

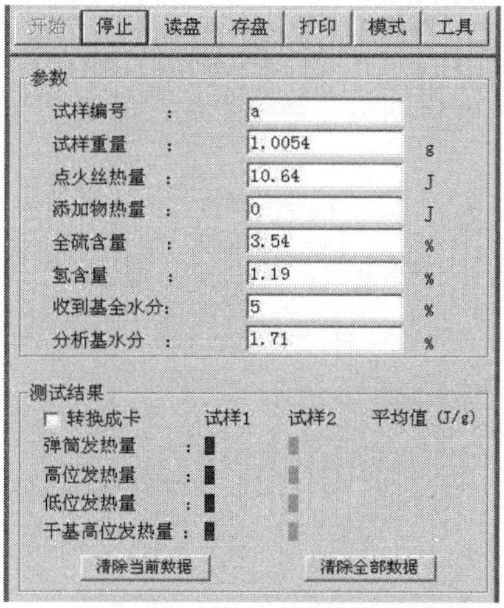

图 5-13　系统启动发热量测试流程

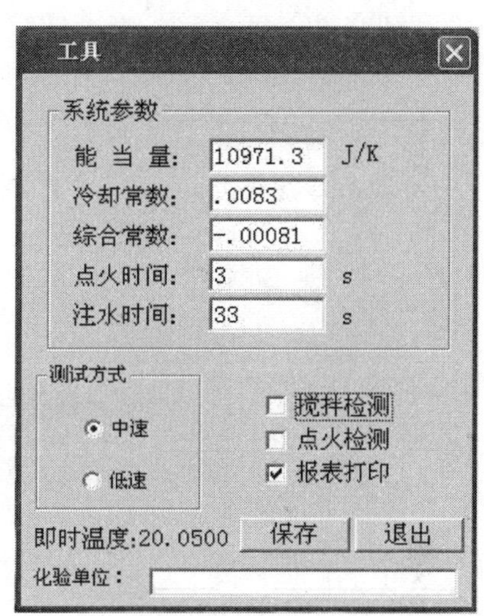

图 5-14　工具

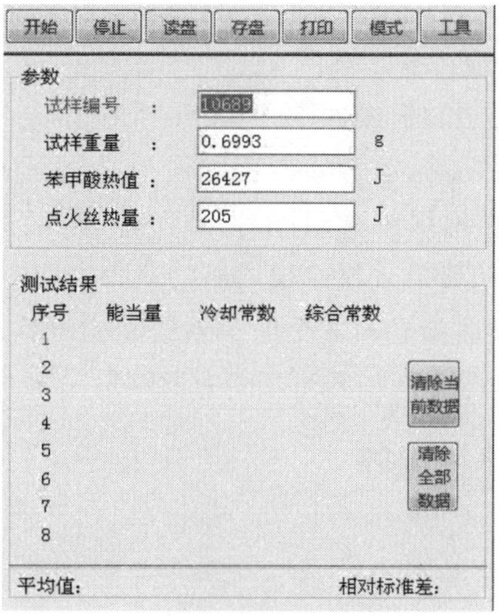

图 5-15　“清除当前数据”按钮界面

“清除全部数据”按钮：激活此按钮，系统将删除所有已保存的测试结果。

7. 发热量测试流程

（1）测试准备

首先，在燃烧皿中精确称取粒度小于 0.2 mm 的分析试样（1 ± 0.1）g（精确到 0.000 2 g）。对于易飞溅的试样，应使用已知质量的擦镜纸包紧后再进行测试，或者通过压饼机压制成饼状并切割成 2～4 mm 小块使用。对于不易完全燃烧的试样，可在燃烧皿底部垫上石棉垫或使用石棉绒作为衬垫（先在皿底均匀铺上一层石棉绒并压实）。石英燃烧皿则无须垫衬垫。若加衬垫后试样仍燃烧不完全，可提高充氧压力至 3.2 MPa，或使用已知质量和热值的擦镜纸包裹试样并用手压紧后放入燃烧皿。

（2）点火丝与氧弹准备

取一段已知质量的点火丝，将其两端分别连接在电极柱上，确保与试样保持良好接触或保持微小距离（特别是针对易飞溅和易燃的煤样）。同时，避免点火丝接触燃烧皿，以防短路导致点火失败或燃烧皿损坏。此外，还需防止两电极间以及燃烧皿与另一电极间的短路。向氧弹中加入 10 mL 蒸馏水，旋紧氧弹盖，注意避免因振动改变燃烧皿和点火丝的位置。随后，使用自动充氧仪向氧弹中缓慢充入氧气，直至压力达到 2.8～3.0 MPa，充氧时间不少于 15 s。若充氧压力不慎超过 3.0 MPa，应停止试验，释放氧气并重新充氧至 3.0 MPa 以下。当氧气瓶压力降至 5.0 MPa 以下时，应适当延长充氧时间；降至 4.0 MPa 以下时，应更换新氧气瓶。

（3）测试执行

将氧弹放入内筒中，盖好仪器上盖。在计算机屏幕上用鼠标左键单击“开始”按钮，系统即开始测试。测试结束后，软件将自动计算结果并显示在屏幕上。

（4）参数输入与结果计算

在测试过程中或测试后，输入测试所需的各项参数。改变参数后，系统将根据新参数自动重新计算结果。

（5）能当量测试（标定）流程

苯甲酸须预先在盛有浓硫酸的干燥器中干燥 3 d 或在 60～70 ℃的烘箱中干燥 3～4 h，冷却后压制成饼状。能当量测试（标定）的流程与发热量测试相似，但要在开始测试后输入数据。简要步骤为：在不锈钢坩埚中称取一片苯甲酸；加装棉线进行点火；向氧弹桶注入 10 mL 蒸馏水；充氧 30 s；将氧弹放入量热仪内筒的三角支架上；盖上盖子并点击“开始”按钮连续标定 5 次。当测试试样数量超过 5 个时，系统将自动判断这些结果是否符合国家标准要求。若符合要求，则给出最终结果并自动存储为发热量参数。

二、常见故障处理与维护保养

1. 常见故障及其原因分析

（1）搅拌器无法正常运转

搅拌器无法正常运转的原因，可能包括搅拌轴被异物卡住、电路连接不畅、搅拌初期时

间过长导致桨叶与氧弹或量热筒壁发生碰撞、桨叶固定螺帽松动、桨叶安装角度不正确（通常为 45° 左右）或搅拌方向错误（应向下推动水流）等。

（2）氧弹密封性问题

若氧弹出现漏气现象，很可能是由于橡胶密封圈因长时间使用而老化或磨损。

（3）点火失败情况

点火失败可能由电路连接问题、试样过于潮湿、充氧速度过快，导致试样溅出、点火丝与试样接触不良、两电极与坩埚之间发生短路（这可能导致坩埚和电极损坏）、点火电流过小或点火时间过短等。

（4）试样燃烧不充分

试样不易燃烧或氧气供应不足都可能导致燃烧不充分。

2. 日常维护保养与检查要点

为确保微机自动量热仪始终处于良好工作状态并延长其使用寿命，每天试验结束后应进行以下检查和维护保养工作。其中，氧弹维护保养如下：

每次试验后，应对氧弹进行彻底清洗和干燥。氧弹的拧动应仅限于手动操作，当手感阻力增大时应立即停止，不能使用工具强行拧动；弹帽和阀座使用后应冲洗干净并晾干；弹杯应冲洗干净，并检查螺纹部分及弹杯上部有无机械损伤，注意避免倒置弹杯。定期检查密封圈是否磨损或燃烧时是否受损，如有漏气现象，应及时更换新密封圈。绝缘垫和绝缘套的完好性应定期检查，如有破损应及时更换，并定期进行绝缘性能测试。氧弹应定期进行 20.0 MPa 的水压试验，每次水压试验后，其使用期限不得超过 2 年。

第五节　碳氢测定仪

一、碳氢测定仪的组成

1. 控制操作系统

该仪器的控制操作系统即为准主机，其核心功能分为 4 个模块：①负责 $Pt-P_2O_5$ 电解池的涂膜处理、空白校正及测定流程控制；②实时显示氢积分数据；③监控并展示温度控制状态；④呈现氢电解电流的电解曲线动态。

2. 炉体结构与温控

炉体结构包含燃烧炉与转化炉两部分，分别精准调控在（850 ± 10）℃与（300 ± 10）℃的恒温状态。炉膛内置石英管，样品在燃烧管内经历燃烧过程，并通过内置的高锰酸银催化剂转化燃烧产物，其中硫、氯等元素被吸收，碳转化为二氧化碳，氢则转化为水。

3. 净化系统与流量监控

净化系统集成了 3 支干燥管，分别填充变色硅胶、固体氢氧化钠及无水高氯酸镁，旨在有效净化二氧化碳及水分，从而获取纯净氧气。系统还配备了流量计，用于直观监测氧气流量。该流量可通过氧气瓶口的吸入器进行灵活调节。

4. 吸收系统配置

吸收系统由吸氮管、吸水管及二氧化碳吸收管（简称吸收管）等部件构成，其主要功能在于排除氮气，以及吸收水分和二氧化碳，确保分析环境的纯净度。

5. 电解池功能

$Pt-P_2O_5$ 电解池内层涂覆有 P_2O_5 薄膜，该设计旨在捕获样品燃烧过程中产生的水分，进而实现氢元素的精确测定。

6. 冷却机制

为确保电解过程的稳定进行，冷却系统为电解池提供必要的循环冷却水，有效管理电解过程中的温度变化。

二、仪器安装与运行环境要求

1. 环境条件

（1）环境温度：0～40 ℃。

（2）相对湿度限制：不超过 80%。

（3）供电规格：电压（220 ± 22）V，频率（50 ± 0.5）Hz。

（4）场所要求：无显著振动源，远离强电磁场，室内无腐蚀性气体。

（5）工作台尺寸：宽约 0.6 m，长约 2.5 m。

2. 使用前准备

（1）清洗与装配

1）清洗石英燃烧管、3 支干燥管（内含变色硅胶、固体氢氧化钠、无水高氯酸镁）、吸收管、流量计、燃烧舟、U 形管及电解池等部件并烘干。

2）按说明书连接仪器气路，使用聚氟乙烯软管串联净化管及流量计。

注意：除氧气钢瓶至石英净化管入口使用乳胶管外，其余连接均采用聚氟乙烯软管或硅胶管。

（2）石英燃烧管装配

在燃烧管内装入高锰酸银热解产物，距出口约 100 mm。将燃烧管伸入燃烧炉和转化炉内，连接电解池进气口与燃烧管出气口，流量计出口与燃烧管进气口相连，进样口用带推棒的橡胶塞密封。

（3）带推棒的橡胶塞

橡胶塞上打孔，插入玻璃管，一端装橡胶帽，供镍铬丝推棒穿过。确保橡胶塞紧密塞于燃烧管口，以防漏气影响测定准确性。

（4）$Pt-P_2O_5$ 电解池及散热套

电解池由玻璃管内置两根铂丝构成，外部加散热套，有进出水口。使用厚壁硅胶管连接燃烧管与电解池，确保气密性。

（5）U 形管

U 形管带支架和磨口塞，内装吸收剂碱石棉和无水高氯酸镁。

3. $Pt-P_2O_5$ 电解池处理流程

（1）清洗

用自来水冲洗电解池，用软毛刷蘸洗涤剂沿螺纹方向旋转清洗，注意避免触及引出线。反复冲洗后，检查铂丝是否光亮无斑点，必要时重刷至光亮。用蒸馏水冲洗，再用丙酮或无水乙醇脱水，吹干后测量两极间电阻（应接近无穷大）。

（2）涂膜

将电解池的粗端倾斜放置，利用碳氢测定仪专用的 $Pt-P_2O_5$ 电解池涂膜液，分 3 个阶段向电解池内部倾注：第一阶段，倾注应覆盖池体约 1/3 区域；第二阶段，涂覆至池体后端两铂极的 2/3 位置；第三阶段，涂至距离电极抽头 10 mm 处。每次倾注后，应轻轻旋转电解池，确保铂丝充分浸润涂膜液，并使用电吹风的冷风模式加速丙酮挥发，直至无明显气味。

（3）电解池装配

准备一段长度为 1～2 cm 的粗硅胶管，将其套接在电解池粗端的一半位置。操作时，右手紧握石英燃烧管的进样端，左手则将电解池上剩余的粗硅胶管套接在石英管的出口端，确保两者口对口紧密连接。随后，将电解池安装到位，紧固夹子螺钉，并固定石英管进样口处的螺钉。同时，连接好电解池两端的引出线，使用白色硅胶管将电解池的细端与二氧化锰 U 形管相连。

在装配过程中，须特别注意电解池细端应略微向上倾斜（约 50° 角），并确保冷却水从冷却水套的下方进水口流入，从上方出水口流出。

（4）P_2O_5 膜的生成过程

向系统中通入氧气，流速设定为 80 mL/min。随后，开启电源，并启动冷却水系统。按照操作顺序，先按下“启动”键，再按下“涂膜”键。此时电解过程应正常进行，电解极性指示灯（+、-）将每 3 min 自动翻转一次，直至电解过程结束，P_2O_5 膜即自动形成完毕。

三、测定准备及操作步骤

1. 准备试剂及材料

（1）变色硅胶：工业品。

（2）氢氧化钠：块状或颗粒状，化学纯。

（3）无水高氯酸镁：二级，粒度为 1～3 mm，化学纯。

（4）碱石棉：二级或三级，或粒度为 2～3 mm 的碱石灰。

（5）高锰酸银热解产物：用化学纯高锰酸钾和化学纯硝酸银制备。

（6）粒状二氧化锰：化学纯，制成粒度 2～3 mm 备用。

（7）三氧化钨：化学纯，粉状。

（8）硫酸：化学纯，相对密度为 1.84。

（9）Pt－P_2O_5 电解池涂膜液：磷酸（分析纯）和丙酮（分析纯）配制。

2. 配制方法

（1）高锰酸银热解产物的配制方法：称取 100 g 高锰酸钾溶于蒸馏水中，另取 107.5 g 硝酸银先溶于约 50 mL 蒸馏水中，不断搅拌，倾入沸腾的高锰酸钾溶液中搅拌均匀，逐渐放冷，静置过夜则生成有光亮的晶体。用真空泵抽滤，再用蒸馏水洗涤数次，在 60～80 ℃下干燥 4 h。每次取少量晶体放在器皿中，在酒精灯上缓缓加热至热分解，得疏松银灰色残渣，收集在磨口瓶内备用。

注：未分解的高锰酸银不宜大量储存，以免受热分解，不安全。

（2）电解池涂膜液的配制方法：分别量取 3 mL 磷酸和 7 mL 丙酮，倒入 10 mL 量筒中，充分摇匀即可。

3. 碳氢分析仪操作步骤

分析样品时应注意避免各方面的人为污染，如手汗、器皿污染等。特别是南方雨季较多，空气潮湿，备用的器皿、煤样等要及时放置在干燥容器内，以减少不必要的分析误差。具体操作步骤如下：

（1）打开氧气钢瓶，调节氧气流量使氧气流速保持在 80～120 mL/min。

（2）开启主机电源，通冷却水。打开计算机，在桌面上双击图标进入仪器操作系统界面，如图 5－16 所示。

（3）进入硬件调试界面（如图 5－17 所示），对硬件条件“电解电压”（10 V/24 V）、“极性控制”（正 / 负）、“电解终点”（打开 / 闭合）和“电解池涂膜”（开始 / 结束）进行修改，预处理电解池。修改完毕后，点击“退出”键。

如果要进行碳吸收管恒重时，可点击“恒重计时”键。

图 5－16　仪器操作系统界面

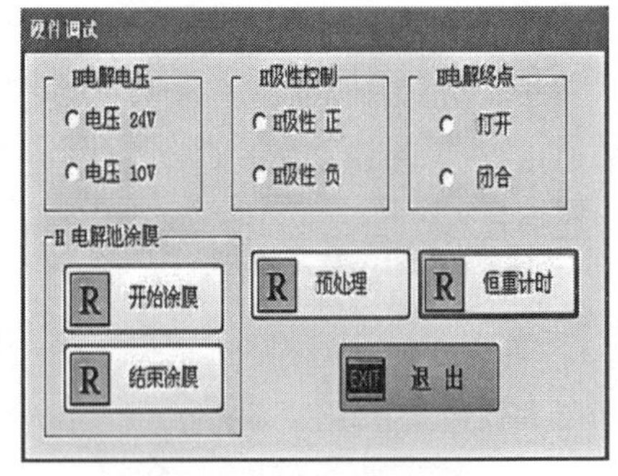

图 5－17　硬件调试界面

（4）进入系统设置界面，如图 5－18 所示。

在系统设置界面，可以对系统条件进行修改：

要进行参数设置时，应选中“设置”框，可对碳氢的各项参数进行设置调整，如对“校正系数”进行修正、对“终点电流”进行设置、对“空白值”进行设置、对“空白值测试时间”进行设置等。

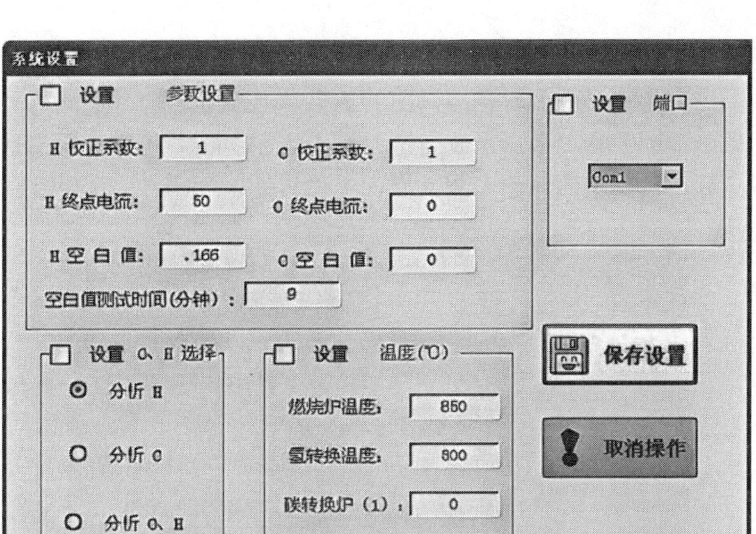

图 5-18 系统设置界面

要进行碳氢测定转换并设置时，选中“设置”框后对参数进行设置调整。

要对各段炉温的设置进行调整时，选中“设置”框后对各段炉温的设置进行调整。

修改完毕后点击“保存设置”键退出，否则点击“取消操作”键退出。

（5）进入数据处理界面，如图 5-19 所示。

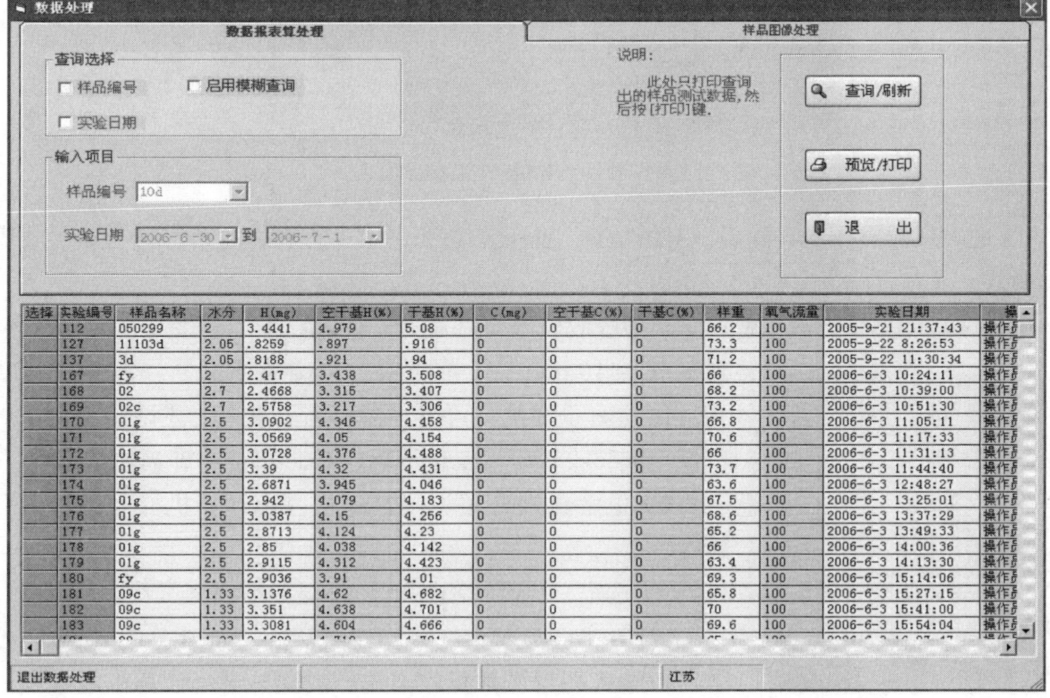

选择	实验编号	样品名称	水分	H(mg)	空干基H(%)	干基H(%)	C(mg)	空干基C(%)	干基C(%)	样重	氧气流量	实验日期	操
	112	050299	2	3.4441	4.979	5.08	0	0	0	66.2	100	2005-9-21 21:37:43	操作
	127	11103d	2.05	.8259	.897	.916	0	0	0	73.3	100	2005-9-22 8:26:53	操作
	137	3d	2.05	.8188	.921	.94	0	0	0	71.2	100	2005-9-22 11:30:34	操作
	167	fy	2	2.417	3.438	3.508	0	0	0	66	100	2006-6-3 10:24:11	操作
	168	02	2.7	2.4668	3.315	3.407	0	0	0	68.2	100	2006-6-3 10:39:00	操作
	169	02c	2.7	2.5758	3.217	3.306	0	0	0	73.2	100	2006-6-3 10:51:30	操作
	170	01g	2.5	3.0902	4.346	4.458	0	0	0	66.8	100	2006-6-3 11:05:11	操作
	171	01g	2.5	3.0569	4.05	4.154	0	0	0	70.6	100	2006-6-3 11:17:33	操作
	172	01g	2.5	3.0728	4.376	4.488	0	0	0	66	100	2006-6-3 11:31:13	操作
	173	01g	2.5	3.39	4.32	4.431	0	0	0	73.7	100	2006-6-3 11:44:40	操作
	174	01g	2.5	2.6871	3.945	4.046	0	0	0	63.6	100	2006-6-3 12:48:27	操作
	175	01g	2.5	2.942	4.079	4.183	0	0	0	67.5	100	2006-6-3 13:25:01	操作
	176	01g	2.5	3.0387	4.15	4.256	0	0	0	68.6	100	2006-6-3 13:37:29	操作
	177	01g	2.5	2.8713	4.124	4.23	0	0	0	65.2	100	2006-6-3 13:49:33	操作
	178	01g	2.5	2.85	4.038	4.142	0	0	0	66	100	2006-6-3 14:00:36	操作
	179	01g	2.5	2.9115	4.312	4.423	0	0	0	63.4	100	2006-6-3 14:13:30	操作
	180	fy	2.5	2.9036	3.91	4.01	0	0	0	69.3	100	2006-6-3 15:14:06	操作
	181	09c	1.33	3.1376	4.62	4.682	0	0	0	65.8	100	2006-6-3 15:27:15	操作
	182	09c	1.33	3.351	4.638	4.701	0	0	0	70	100	2006-6-3 15:41:00	操作
	183	09c	1.33	3.3081	4.604	4.666	0	0	0	69.6	100	2006-6-3 15:54:04	操作

图 5-19 数据处理界面

在数据处理界面，可以根据试验日期、样品编号等对数据进行刷新、调用、打印，对作废的样品数据可以进行删除，还可以调出以前的数据及其生成的曲线。

（6）点击“系统帮助”和“退出系统”键，可进入系统帮助界面和退出系统界面。

（7）进入样品分析测试工作界面和测试操作工作界面，如图 5-20 和图 5-21 所示。

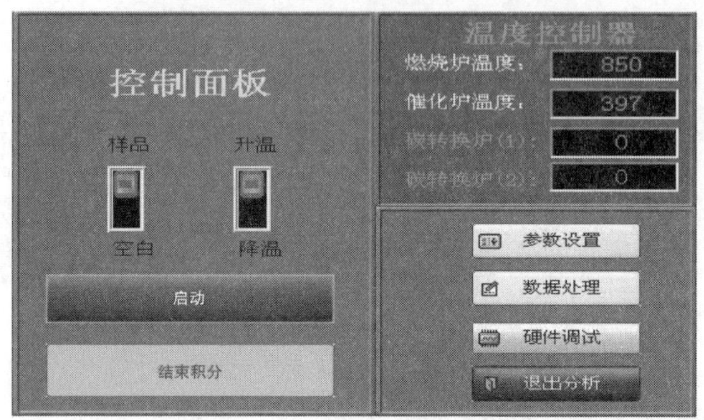

图 5-20　样品分析测试工作界面

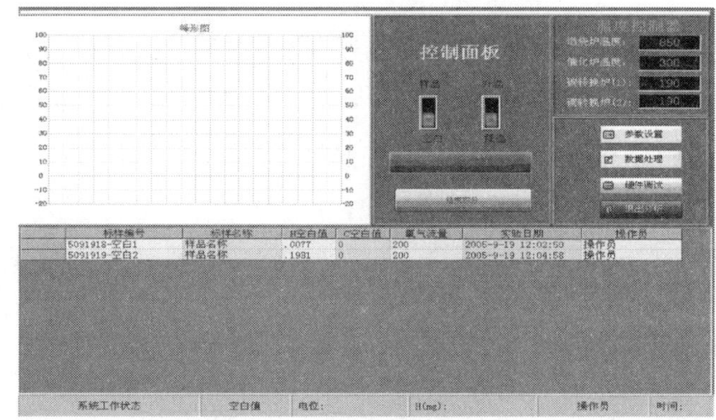

图 5-21　测试操作工作界面

1）进入仪器操作主界面后，对燃烧炉、催化炉进行升温。同时，也可以进行碳吸收管恒重试验。

恒重试验的具体方法：将二氧化碳吸收管磨口塞旋开，使其与系统连接，并接上气泡计，通氧气约 10 min 后，取下吸收管，关闭活塞。在天平旁放置 10 min 左右，称量，再与仪器相连。重复上述试验步骤，直到二氧化碳吸收管质量变化不超过 0.000 5 g 时即为恒重。

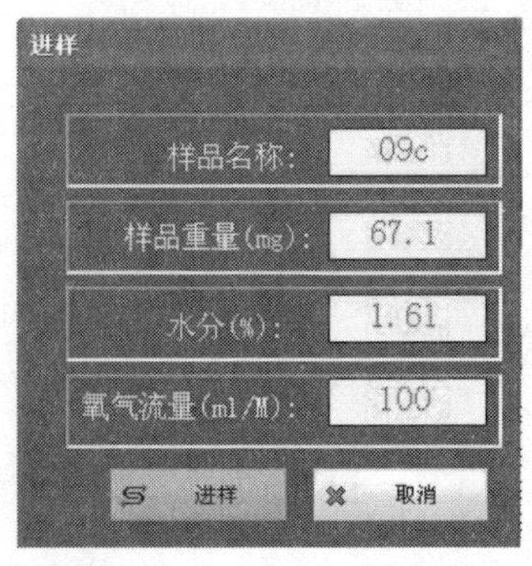

图 5-22　进样操作对话框

2）电解极性开关。仪器的极性由计算机控制，每天自动转换。

3）选定“样品/空白”进入样品/空白测试状态。点击“启动”，计算机会显示出进样操作对话框，如图 5-22 所示。根据各窗口输入各对应数据，点击“进样”键。计算机进入积分测试状态。

空白试验具体方法：进行空白试验时，等待燃烧炉和催化炉达到指定温度后，保持氧气流量为 80 mL/min。先进行废样测试，将电解池电解到终点。在一个预先灼烧过的燃烧舟中加入三氧化钨（数量与煤样分析时相当），打开带推棒的橡胶塞，放入燃烧舟，塞紧橡胶塞。用推棒直接将燃烧舟推到高温带，立即拉回推棒。点击“启动”键，9 min 后电解，到达电解终点后，计算机显示出氢的毫克数。重复上述操作，直至相邻两次空白值相差不超过 0.050 mg，取这两次测定的平均值作为当天氢的空白值。

样品试验具体方法：进行样品测试时，等待燃烧炉和催化炉达到指定温度后，保持氧气流量为 80 mL/min。先进行废样测试，将电解池电解到终点（如要对样品中碳进行测试时，将恒重后二氧化碳吸收管连接系统）。用先灼烧过的燃烧舟，称好一般分析试验煤样并加入三氧化钨，打开带推棒的橡胶塞，放入燃烧舟，塞紧橡胶塞。用推棒直接将燃烧舟推到燃烧炉口半舟，立即拉回推棒。约 1.5 min 后，用推棒直接将燃烧舟全舟推到燃烧炉内，立即拉回推棒。约 3 min 后，将燃烧舟推到高温带，立即拉回推棒。等待电解到终点，计算机显示出氢的毫克数。如进行碳测试时，取下二氧化碳吸收管，关闭活塞。在天平旁放置 10 min 左右，称量。该样品测试积分结束后，将瓷舟迅速从石英管中拉出来，并塞好橡胶塞。要继续进行样品测试操作时，重复上述操作。

二氧化碳吸收管称量完毕后，在样品数据表中双击对应的样品数据。计算机会显示出测试数据编辑对话操作框，如图 5-23 所示。

把称量的二氧化碳吸收管数据输入测试数据编辑对话操作框中，点击“保存修改”键。在样品数据表中即可计算出碳的数据。

4）测试结束后，在测试操作工作界面关闭燃烧炉和催化炉电源。关闭氧气钢瓶，使氧气流速为 0 mL/min。等待燃烧炉降到 300 ℃后，关闭主机电源。

图 5-23　测试数据编辑对话操作框

四、常见故障及排除方法

碳氢测定仪常见故障及排除方法见表 5-1。

表 5-1　　碳氢测定仪常见故障及排除方法

故障现象	产生原因	排除方法
氧气吸入器浮标上升较高，而流量计浮标较低	净化系统中的橡胶塞或连接管松动	取下橡胶塞连接管，重新塞紧、接好或更换
流量计提示正常，而气泡计没有或只有少量气泡	1. 推棒上翻胶帽孔磨损	更换新翻胶帽
	2. 吸收系统连接管或橡胶塞松动	取下连接管或橡胶塞，重新塞紧，接好或更换
某段炉不升温	1. 该段炉的熔丝损坏	切断电源，确认后取下更换
	2. 该段炉炉丝烧断	切断电源，检查确认后，打开炉子上盖，取出炉膛管。注意电炉丝的绕制方式，取下电炉丝，更换新电炉丝

续表

故障现象	产生原因	排除方法
某段炉的炉膛温度较高，而实测温度正常	热电偶脱离炉膛中心位置	调节热电偶使其到位
电解池短路或铂丝电极被拉出	清洗不当	重新制作或更换新电解池
氢值偏低	1. 进样速度快引起爆燃	减慢进样速度
	2. 样品未完全被三氧化钨覆盖	使之覆盖完全
	3. 系统漏气	检查修复，重新做样
	4. 电解池内 P_2O_5 膜失效	清洗，重新涂膜
氢值偏高	系统受潮	更换样品
碳值偏低	1. 系统漏气	检查修复
	2. 吸收剂失效	更换吸收剂
碳值偏高	1. U 形吸收管受潮	检查更换无水高氯酸镁
	2. U 形吸氯管中二氧化锰失效	更换二氧化锰
	3. 高锰酸银失效	更换高锰酸银

五、注意事项

1. 供电电源须满足电压为（220 ± 22）V，频率为（50 ± 0.5）Hz。

2. 各 U 形管必须具备良好的气密性，磨口处应涂抹少量硅脂以确保密封。U 形管间的连接以及电解池出口端与二氧化锰 U 形管之间的连接应使用薄壁硅胶管，不得使用乳胶管。因为电解产生的初生态氧和氢化学活性强，会腐蚀乳胶管导致其穿孔，从而严重影响碳的测量准确性。

3. 在处理电解池或进行样品分析时，必须保持循环水冷却，并向电解池内通入流速为 80 mL/min 的氧气。这是维持 Pt－P_2O_5 电解池良好工作状态的关键。应时常观察气泡计是否正常冒泡，若停止冒泡，应立即断电并检查漏气处，待氧气流量恢复正常后再继续电解。主要原因如下：

（1）若无冷却水，电解池长时间工作后会严重发热，导致电解产生的氢气和氧气在池内迅速复合成水，形成二次或多次电解。此时电解电流会稳定在 200～400 mA，造成氢值偏高且不准确。因此，电解池必须始终在循环水冷却状态下工作。

（2）Pt－P_2O_5 电解池必须在通气状态下工作。若不通气，电解产物氢和氧会在池内积聚并复合成水，导致电解池发热，即使加上冷却水也无法解决问题。在不通气或氧气流量小于 20 mL/min 的情况下电解，电解池末端铂丝上可能会出现酱褐色的油状物，并伴有糠醛气味。此时 P_2O_5 膜已变质，无法用于氢值测定，须重新清洗、涂膜再生。

4. 清洗电解池时，切勿在池内直来直去地使用小毛刷洗刷，应在旋动小毛刷的同时慢进慢出，以免铂丝松动或短路，甚至损坏电解池造成不必要的损失。

5. 在同时分析碳和氢时，若氢电解未达到终点，不要拆卸二氧化碳吸收管。必须等待氢

电解至终点后再拆卸，以免影响氢的测定结果。同时，氢电解至终点后应等待 10 min 再拆卸二氧化碳吸收管，以免影响碳的测定结果。在取石英燃烧管内的瓷舟时，应将拉钩套在瓷舟小眼处并迅速拉出，以免烫热石英管进样口和橡胶塞。

第六节　硫分仪

一、硫分仪的组成

以下以某型号的智能硫分仪为例进行讲解。该仪器由净化装置、控制器、燃烧炉、电解池以及送样装置等部分组成。

1. 净化装置

该部分由电磁泵、空气流量计、干燥器、搅拌器等组成。

（1）电磁泵的功能是实现空气的吸入与排出。

（2）空气流量计采用的是玻璃管浮子式设计，并配备了针形阀以便于调节。该流量计的主要用途是监测并调节流体的流量（0～1 500 mL/min）。

（3）干燥器的主要作用是清除空气中的酸性气体、水分等杂质。鉴于从电解池中抽取的气体含有较高的水分，因此需要定期对干燥器进行烘烤处理，并及时更换其中的硅胶以保持其干燥效果。

（4）搅拌器用于对电解液进行搅拌操作。

2. 控制器

该部分包括库仑积分器、程序控制器、温度控制器以及送样装置等。控制器面板如图 5-24 所示。

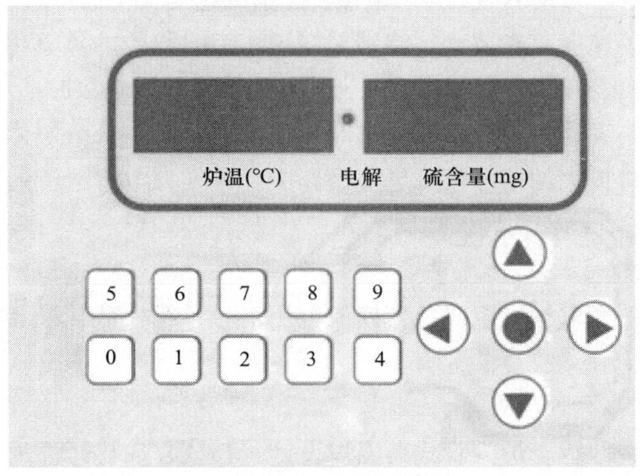

图 5-24　控制器面板

（1）程序控制原理

智能硫分仪全面融入微机自动控制系统，接通电源后，用户可通过按键界面录入测试日期、试样质量及试样编号。随后，轻触“启动”按钮，电机随即启动，驱动送样棒稳步前行。当送样棒被推送至 500 ℃区域时，电机暂停运转，并维持 45 s 的延时状态。在此期间，系统会输出电解电流，对试样进行电解处理。

电解结束后，计算机发出指令，电机再次启动，送样棒继续前行。直至抵达 1 150 ℃的高温区域，电机再次停止，并持续延时 4～7 min，确保煤样在此高温环境下充分燃烧分解。燃烧完成后，电解过程自动中止。

接下来，微机系统发出反转信号，电机反转，送样棒随之回缩，将承载试样的瓷舟安全带回初始位置。此时，系统会自动收集并处理测试数据，最终在显示屏上显示结果，并打印出详细的测试报告。至此，整个测试流程结束。

（2）电解电流控制器原理

该仪器用一对通以 10 μA 电流的铂电极指示溶液中碘和碘离子电势的变化。在库仑滴定前和库仑滴定至终点时，由于溶液中有极少量的碘和大量的碘离子，在双铂指示电极上有下列可逆平衡存在：

指示电极（阳）：$2I^- - 2e \rightarrow I_2$

指示电极（阴）：$I_2 + 2e \rightarrow 2I^-$

此时，指示电极间的电位趋近于零，伴随着近 10 μA 的电流通过，标志着电解过程的结束。当二氧化硫进入电解池后，会与少量的碘发生反应，导致碘被还原，进而破坏原有的可逆平衡状态，使得指示电极间的电位上升，从而触发电解过程的重新开始。而当电解液中重新出现少量碘时，可逆平衡得以恢复，指示电极间再次有 10 μA 的电流通过，电解过程随即再次中止。

鉴于双铂指示电极产生的电位信号相对微弱，该信号首先经过集成运算放大器的放大处理，随后通过模数转换器送入单片机，由单片机对电解回路中的电解电流进行精确控制。这种控制方式确保电解电流的大小与试样中硫化物分解的速度保持同步。

煤中硫的燃烧分解速度存在波动，特别是在 500 ℃时释放的硫氧化物量不稳定，因此必须使电解电流与硫的燃烧分解速度相匹配：当硫氧化物释放量较多时，电解电流应相应增大；反之，则应减小。为实现这一目标，可取出双铂指示电极的一部分电位信号，经过电流放大器的进一步放大后，将放大的信号接入电解回路中。这样，电解电流的大小就能够根据硫的分解速度进行实时调整，确保两者保持同步。

（3）量积分与计数显示

当电解电流流过一个取样电阻时，变换成电压信号，经模数转换器送入计算机，经数据处理后由数码管跟踪显示。

3. 燃烧炉

智能硫分仪所采用的燃烧炉为管式高温炉设计，其核心加热元件为一端接线的双螺纹硅碳管。为了显著提升其保温效能，硅碳管外部精心配置了刚玉护管，并在此基础上填充了高铝和硅酸铝保温棉，这些措施共同确保了燃烧炉具备优秀的保温性能。燃烧管则选用刚玉材质，直接安置于硅碳管内部，以适应高温燃烧环境。

4. 电解池

智能硫分仪的电解池采用坚固耐用的有机玻璃制造，其容积设定为 450 mL，以满足试验需求。电解池的上盖设计有固定装置，用于安装一对电解电极和一对指示电极，且上盖与壳体之间通过硅胶密封圈实现密封，确保试验过程中的气密性。

电解电极的布局经过精心考量：阴电极被置于电解池的中心位置，而阳电极则位于电解池的边缘。这样的设计有助于生成的碘迅速扩散，提高电解效率。电解电极的面积为 150 mm^2，指示电极的面积为 50 mm^2，均经过精确计算以满足试验要求。

此外，电解池壳体的一侧配备了一个烧结玻璃熔板气体过滤器，其作用是将燃烧后释放的气体喷成细雾状，以便于后续的吸收处理。

在电解池内部，设置了一个用塑料封装的磁芯棒，用于辅助电解液的搅拌。搅拌电机则安装在净化装置内部，其搅拌转速为 500 r/min 以上，并且具备连续可调的功能，确保电解液能够均匀混合，提高电解效果。

5. 送样装置

智能硫分仪的送样装置能够按照预设的程序要求，精确地将煤样推送到指定位置，并在完成任务后自动返回。这一自动化功能不仅提高了试验的准确性和效率，还减轻了操作人员的劳动强度。

二、硫分仪的安装步骤

1. 电解池的安装

首先，使用螺丝刀拆下电解池盖上的 4 个固定螺钉。然后，用自来水对电解池的有机玻璃外壳及 4 只铂电极进行初步清洗，用浸有乙醇（或丙酮）的棉球细心擦拭，确保无残留物。最后，用蒸馏水彻底冲洗干净，将搅拌棒妥善放置于电解池内部，盖上电解池盖并紧固螺钉。

2. 炉体及热电偶的安装

将硅碳管小心置入炉体内，并仔细连接硅碳管的引线。随后，安装好异径管（刚玉管）。将热电偶插入炉体表面的热电偶孔中，插至底部后再稍微退出约 2 mm 进行固定。完成热电偶线的连接后，将仪器后部的电缆接入电源。

3. 气路的连接

使用硅胶管将炉体左端的异径管（刚玉管）与过滤器相连，过滤器的另一端再通过硅胶管与电解池的进气口相接。同时，将电解池的出气口与净化装置的进气口相连。

4. 送样棒与石英舟的安装

按照说明书的要求正确安装送样棒和石英舟。

5. 气密性的检查

当炉温升至 850 ℃时，仪器的电磁泵和搅拌器的电源将自动接通。此时，调节电磁泵至规定的气体流量。为了检查气密性，将燃烧管与电解池间的硅胶管折叠起来，观察气体流量计（设定指示为 1 000 mL/min）的转子能否降至零位。若转子能降至零位，则表示电解池及净化系统具有良好的气密性；若未能降至零位，则应仔细检查气路各连接部位及密封圈是否完好，及时排除故障。

三、硫分仪的使用方法

1. 开启电源开关后，燃烧炉会自动升温至 850 ℃，此时电磁泵和搅拌器电源会自动启动，以干燥通气管道和烧结玻璃熔板。

2. 电解液的配制方法：取 5 g 碘化钾和 5 g 溴化钾，溶解在 250～300 mL 的蒸馏水中，再加入 10 mL 冰醋酸，充分搅拌均匀即可。

3. 加注电解液时，应打开电解池上方的橡胶塞，放置漏斗后，将配制好的电解液缓缓加入电解池内。

4. 启动搅拌器，并缓慢调节至适当的转速。搅拌速度宜稍快，保持在 500 r/min 以上，但不可过快以免失步。若遇到失步现象，应将速度旋钮调至最小，待电机停转后重新调节。在进行正式测定前，建议先做 1～2 个废样，以确保电解液达到电解平衡。

5. 在称量试样前，应充分混合试样瓶内的试样，方法是：将带盖的试样瓶上方用手捏住，手腕自上而下做圆周运动，避免上下摇动或打开瓶盖搅拌。试样的充分混合对于保证测试结果的精确性和准确性至关重要。

6. 在瓷舟上准确称取（50 ± 0.2）mg 的煤样，并覆盖一层三氧化钨。将瓷舟置于石英舟上，输入试样质量（三位数），然后按下“启动”按钮。整个试验过程将由计算机自动控制，按照预设的程序执行。试验过程中，试样将在 500 ℃处停留 45 s，在 1 150 ℃处停留 4～7 min。试样燃烧后，将自动进行库仑滴定。待石英舟和瓷舟返回原位后，打印机将打印出测试结果，试验结束。

7. 试验完成后，关闭电源开关，放出电解液，并用蒸馏水清洗电解池。

8. 电解液可重复使用，具体使用时间取决于重复使用次数和试样含硫量。但每次试验前都应做 1～2 个废样，以确保电解液达到平衡。当电解液的 pH 为 1～3 时，可继续使用；若 pH 小于 1，则应重新配制电解液。

9. 为保证试验结果的准确性，建议连续进行试验。若中间间隔时间较长，试验前应加做一个废样。

10. 在试验前，可通过按“上翻”或“下翻”键输入样号、水分、日期和样重。

（1）水分的输入方法：按“上翻”或“下翻”键，待数码管右边显示“F 0.00”时，表示进入水分输入界面。按下“确认”键后，第一个“0”开始闪烁，输入第一位数字后，第二位数字会自动闪烁等待输入。若当前数字与要输入的数字相同，可直接按右方向键跳过该位数字。第三位数字输入方法相同。输入完毕后，若发现某位数字输入有误，可按左、右方向键移动到该位重新输入。确认无误后，按“确认”键保存。

（2）样号的输入方法与水分输入类似，按“上翻”或“下翻”键，待数码管右边显示“H 000”

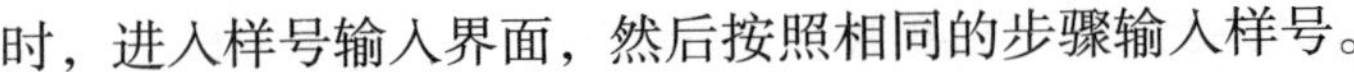

时，进入样号输入界面，然后按照相同的步骤输入样号。

（3）日期的输入方法：按“上翻”或“下翻”键，待数码管右边显示“Y 2024”时，进入年份输入界面，按照相同的步骤输入年份。按“上翻”或“下翻”键，待数码管右边显示“d 0401”时，进入月份和日期输入界面，按照相同的步骤输入月份和日期。注意单月单日可输入如0406，双月双日可直接输入如1226。输入完毕后，按“确认”键保存。在输入完成后送样之前，应键入煤样质量，必须键入3位数，称样精确至0.1 mg。每做一个煤样，序号会自动增加，并打印出日期、序号、样重、测试数据和试样的全硫。

注意：日期存储后不会改变，必须每天手动输入。

（4）样重的输入方法：样重固定为（50 ± 0.2）mg。每天初次开机或关机后再开机时，右边窗口会显示默认值“P 50.0”。在输入样号、水分、日期后或再次测试煤样时，按右键显示“P 50.0”，然后键入样重并按“确认”键送样。

（5）温度设定方法：按“上翻”或“下翻”键切换到“1050”界面，按“确认”键将“1050”输入到“A”框中，再次按“确认”键确认后按右键退出。

注意：温度设定为1 050 ℃，不要随意更改。

（6）含硫量标定方法：若某煤样含硫量实测值偏低或偏高，应进行标定（标定时应慎重）。操作步骤如下：首先，进行1～3次标准煤样测试，确保重复性良好。然后，按“上翻”或“下翻”键切换到“b 00.00”界面，输入标样标准值，并按住“上翻”键3 s直至出现长音报警声，表示数据已成功存入。

四、硫分仪使用注意事项及系统维护

1. 使用注意事项

（1）为确保硫分仪性能稳定，须防止其暴露于灰尘及腐蚀性气体中，并存放于干燥环境。若长时间不启用，应使用塑料罩妥善覆盖，并定期取出接通电源，以清除内部潮气。

（2）当烧结玻璃熔板及其管道出现黑色沉积物时，应及时清洗。清洗方法为：先取出电解池（无须打开盖子），在池中注入适量水，确保水不漫过熔板。倾斜电解池，用滴管向熔板支管中注入新配制的洗液（由5 g重铬酸钾和10 mL水加热溶解后，冷却，再加入100 mL浓硫酸制成）。待洗液流尽后，重复加入2～3次，即可清除沉积物。之后用自来水冲洗电解池，并用洗耳球从熔板支管中抽水清洗，直至无洗液残留。熔板应恢复洁白。用滤纸条吸干水分后，装好电解池，打开电磁泵，用空气吹干熔板及其支管，再加入电解液使用。同时，燃烧管与电解池间的过滤器中的脱脂棉应每2～3天更换一次。若清洗后流量计指示流量仍低于1 000 mL/min，或虽达1 000 mL/min但熔板处无气泡或气泡稀少，应检查电磁泵至电解池间的连接部分是否漏气，包括乳胶管、硅胶管、气体净化管的橡胶塞及电解池等。

（3）不能用手直接接触指示电极与电解电极，以免污染电极。一旦指示电极被污染，终点控制将失效，可能导致过滴定。此时，应用乙醇或丙酮擦拭电极。

（4）在向电解池加入电解液时，注意避免溶液溅到电解池插座上，否则也可能导致终点控制失效。若发生此情况，应用乙醇或丙酮擦拭插头。

（5）高温燃烧炉的加热电流由微机自动调控。温度低于 300 ℃时，加热电流为 6 A；超过 300 ℃后，电流增至 10 A。大约 30 min 后，炉温可达 1 050 ℃，此时炉内实际温度可达 1 150 ℃。

（6）为减少煤样爆燃并防止玻璃熔板变黑，可在燃烧管内填充 3～4 mm 厚的硅酸铝棉。为确保硅酸铝棉大小适中，可按燃烧管进口端在硅酸铝棉上留下的印记裁剪，并使用与棉块大小相仿的推棒将其推至高温区后沿。

（7）在仪器使用过程中，如遇停电或电磁泵故障，应立即切断电源。

（8）建议每隔 3～5 天使用标准样进行一次校验，以检查燃烧管是否破损或仪器其他部分是否存在漏气现象。

（9）若仪器使用时间较长，或系统组件如净化装置、电解池等被更换，使用标准样校验时可能会出现整体偏高或偏低但一致性良好的系统偏差现象。此时，可重新进行标定，标定方法与正式测试试样的方法完全相同。

2. 系统维护

（1）空气净化装置维护要点

该装置包含流量计、3 支干燥管、一台电磁泵及连接用的橡胶管。

1）流量计：其进出气口与干燥管相连，若干燥管内有硅胶颗粒进入，可能阻塞气路，导致流量不稳定或无法调至规定值。若流量计内部进入液体或粉尘与氧结合，会给小浮子带来阻力，同样影响流量稳定性。此外，流量计本身的损坏，如气路密闭不严或针形阀故障，也会导致流量问题。

2）干燥管：上下两端应填充脱脂棉，以防止内容物进入连接管道，造成气路阻塞和流量计不稳定。若干燥管出现小裂纹，可使用专用胶密封；硅胶一旦完全变色，应及时更换。

3）电磁泵：通过电磁作用带动皮碗往复运动，产生空气动力。其常见故障为皮碗破裂，导致压力下降，流量不稳定。

4）橡胶管：与硅胶管相比易老化，造成系统漏气，流量不稳，所以要定期更换。所有这些故障都会导致试验结果不稳定。

（2）电解池维护要点

1）漏气问题：电解池的固定螺钉松动、密封圈老化、进出孔处开胶等，都可能导致漏气。

2）电极维护：电解池内有 4 个极片，分为指示电极和电解电极两组，任何电极出问题都会影响试验过程。须保持极片表面洁净，封胶处不开裂。若电极与引线断开，应清理残胶，更换腐蚀的引线部分，重新焊接、封胶。

3）插头与插座：日久氧化、松动会导致类似极片受污染的故障。可镀焊锡去除氧化层，增加紧密性，或直接焊至机内相应点。

（3）搅拌器维护要点

搅拌器利用旋转磁场带动磁力搅拌棒旋转，磁场减弱或电机转速减慢均会导致搅拌速度减慢，搅拌棒磁力消退。搅拌速度越快，越有利于二氧化硫水合物的均匀滴定。若搅拌速度

过慢，会影响测定结果。

（4）燃烧炉维护要点

1）热电偶安装：正确安装热电偶对温度控制至关重要。若热电偶位置不当，会导致显示温度与实际炉温不符，控制精度差；若热电偶碰在硅碳管上，高温下会有漏电流，导致显示温度大幅度波动甚至损坏电路。炉温过高时，石英舟与异径管会发生粘连，送样棒返回时可能断钩。若热电偶未接好或内部断路，仪器会显示超量程；若短路，则始终显示室温。

2）异径管检查：异径管是试样的密闭燃烧室，若其有裂纹或断裂，会导致含硫气体外逸，使测定结果严重偏低且不稳定。异径管处于高温环境且隐蔽于炉体内，故断裂处较隐蔽，应定期抽出检查。

3）硅碳管选购与更换：硅碳管调试时以 10 Ω 为负载值最佳，自然老化后电阻值变大，表现为升温时间长或升不到设定温度。此时，一般建议更换新硅碳管。

五、硫分仪常见故障及其排除

硫分仪使用一段时间后可能产生一些故障，有时会严重影响测定工作。硫分仪常见故障及其排除方法见表 5-2。

表 5-2　硫分仪常见故障及其排除方法

常见故障	发生原因及排除方法
打开电源，温度指示和数码管不亮	1. 电源未接入； 2. 保险丝熔断或仪器连接熔丝熔断，应换同规格的保险丝或熔丝代替
温度升高，但温度指示不变	1. 热电偶短路，检修或更换热电偶； 2. 仪器内部短路
温度显示超量程	1. 热电偶断路； 2. 热电偶连接线断路
其他正常，但无加热电流	1. 电加热线未接好，开路； 2. 硅碳管断裂； 3. 固态继电器损坏
搅拌器电机转而搅拌棒不转	启动速度太快，重新由低速慢慢调整

第七节　黏结指数测定仪

一、测定原理

黏结指数是评价煤塑性的重要指标，其测定原理是将一定质量试验煤样和专用无烟煤混合均匀，在规定条件下加热成焦，所得焦灰在一定规格的转鼓内进行强度检验，以焦块的耐磨强度表示试验煤样的黏结能力。

二、仪器使用步骤

以下以 XKNJ-2 型黏结指数测定仪为例进行讲解。该仪器使用步骤如下：

1. 开箱与初步检查

从包装箱中取出仪器，并进行初步检查，确保仪器各部分完好无损。若仪器整体检查正常，则进行下一步操作。

2. 接通电源与开机

（1）将仪器插入电源插座。

（2）打开仪器面板上的电源开关，此时 4 个数码管将显示版本号。

（3）约 3 s 后，数码管将显示“A 000”，表示仪器已进入待机状态，等待进行试验。

3. 设定预置转数

（1）按下“设定”键，仪器将进入设定状态，并显示“P 250”（表示预置转数为 250）。

（2）连续按“设定”键，预置转数将逐渐增加。

（3）若要减少预置转数，则按“启动”键。

设定好预置转数后，等待 5 s，仪器将自动退出设定状态。

4. 启动试验与计数

（1）进入待机状态后，数码管将显示“A 000”。

（2）旋紧仪器两边的鼓盖。

（3）按下“启动 / 停止”键，转鼓将开始转动，并开始计数。

（4）在试验过程中，若需要查看时间，可按下“设定”键，此时数码管将显示时间。若要中途停止试验，再次按下“启动 / 停止”键。

5. 试验结束与结果查看

当转鼓达到预置转数时，将自动停止转动，蜂鸣器将发出 10 s 的提示音，数码管将显示“b 250”。若此数字与预置数相符，则说明仪器工作正常。

6. 正式测试流程

（1）在正式测试前，先预置转数为 250。

（2）打开鼓盖，轻轻将需测试的焦炭放入鼓内。

（3）旋紧鼓盖，并按下“启动”按钮，仪器将开始正常工作。

（4）当转鼓自动停止后，蜂鸣器将报警 10 s。

（5）打开鼓盖，取出焦炭，并按有关规定进行转鼓试验。

7. 测试结束与仪器清洁

（1）测试结束后，关闭数码显示开关。

（2）断开电源。

（3）将仪器擦拭干净，以保持其整洁和性能。

三、常见故障及检修

1. 无显示

检查 220 V 电源插座是否正常工作，保险丝是否熔断。

2. “启动”按钮无效

查看面板上的“启动”按钮内部是否存在断线情况，同时检查电路板上的可控硅是否损坏。

3. 开机后持续运转

检查电路板上的可控硅是否处于损坏状态。

4. 数码管不显示

检查面板显示开关及其接线是否完好，有无断线现象。若无断线，进一步检查线路板有无工作电压，以及变压器线路是否断线。

5. 数码管显示不完整

检查荧光数码管少笔画的脚上有无电压。若有电压，则数码管本身可能损坏，应更换同型号数码管；若无电压，则检查集成电路是否存在焊接问题，焊接完好则说明集成电路已损坏，应更换同型号集成电路。

6. 不计数

开机正常，启动后不计数，显示“ERR0”。检查转鼓边的光电开关与旁边的挡片是否松动或脱落。若无松动或脱落，则进一步检查干簧管是否完好，以及边线是否存在短路或断线情况。

7. 达到预置数不停机或未达到预置数停机

检查线路板插头旁边的光电开关及其数字旁接线是否存在断线情况。

第八节　胶质层测定仪

一、结构组成

胶质层测定仪分为带平衡砣（如图 5-25 所示）和不带平衡砣（除无平衡砣外，其余构造同图 5-25）两种结构类型。

从煤杯中推出焦块的是推焦器（如图 5-26 所示），将煤杯倒置在底座的圆孔上，并把煤杯底对准丝杆中心，然后旋转丝杆，直至焦块被推出煤杯为止，尽可能保持焦块的完整。

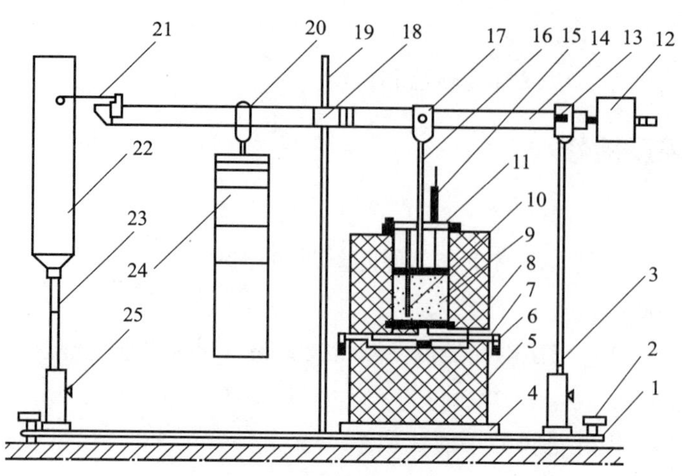

图 5-25　带平衡砣的胶质层测定仪的结构

1—底座；2—水平螺钉；3—立柱；4—石棉板；5—下部砖垛；6—接线夹；7—硅碳棒；8—上部砖垛；9—煤杯；10—热电偶铁管；11—压板；12—平衡砣；13、17—活轴；14—杠杆；15—探针；16—压力盘杆；18—方向控制杆；19—方向支柱；20—砝码挂钩；21—记录笔；22—记录转筒；23—记录转筒支柱；24—砝码；25—固定螺钉

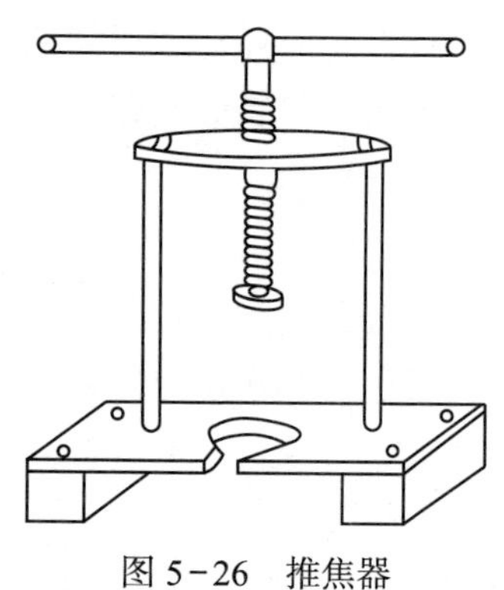

图 5-26　推焦器

清洁煤杯用的机械装置如图 5-27 所示，用固定煤杯的杯底和固定煤杯的螺钉把煤杯固定在连接盘上。启动电动机带动煤杯转动，手持裹着干磨砂布的圆木棍（直径约 56 mm，长约 240 mm）伸入煤杯中，并使之紧贴杯壁，将煤杯上的焦屑除去。

用机械化方法切制石棉圆垫的切垫机及其结构如图 5-28 所示。将石棉纸裁成宽度为 63～65 mm 的窄条，从石棉纸放入缝中将其放入机内，以手用力压手柄，使上下部切刀压下，切割石棉纸。切刀由弹簧的力量自动弹回后，把石棉纸向前推进 63～65 mm 再切。如此连续操作，即得所需上下部石棉圆垫。

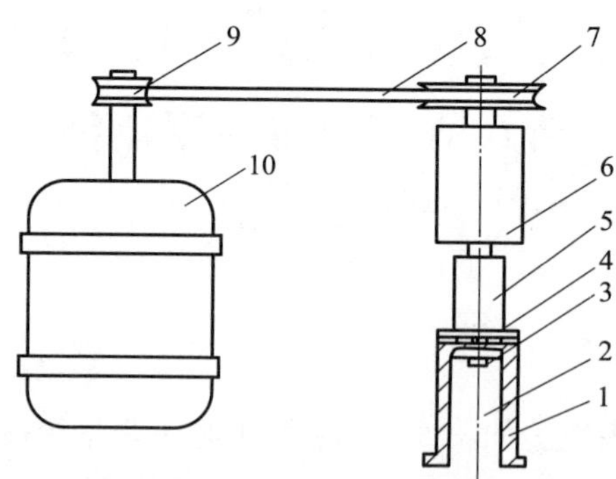

图 5-27　清洁煤杯用的机械装置

1—底座；2—煤杯；3—固定煤杯螺钉；4—固定煤杯的杯底；5—连接盘；6—轴承；7、9—输送带轮；8—输送带；10—电动机

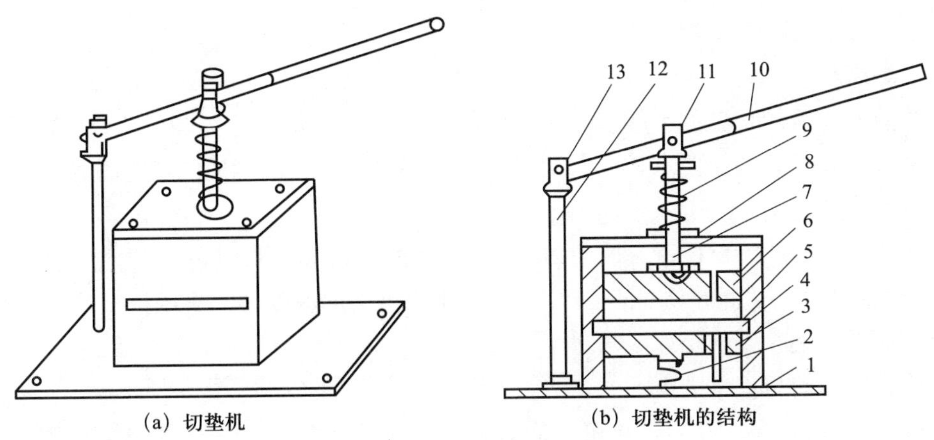

(a) 切垫机　　(b) 切垫机的结构

图 5-28　切垫机及其结构

1—底座；2、9—弹簧；3—下部切刀；4—石棉纸放入缝；5—切刀外壳；6—上部切刀；7—压杆；8—垫板；10—手柄；11、13—轴心；12—立柱

二、操作流程

以下以某型计算机胶质层测定仪（如图 5-29 所示）为例进行讲解。

图 5-29　某型计算机胶质层测定仪

1. 控制器操作流程

（1）接通电源与启动

确保控制器已接通电源，按下“启动”键（注意：在断电恢复时无须再次按下）。控制器随即进入自检状态，并伴有报警声。若要消除报警声，可按“消音”键。

（2）自检结束与显示

大约 30 s 后，自检过程结束，控制器屏幕上将显示试验时间、要求温度、前炉和后炉的实际炉温等信息。

2. 初始要求温度的设定

（1）冷炉启动

控制器自检后转入正常运行时，若初始前炉与后炉炉温的平均值小于 40 ℃，则判定为冷炉启动。此时，初始要求炉温将设定为 20 ℃，试验时间设定为 0。经过 2 min 的等待后，炉温将以 10 ℃ /min 的速度逐渐上升。

（2）暖炉启动

若初始前炉与后炉炉温的平均值大于（或等于）40 ℃，则判定为暖炉启动。在此情况下，初始炉温将直接设定为初始要求炉温，同时控制器将自动计算出相应的试验时间。

（3）炉温增加速度

当要求温度达到 200 ℃后，炉温的增加速度将放缓至 5 ℃ /min。当温度进一步升至 250 ℃后，增加速度将进一步降低至 3 ℃ /min。此炉温增加速度将一直维持至试验结束。

3. 测定操作流程

（1）计算机启动与程序进入

1）开机并进入程序。开启计算机，待其完全启动后，进入胶质层测定专用程序。程序启动后，默认显示“开始”窗口。

2）试验资料填写。在“开始”窗口中，点击“欢迎进入”键，系统将自动跳转至“试验资料填写”窗口。

（2）试验资料填写

1）必填项录入。在“试验资料填写”窗口中，需要录入的关键信息有：试验编号或样品编号，以确保唯一性；选择运行方式，包括双炉、前炉、后炉 3 种模式；若进行新试验，应点击“清空”键，以清除上次试验的残留数据。

2）进入监控界面。完成资料填写后，点击“监控”键，系统将跳转至“监控”窗口。

（3）“监控”窗口操作

1）实时监控与数据记录。在“监控”窗口中，可以实时查看工作状态和试验时间，要求温度、前后炉的实际温度，体积曲线的即时值及转弯指示信号等。系统将自动绘制前后炉的温度和体积曲线，并每 10 min 自动记录前后炉的实际温度。

2）键入胶面数据。在监控过程中，当体积曲线转弯时，系统会指示并报警，同时监控界面上的转弯指示灯变红。

根据实际情况，操作人员决定是否需要测量胶面数据。若需要测量，点击坐标轴原点处的“键入”键，在右侧文本框中录入时间和上胶面、下胶面数据，并点击“确认”键。

键入的数据将在“监控”和“试验报告”窗口中显示，并自动入库或填写相应表格。

3）其他操作。在“监控”窗口中，还可以进行“消音”“正式升温”“计算结果”“打印”“保存”等窗口切换操作。

（4）数据库查询与保存

1）数据库查询。若需查询历史数据，可切换至“数据库”窗口，选择并查询所需信息。

2）保存试验报告。试验结束后，点击“计算结果”键，系统将按国家标准的要求形成上下胶面曲线，并精确求出 X、Y 值，填入相关表格。

点击“打印”键，输出试验报告；点击“保存”键，将试验报告保存在指定目录。

（5）试验报告的选择与输出

1）选择体积曲线形状。在前后炉胶面曲线上，有多种体积曲线形状可供选择。点击所需

形状后，将自动填入试验报告。

2）输出与保存试验报告。完成试验报告的选择后，点击“打印”键输出报告；如需保存，点击“保存”键即可。

（6）退出程序与关机

1）退出程序。完成所有操作后，点击窗口切换中的“开始”窗口键，返回至开始界面。点击“退出运行”键，系统将退出运行中的程序。

2）切断电源关机。切断计算机电源，确保设备安全关机。

三、安全操作注意事项

1. 设备接地与安全

控制器及电炉的接地线必须正确连接至专用地线，严禁将其与电源中线混淆。接地线的正确安装是确保操作安全的关键步骤，能有效防止漏电和短路事故的发生。

2. 控制器报警功能与故障处理

（1）正常报警情况

控制器在启动、预热温度到达以及试验结束时，会发出报警信号，提醒操作人员注意试验进程。

（2）故障报警与消音

当控制器出现以下故障或异常情况时，同样会发出报警信号。

Err1：仪器内部系统故障，须检查仪器内部组件。

Err2：炉温超过要求值 60 ℃以上，须立即采取措施降温。

Err3：控温超范围，表示温度控制超出了预设范围，须调整控温参数（注意：Err3 报警时，控制器不会自动切断可控硅，须手动处理）。

Err4：断偶或温度超限，检查温度传感器是否连接良好或是否超出测量范围。

Err5：温度不采样，表示温度传感器未正常工作或数据采集故障。

在以上故障报警情况下，操作人员可按“消音”键消音。同时除 Err3 外，控制器会自动切断可控硅以停止加热，确保试验安全。

3. 操作过程中的注意事项

（1）避免误操作。在试验测定过程中，操作人员应尽量避免随意触摸控制器按键和点击计算机鼠标，以防止误操作导致试验数据不准确或设备故障。确需操作时，应确保了解每个按键功能，并在确保安全的前提下进行。

（2）试验安全与监督。试验过程中，操作人员应密切关注试验设备的运行状态和试验数据的变化，及时发现并处理异常情况。如遇紧急情况或设备故障，应立即停止试验，并采取必要的应急措施。

总之，胶质层测定试验涉及高温、高压等危险因素，操作人员必须严格遵守试验设备的安全操作规程和试验步骤，通过正确连接接地线、了解控制器的报警功能与故障处理、避免误操作以及密切关注试验过程等措施，确保试验安全顺利进行。同时，操作人员还应定期对试验设备进行维护和保养，以确保其长期稳定运行。

复习思考题

1. 简述鼓风干燥箱的安装与调试方法。
2. 简述量热仪的常见故障及其原因。
3. 简述碳氢测定仪的组成。
4. 简述硫分仪的组成。
5. 简述胶质层测定仪的安全操作注意事项。

第六章

学校实验室安全知识

学习目标

1. 了解用电安全和安全操作规程；
2. 学会如何正确使用电气设备，避免触电和短路等危险；
3. 熟悉危险品的保管和使用方法；
4. 掌握事故应急救护常识，学会在紧急情况下进行自救和互救；
5. 掌握火灾的预防措施和初期火灾的扑救方法。

学习引导

踏入学校的实验室，安全第一。要了解用电安全原则，规范操作电气设备，防止触电、短路等事故。危险品管理需谨慎，应熟知其保管、使用方法，确保安全。同时，掌握事故应急救护常识，紧急时刻要能够自救和互救，降低受到事故伤害的风险。另外，不可忽视的是消防安全知识，应了解火灾预防措施，掌握初期火灾的扑救方法，确保实验室安全运行。

第一节　用电安全与安全操作规程

一、事故案例

1. 南京市某高校实验室火灾事故

2019 年 2 月 27 日凌晨，南京市某高校教学楼内一实验室发生火灾。火势迅速蔓延，导致整栋大楼浓烟滚滚。南京市消防支队调派多辆消防车和消防员赶赴现场，最终于 1 时 30 分将火灾扑灭。火灾烧毁了3楼热处理实验室内办公物品，并通过外延通风管道引燃5楼顶风机及杂物。虽然当时没有人在大楼里，未造成人员伤亡，但事故造成了严重的财产损失。

2. 事故原因

经调查，这起火灾事故系实验室夜间未关闭电源，导致电路火灾。

3. 安全警示

（1）各实验室责任人应将加强实验人员的安全意识作为一项常规工作，定期进行安全教育和培训。

（2）实验时应按照规范进行操作，不得在实验进行中离开实验室。

（3）实验前应做好安全准备工作，了解实验所涉及试剂的理化性质，熟悉仪器设备的性能及操作规程，做好安全防范工作。

（4）进入实验室要做好必要的个人防护，特别注意危险化学品、特种设备、机械传动装置、高温高压等对人体的危害。

（5）任何可能产生有毒有害气体而导致个人暴露，或产生可燃、可爆炸气体或蒸气而导致积聚的实验，都须在通风柜内进行。

（6）实验结束后，最后一个离开实验室的人员必须检查并关闭整个实验室的水、电、气、门窗。

二、用电安全

用电安全是实验室安全管理的重要内容，以下是一些关于实验室用电安全应知应会基本内容：

1. 电气基础知识

电流、电压和电阻是电学中的3个基本概念，它们在实验室中有着广泛的应用。

（1）电流

电流是指单位时间内通过导体横截面的电荷量，用 I 表示，可以通过电流表来测量。电流的大小与导体中自由电荷的数量、密度和运动速度有关。电流的方向与正电荷的运动方向一致，单位是安培（A）。

（2）电压

电压是指电路中两点之间的电位差，用 U 表示，可以通过电压表来测量。电压的大小与电源的电动势、电路中的电阻和电流有关。电压的方向由正极指向负极，单位是伏特（V）。

（3）电阻

电阻是指导体对电流的阻碍作用，用 R 表示，可以通过电阻表来测量。电阻的大小与导体的材料、长度、横截面积和温度有关，单位是欧姆（Ω）。

可以通过调节电源的电动势和电路中的电阻来控制电流的大小和方向。此外，电阻可以用来测量电路中的电压和电流，以及计算电路中的功率和能量。

2. 电气设备的使用与维护

在实验室使用和维护电气设备时，应遵循以下准则以确保用电安全和设备的正常运行：

（1）阅读说明书

在使用任何电气设备之前，务必阅读并理解制造商提供的操作说明书和安全指南。

（2）遵守安全规程

遵守实验室的安全规程，包括穿戴适当的个体防护装备，如绝缘手套和防护眼镜等。

（3）定期检查

定期检查电气设备及其连接线，包括电源插座、开关、电线和插头等，确保没有损坏、磨损或裸露的线路。

（4）使用适当的电线和插头

确保使用符合电气设备电压和电流要求的电线和插头。避免使用延长线，因为它们可能导致电压降和过热。

（5）避免过载

不要在一个电源插座上同时连接过多设备，以防止电路过载。确保设备的总功率不超过电源插座的额定功率。

（6）正确安装和布线

按照制造商的建议和实验室的标准，正确安装电气设备和布线。确保电线不受挤压、扭曲或过度弯曲。

（7）保持清洁和干燥

确保电气设备周围的区域清洁和干燥。避免在潮湿的环境中操作电气设备。

（8）避免靠近水源

将电气设备放置在远离水槽、水龙头和其他水源的地方，以防止触电。

（9）正确储存和搬运

在储存和搬运电气设备时，确保将其电源关闭并拔掉插头。避免在运输过程中损坏电线和插头。

（10）定期维护和校准

根据制造商的建议和实验室的要求，定期对电气设备进行维护和校准，以确保其准确性和可靠性。

3. 触电及其预防

人体是一种电导体，当人体与带电体或火线接触时，就有电流通过人体。通过人体电流的大小与电压、人体的情况有关。人皮肤的电阻很大，若同时用两只干的手指接触电极的两端，这时人体的电阻约为 5 000 Ω；若手指潮湿，人体电阻就下降到约 400 Ω，若手指用氯化钠溶液浸湿，人体电阻下降到约 160 Ω；如果用手握紧电极的两端，则电阻下降到约 12 000 Ω；如果两手都浸湿了氯化钠溶液，则人体电阻仅为 700 Ω。人体像一个灵敏的安培计，即使流过很微小的电流，人也能感觉到，对交流电则更为灵敏。在电压为 220 V 的情况下，0.001 A 的电流人体就能感觉到；电流达到 0.006 A 时，人体就会感觉发麻，很容易把仪器摔坏或碰坏周围的仪器；电流达到 0.01 A 以上，会使肌肉剧烈收缩，手无法脱开触电源；电流达到 0.025 A 以上，则呼吸困难，甚至停止呼吸；电流达到 0.01 A 以上，则使心脏产生纤维性颤动，甚至无法救治。

为防止工作过程中触电，可在人体与地面之间增加高电阻的绝缘物，如干的木板、厚的绝缘橡胶板等，尽量阻止电流通过人体到达地面而形成通电回路。例如在放干燥箱、马弗炉的地面上垫上绝缘橡胶就是这个原理。

了解了触电原理之后，就可进一步采取措施防止触电事故发生。要严格按照安全用电的规定进行用电操作，对各种用电仪器规范接地，这样即使发生仪器漏电，电流也会通过电阻较小的导线流到地面，从而防止人体接触该仪器时发生触电。另外，在更换插头时，切勿将火线一头接在接地线的插头上，这样很危险。一般仪器的导线由红、黑、白三股橡皮绝缘的电缆构成，通常红线接火线，黑线接零线，白线接地线。换好插头后，最好用万用电表测量仪器的电阻通路，电表的两支校验笔分别与插头的火线、零线插足接触，当仪器开关开启时，电表指针应摆动很大，一般将电阻范围挡调到较大，则指针会指在 0 Ω 处，表示仪器电流电路完好。把开关关闭时，电流指针应不摆动，接着把校验笔分别与火线、地线、零线接触，此时无论开关开或关，电表指针都不应转动，否则仪器就有漏电的可能，应进行检查。

在某些特殊的条件下，需要在带电情况下对仪器或电路进行检修，这必须由专业电工操作。发生触电事故时，应首先设法把电路切断，即立即拉开闸刀。

4. 实验室电路设计与布局安全原则

（1）遵循电压标准

根据我国电压相关标准，实验室应采用交流三相五线制电源 380 V、50 Hz，以及交流单相三线制电源 220 V、50 Hz。

（2）合理选择电线和开关

电线应采用铜芯聚氯乙烯绝缘软电线（BVR）、聚氯乙烯绝缘铜芯线（BV），电线直径和开关大小应根据实验室的用电容量进行计算。

（3）保护贵重和精密仪器

对于贵重和精密仪器，应设计交流稳压装置或隔离电源，以确保仪器安全可靠运行。

（4）设置自动保护开关

对于较大负荷的电器，应单独设回路，并设计相应的自动保护开关。

（5）确保人身安全

全部插座和电器外壳都应良好接地，以确保室内人身安全。

5. 规避常见用电错误

在布置实验室电线和电气设备时，需要遵循严格的安全规范，避免犯以下常见的错误：

（1）乱接、乱拉电线

在实验室，不允许随意连接或拉设电线。所有电气设备及线路的布局必须严格按照安全用电规程和设备的要求实施。

（2）未经允许拆装、改线

墙上电源未经允许，不得拆装、改线。这是为了确保实验室电气系统稳定，避免因私自

更改线路而引发安全事故。

（3）总用电量和分线用电量超过设计容量

在实验室同时使用多种电气设备时，应确保其总用电量和分线用电量均不超过设计容量，以防止过载和电路故障。

（4）不使用空气开关和漏电保护器

实验室内应使用空气开关并配备必要的漏电保护器，以确保电气设备安全运行。

（5）电气设备和大型仪器未接地或接地不良

实验室电气设备和大型仪器必须接地良好，以防止因接地不良而引发的人员触电事故。

（6）电线老化等隐患未定期检查及排除

对电线老化等隐患要定期检查并及时排除，以确保实验室电气安全。

（7）使用闸刀开关、木质配电板

实验室不得使用闸刀开关、木质配电板，因为这些设备可能存在安全隐患。

（8）接线板直接放在地面或多个接线板串联

接线板不能直接放在地面，也不能多个接线板串联，以防止触电事故的发生。

（9）实验前不检查用电设备，实验结束后不关闭电源

实验前应检查用电设备，确保其安全无误后再接通电源。实验结束后，应先关闭仪器设备，再关闭电源。

（10）工作人员离开实验室或遇突然断电，不关闭电源

工作人员离开实验室或遇突然断电时，应关闭电源，以防止电气设备无人看管时发生意外。

（11）将电线随意放在通道上

不得将电线随意放在通道上，以免因绝缘破损造成短路。

（12）离开实验室不及时断电

离开实验室要及时断电，确保仪器设备在无人时不带电，储能系统电压应在安全电压以下。

6. 接地与短路保护

（1）选择合适的短路保护装置

根据实验室的电气设备和线路特点，选择具有高精度、快速响应和稳定性能的短路保护装置。

（2）安装位置

短路保护装置应安装在靠近供电电源的位置，通常在电源开关的下方。这样既可以扩大保护范围，又可在必要时将电气线路和电源隔离，便于安装和维修。对于有短路保护要求的设备，短路保护器件应安装在靠近被保护设备处。

（3）短路保护装置异常时可能出现的常见故障

1）误动作。误动作是指短路保护装置在没有发生真正短路的情况下错误地切断电源。这可能是由于设备内部的敏感元件受到外部电磁干扰、温度变化或其他非短路因素的影响。

2）拒动作。拒动作是指当实际发生短路时，短路保护装置未能及时切断电源。这可能是

由于保护装置的设定值过高、内部机械故障、触点粘连或外部接线错误等。

3）不灵敏。不灵敏是指短路保护装置的反应速度变慢，无法迅速切断短路电流。这可能是由于保护装置内部元件老化、触点磨损或弹簧弹性减弱等。

4）触点熔焊。当短路电流过大时，短路保护装置的触点可能会熔化并粘在一起，导致装置无法正常断开电路。这种情况通常发生在保护装置容量不足或短路电流极大的情况下。

5）过热。短路保护装置在工作过程中产生过多的热量，导致设备过热。这可能是由于散热不良、环境温度过高或内部元件故障等。

6）指示错误。指示错误是指短路保护装置的指示灯或显示屏显示错误的信号，如误报短路或漏报短路等。这可能是由指示灯或显示屏本身的问题，或者内部电路故障引起的。

7）通信故障。对于具有远程监控功能的短路保护装置，可能会出现与上位机或其他设备通信中断的情况。这可能是由通信线路故障、接口模块故障或软件配置问题等原因引起的。

当发现短路保护装置故障时，应立即停止使用并联系专业人员进行检查和维修。在未排除故障前，不得重新投入使用，以免发生安全事故。

7. 电气事故预防与处理

（1）预防电气事故的措施

1）遵守安全规程。应确保所有电气设备和系统的安装、运行和维护都符合相关的安全规程和标准。

2）定期检查和维护。定期检查电气设备，包括电线、插座、开关和保护装置，确保其处于良好的工作状态。

3）安装漏电保护器。在所有供电线路上安装漏电保护器，以便在发生漏电时迅速切断电源。

4）使用安全电压。在潮湿或危险区域使用安全电压（通常为 36 V 或更低）。

5）防止电气设备过载。确保电气设备的负载不超过其额定容量，避免因过载引起的高温或火灾。

6）良好的接地系统。确保所有电气设备都正确接地，以防止触电。

（2）处理电气事故的措施

1）触电事故处理。立即切断电源或使用绝缘工具将触电者与电源分离。

如果触电者心搏停止，应立即进行心肺复苏急救，同时拨打急救电话并等待专业医疗人员到来。

2）电气火灾处理。立即切断电源，以防止火势蔓延和电击等危险。

使用干粉灭火器、二氧化碳灭火器或沙子等进行灭火。如果火势无法控制，立即撤离现场并拨打火警电话。

3）其他注意事项。在处理电气事故时，要确保自己的人身安全，避免直接接触带电体，应佩戴适当的个体防护装备，如绝缘手套、绝缘鞋和防护眼镜等。应记录事故详情，包括事故发生的时间、地点、原因和后果，以便进行事故调查和整改。

三、安全操作规程

应熟悉实验室用电安全操作规程，包括设备使用前的检查、使用过程中的注意事项以及设备使用后的清理和保养。

实验室用电设备安全操作规程一般包括以下关键内容：

1. 使用前的检查

（1）检查电源插座、开关和电线是否完好无损，应无裸露的导线或破损的绝缘层。

（2）确保电气设备接地良好，接地线无断裂或腐蚀现象。

（3）检查设备的电源线和插头是否匹配，插头是否损坏或变形。

（4）检查设备的保险丝或短路保护装置是否正常工作，确保其额定值与设备相匹配。

（5）对于特殊设备，如高压设备、低温设备等，应按照制造商的指导进行检查。

2. 使用过程中的注意事项

（1）严格按照设备的操作手册和安全操作规程进行操作。

（2）避免在设备运行过程中触摸或靠近可能产生高温、高压或有毒气体的部位。

（3）不要在设备运行过程中进行调试或维修，除非必要且采取了适当的安全措施。

（4）避免在设备附近堆放易燃、易爆或导电物品。

（5）确保设备周围有足够的空间，以便于散热和操作。

（6）对于需要特殊许可或资质的设备，要确保操作人员具备相应的资格和经验。

3. 使用后的清理和保养

（1）设备使用完毕后，关闭电源并拔掉插头。

（2）清理设备表面和周围的杂物，保持实验室整洁。

（3）对于需要定期保养的设备，按照制造商的指导进行保养，并记录保养情况。

（4）检查设备的电线和插头是否损坏，如有损坏应及时更换。

（5）对于长期不使用的设备，应将其存放在干燥、阴凉、无尘的环境中，并采取适当的防护措施。

（6）定期对实验室的电气系统进行检查和维护，确保其安全可靠。

四、实验室电气设备检查

1. 外观检查

观察电气设备的外观，看有无明显的磨损、腐蚀、变色等现象。检查电线外皮有无裂纹、破损或者老化现象。

2. 运行情况检查

关注电气设备的运行状态，如启动速度、运行声音、温度变化等。如果设备运行不稳定、噪声过大或者发热严重，则可能是老化的表现。

3. 功能测试

定期对电气设备进行功能测试，确保其性能符合要求。如果设备无法正常工作或者性能明显下降，应进行专业检查以防带“病”运行。

4. 绝缘性能测试

随时检查电气设备的绝缘性能，使用绝缘电阻测试仪测量绝缘电阻值，避免绝缘电阻值低于规定标准。

5. 连接部位检查

检查电气设备连接部位，如插头、插座、接线端子等，看有无松动、氧化或者腐蚀现象。这些问题可能导致接触不良，从而引发安全事故。

6. 保护装置检查

检查电气设备的保护装置，如熔断器、断路器等，确保其工作正常。如果保护装置频繁跳闸或者无法正常动作，则应及时检修或更换。

7. 查看维护记录

查看电气设备的维护记录，了解设备的维护历史。如果设备长时间未进行维护或者更换部件，应重点检查关注。

8. 关注使用年限

应关注电气设备的使用年限。一般来说，电气设备的使用寿命有限，超过使用寿命的设备更容易引发检测质量和安全问题。

五、实验室电气设备老化征兆

1. 绝缘能力下降

使用电流表、电压表对电气设备进行绝缘能力检测，如果发现绝缘能力下降至下限，说明设备可能已经老化。

2. 表面破损

观察电气设备表面，如果发现连接点不结实、丝扣脱扣，绝缘保护层破损、开裂，绝缘支点脱落等现象，可能表明设备已经老化。

3. 异常气味

在电气设备运行过程中，如果闻到异常气味，这可能表明设备内部的元器件已经老化或损坏。

4. 性能下降

如果电气设备出现性能下降，如输出不稳定、响应时间变长等，可能是设备老化的表现。

5. 发热异常

如果电气设备在运行过程中发热异常，可能是内部元器件老化或损坏导致的。

第二节　危险品的保管和使用

一、事故案例

1. 案例一：湖南某大学化工学院实验楼火灾事故

2011 年 10 月，湖南某大学化工学院实验楼突发火灾，现场火势凶猛，浓烟滚滚，过火面积约 500 m^2。

这起火灾事故的原因是该校对实验用化学药品管理不善，未将遇水自燃的金属钠、三氯氧磷等危险化学品放置于符合安全条件的储存场所，导致起火。

2. 案例二：北京某大学化学系实验室爆炸事故

2015 年 12 月 18 日，北京某大学化学系实验室发生一起爆炸事故，事故造成一名正在做实验的人员当场死亡。

这起爆炸事故的直接原因是事发实验室储存的危险化学品叔丁基锂燃烧发生火灾，导致存放在实验室的氢气压力气瓶在火灾中发生爆炸。事故的间接原因是实验室违规存放危险化学品，违规使用易燃、易爆压力气瓶；实验室安全管理制度不落实，安全管理措施不到位；安全教育和培训力度不够，学生安全意识淡薄。

二、危险化学品的保管

1. 常见危险化学品

危险化学品是指具有毒害、腐蚀、爆炸、燃烧、助燃等性质，对人体、设施、环境具有危害的剧毒化学品和其他化学品。以下是一些常见的危险化学品：

（1）爆炸品：如三硝基甲苯（TNT）、硝酸甘油、黑火药等。

（2）压缩气体和液化气体：如氢气、甲烷、乙炔、丁烷等。

（3）易燃液体：如汽油、煤油、酒精、油漆等。

（4）易燃固体、自燃物品和遇湿易燃物品：如红磷、硫黄、镁粉、氢氧化钠等。

（5）氧化剂和有机过氧化物：如氯酸钾、高锰酸钾、双氧水等。

（6）毒害品：如氰化物、砷化物、农药等。

（7）放射性物品：如铀、钴-60 等。

（8）腐蚀品：如硫酸、盐酸、氢氧化钠等。

2. 危险化学品的保管方法

应严格遵守危险化学品相关法律法规，办理相关许可证和备案手续。要设立专门的危险化学品仓库，确保仓库符合安全管理规定和标准。不同类型的危险化学品应分类存放，避免因混放导致事故。应定期检查危险化学品的储存条件，确保温度、湿度、通风等条件适宜。

对危险化学品应定期盘点，确保库存量准确无误。对过期或不再使用的危险化学品应及时处理，防止对环境造成污染。对从事危险化学品操作的人员要加强教育和培训，增强他们的安全意识和操作技能。应制定应急预案，确保在发生紧急情况时能够迅速采取措施，减少事故损失。

三、化学废液的处理

1. 常见化学废液

化学废液是指在实验、生产等过程中产生的含有有害化学物质和废弃物的液体。以下是一些常见的化学废液：

（1）有机废液：如醇类、醚类、酮类、酯类等有机溶剂废液。

（2）无机废液：如酸、碱、盐等无机化合物废液。

（3）重金属废液：如含汞、铅、镉、铬等重金属离子的废液。

（4）放射性废液：如含铀、钴-60 等放射性物质的废液。

（5）生物化学废液：如含有微生物、酶等生物活性物质的废液。

（6）其他特殊废液：如含有有毒、有害、易燃、易爆等物质的废液。

2. 化学废液的处理方法

（1）分类收集：根据废液的性质进行分类收集，避免不同性质的废液混合产生危险。

（2）减量化处理：通过蒸馏、萃取、吸附等方法，尽量减少废液的产生量。

（3）中和处理：对于酸碱废液，可以通过加入中和剂使其酸碱平衡，降低废液的危害性。

（4）沉淀处理：对于含有重金属离子的废液，可以通过加入沉淀剂使重金属离子形成沉淀物，从而去除废液中的有害物质。

（5）氧化还原处理：对于有机废液，可以通过氧化还原反应将其转化为无害物质。

（6）生物处理：对于生物化学废液，可以利用微生物降解有机物质，达到处理目的。

（7）焚烧处理：对于难以处理的废液，可以采用焚烧法将其转化为无害物质。

（8）安全填埋：对于经过处理后仍无法完全消除危害性的废液，应按照相关法规进行安全填埋。

在处理化学废液时，应严格遵守国家和地方的环境保护相关法规，确保废液处理过程安全、环保。同时，应加强对废液处理设施的维护和管理，确保其正常运行。

四、危险化学品安全教育

应加强危险化学品安全教育，使接触或操作危险化学品的人员能够了解各种化学品的性质、危害以及正确的使用方法。要通过课程学习、实验演示、安全讲座等多种形式，提高使用人员的安全意识。

应加强安全意识培养，使接触或操作危险化学品的人员重视遵守安全规程的重要性。在实验课程中，教师要严格要求学生按照规定的流程和操作方法进行实验，对违反规定的行为要及时制止并进一步教育。

第三节　事故应急救护常识

一、伤口、烧伤、过敏处理

1. 了解实验室内的危险物质

熟悉实验室内可能存在的危险物质，如危险化学品、生物制品、放射性物质等，并了解它们的危害和事故应急措施。

2. 穿戴适当的个体防护装备

在进行实验操作时，应始终穿戴适当的个体防护装备，如实验服、手套、护目镜和口罩等，以减少受伤害的风险。

3. 正确处理伤口

如果发生割伤、刺伤或其他伤害，应立即用肥皂和水清洗伤口，然后用干净的纱布或绷带包扎。对于可能受到污染的伤口，应尽快就医。

4. 处理化学灼伤

如果皮肤或眼睛接触化学品，应立即用大量清水冲洗受影响区域至少 15 min，并尽快就医。

5. 处理烧伤

对于轻度烧伤，应用流动的冷水冲洗烧伤部位至少 10 min，然后涂抹烧伤膏并保持清洁。对于严重烧伤，应立即就医。

6. 处理过敏反应

如果出现过敏反应，如皮疹、呼吸困难等，应立即停止接触过敏原，并及时就医。

二、急救箱的使用

熟悉急救箱中的物品和使用方法，以便在需要时能够迅速采取措施。

1. 常见急救箱中的物品

常见急救箱中主要包括以下物品：

敷料和纱布：自黏性敷料或创可贴、不黏性敷料或无菌纱布垫，用于保护伤口。

绷带：不同尺寸和型号的绷带，如三角巾、弹性管状绷带和绷带卷，用于包扎伤口和控制出血。

体温计：水银或数字体温计，用于测量体温。

剪刀：锋利剪刀，用于剪开敷料或衣物。

安全别针：用于固定悬吊带或绑带。

一次性手套：用于接触血液或开放性伤口前使用，保护伤口不受污染。

镊子：用于清除玻璃碴和木屑。

棉花绒或无醇清洁剂：用于清洁伤口周围的皮肤。

冰袋：有降温或冷却功能，用于消肿化瘀、降温或冷却烫伤皮肤。

呼吸面罩：用于进行口对口人工呼吸时保护施救者和伤员。

2. 急救箱使用原则

使用急救箱中的物品时，应遵循以下原则：

（1）在使用任何急救物品之前，确保了解其正确使用方法。

（2）在处理伤口时，遵循清洁、消毒、包扎的顺序。

（3）如果不确定如何处理伤口，应寻求专业医务人员的帮助。

（4）在使用冰袋时，注意不要直接接触皮肤，以免冻伤。

（5）在进行心肺复苏等紧急操作时，确保遵循正确的操作方法和步骤。

三、心肺复苏

心肺复苏（cardiopulmonary resuscitation，CPR）是一种急救技能，用于伤病员在心搏骤停或呼吸停止时，提供临时的人工循环和呼吸。

一般情况下，人在心脏停止搏动 10 s 即出现昏厥，60 s 自主呼吸逐渐停止，4～6 min 后大脑出现不可逆的损伤。因此，对心搏和呼吸骤停伤病员，应当在 4 min 内进行心肺复苏急救。

应学习并掌握心肺复苏的基本方法和步骤，以便在发生心搏和呼吸骤停等紧急情况下进行急救。以下是心肺复苏的基本方法和步骤：

（1）确保安全

到达事故现场后，应立即通过实地感受、观察判断现场异常情况。要注意了解事故原因、受伤人数及其有无生命危险，要确认自身和伤病员及旁观人群是否身处险境、现场可利用的资源、需要何种支援及可采取的行动等。

需警惕的现场危险因素主要有：电、火、次生灾害等。急救过程中要避免接触伤病员的血液和其他体液。

为了保障安全，应使用呼吸面罩、呼吸膜、医用手套、眼罩等个人防护用品。

（2）判断意识

判断伤病员意识是否丧失，轻拍其双肩并大声询问："你还好吗？"如果没有反应，高声呼救并寻求帮助。

（3）开放气道

使用压额抬颏手法，确保伤病员的气道畅通。

（4）判断呼吸和心搏

观察伤病员的胸部有无起伏，听有无呼吸声，感觉有无呼出气流。

在颈动脉位置即气管与颈部胸锁乳突肌之间的沟内感受脉搏，如图 6-1 所示。

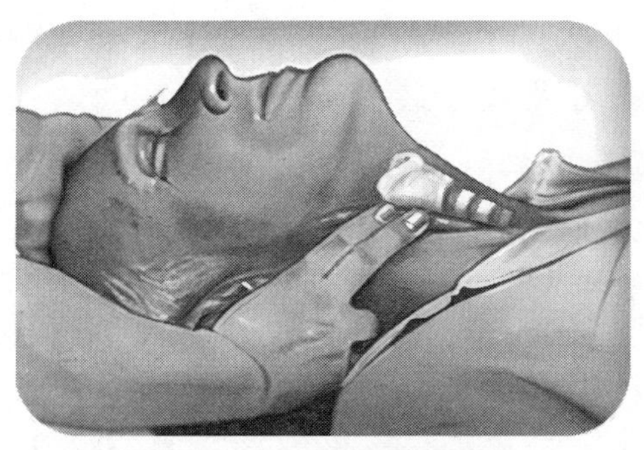

图 6-1　颈动脉感受脉搏

具体方法：一手食指和中指并拢，先置于伤病员气管正中部位（男性可先触及喉结），然后向一旁滑移 2～3 cm，至胸锁乳突肌内侧缘凹陷处。

（5）进行心肺复苏

1）胸外心脏按压：双手掌平放在伤病员胸骨下方（两乳头连线中点），连续按下至少 5 cm 深度，以每分钟 100～120 次的速度进行按压，如图 6-2 所示。保持正确的力度和节奏，确保胸廓充分回弹。

要注意按压过程中，双掌根部重叠置于胸骨上方向下按压，十指相扣，掌心翘起。

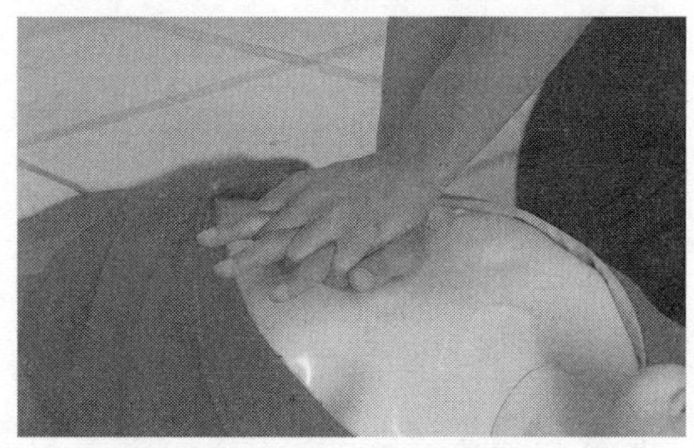

图 6-2　胸外心脏按压

2）人工呼吸：将伤病员头部轻轻后仰，如图 6-3 所示，捏住其鼻子，用口对口或口对鼻的方式进行人工呼吸。注意确保每次吹气时伤病员的胸部都能够抬起。

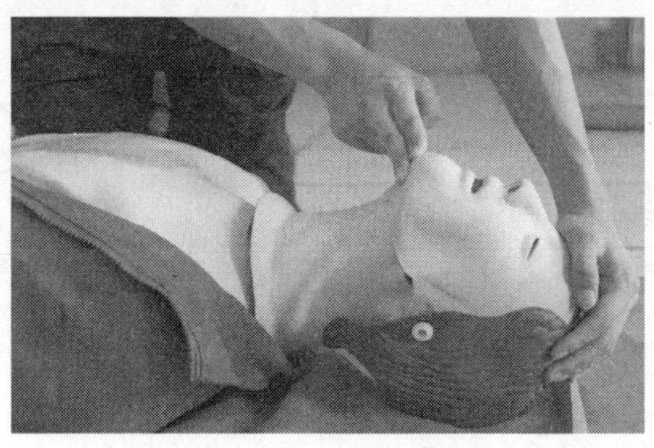

图 6-3　头部后仰

3）持续循环。以进行 30 次胸外心脏按压和 2 次人工呼吸持续循环，直到专业医务人员到达或伤病员恢复意识和正常呼吸。

四、自动体外除颤器

自动体外除颤器（automated external defibrillator，AED）如图 6−4 所示。其具体操作方法和步骤如下：

第一步：打开 AED 的电源开关。

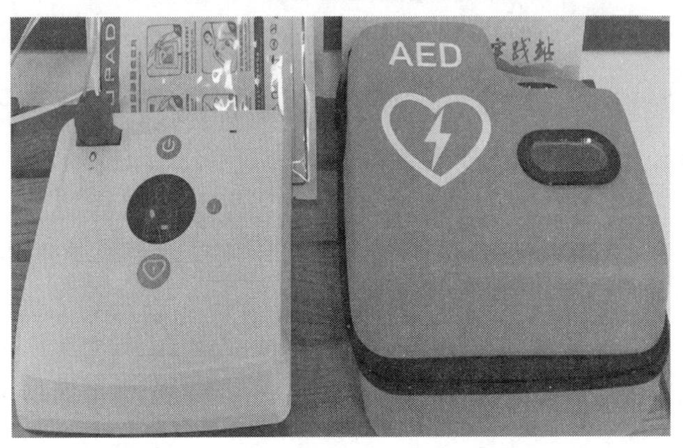

图 6−4　AED

第二步：打开盖子，取出电极片。让伤病员仰面平躺，按要求正确粘贴电极片，如图 6−5 所示。成人伤病员身上 AED 电极片的粘贴位置可以选择前侧位或者前后位。前侧位：一片电极片放在右锁骨正下方，另一片在左乳头外侧，电极片的上缘位于腋下几厘米处。

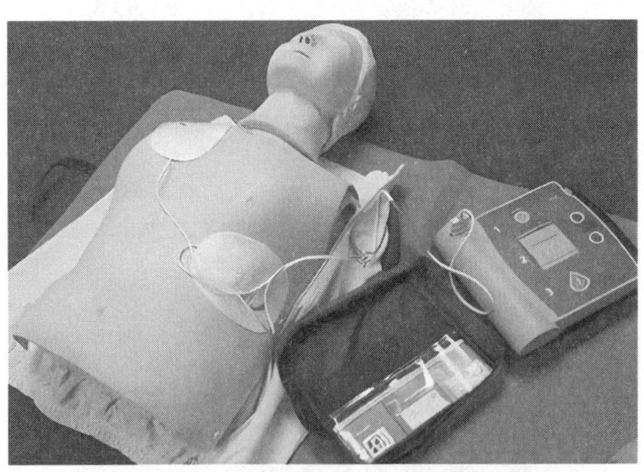

图 6−5　粘贴电极片

第三步：AED 在心律分析之前要求离开伤病员一段距离，仪器将提示“正在分析”其心律，确定是不是室颤状态。如果需要除颤，AED 会提示自动充电（一般时间为 5～15 s）。充电完成后，“电击”按钮会闪烁，在提示音下按“电击”按钮进行电击，如图 6−6 所示。

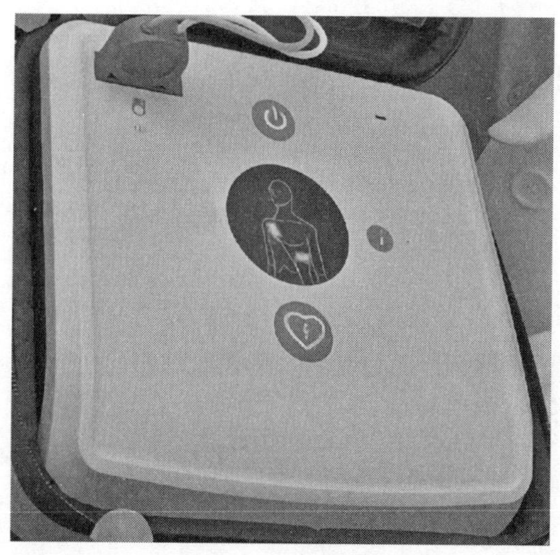

图 6-6　电击

第四节　消防安全常识

一、常见火灾的原因

学校实验室火灾事故在国内外都有发生，这些事故往往是实验操作不当、设备老化、管理不善等原因引起的。具体的常见原因如下：

1. 化学品危险性质引起的火灾

实验室使用的化学品具有种类繁多、性质活泼、稳定性差等特点。这些物品有的易燃、易爆，有些性质相互抵触（相互接触即能发生着火或爆炸），在储存和使用中，稍有不慎，就可能酿成火灾事故。例如本章第二节的事故案例。

2. 设备故障引起的火灾

实验室里常使用煤气灯、酒精灯或酒精喷灯、电烘箱、电炉、电烙铁等加热设备和器具，这些设备在使用过程中，如果发生电气故障，如过载、短路、断线、接点松动、接触不良、绝缘下降等，会产生电热和电火花，引燃周围的可燃物。

事故案例：2015 年，某中学化学实验室发生火灾，导致实验室损毁严重，所幸没有人员伤亡。经调查，这起火灾事故的原因是学生在进行化学实验时操作不当，导致酒精灯翻倒引发火灾。这暴露出该校在实验室安全管理方面存在不足，未严格执行实验安全操作规程。

3. 违反安全操作规程引起的火灾

实验室经常进行的蒸馏、回流、萃取、重结晶、化学反应等典型操作，危险性大。若操作人员没有经验、工作前没准备、操作不熟练或违反操作规程等，均易诱发火灾爆炸事故。

4. 管理不善引起的火灾

实验室安全管理不到位，易发生违反消防安全的现象。例如，不按防火要求使用明火，引燃周围易燃物品等。

事故案例：某大学化学实验室发生火灾，造成一名学生受伤。经调查，火灾原因是学生在进行有机化学实验时，未妥善存放易燃溶剂，导致溶剂挥发与空气混合形成爆炸性混合物，遇到明火后发生爆炸。

5. 仪器设备老化或维护不当引起的火灾

仪器设备老化或未按要求使用，以及实验室未配置相应的灭火器材，或因灭火器材缺乏维护造成失效，都可能导致火灾事故。

事故案例：2019 年，某职业技术学院实验室发生火灾，造成较大的经济损失。经调查，火灾原因是实验室内的电气线路老化短路引起的。该校在实验室设备维护和管理方面存在疏忽，未及时更换老旧电线和设备。

6. 实验人员缺乏消防技能

实验期间脱岗或实验人员缺乏消防技能，发生意外时不能及时处理，会导致火灾事故或火灾事故扩大化。

总之，实验室火灾事故的原因多种多样，需要实验室管理人员和实验人员高度重视，严格遵守安全操作规程，加强安全管理，增强消防安全意识，确保实验室的安全。

二、灭火常识

1. 实验室火灾的特点

实验室火灾具有燃烧速度快、火势蔓延迅速、烟雾毒性大、扑救难度大等特点。了解这些特点有助于更好地预防和应对火灾事故。

2. 实验室灭火的基本原则

（1）及时发现，迅速报警

一旦发现火情，应立即报告实验室负责人或安全管理人员，并拨打火警电话 119 报警。

（2）先控制，后消灭

在火势尚未蔓延之前，应及时采取有效手段控制火势发展。如火势较大，应及时撤离现场，等待消防人员前来扑救。

（3）先救人，后救物

在火灾发生时，首先要保障人身安全，其次才是保护财产。

三、实验室灭火的基本方法

1. 冷却法

用水或其他灭火剂直接喷洒在燃烧物上，降低其温度至燃点以下，使火焰熄灭。这种方法适用于扑灭一般固体物质的火灾。

2. 窒息法

用二氧化碳、氮气等不燃气体或泡沫覆盖在燃烧物表面，隔绝空气，使火焰熄灭。这种方法适用于扑灭油类、电气设备等火灾。

3. 隔离法

将燃烧物与周围可燃物隔离开来，阻止火势蔓延。这种方法适用于扑灭气体、液体等流动性较强的火灾。

4. 化学抑制法

使用干粉、卤代烷等灭火剂，破坏燃烧链反应，使火焰熄灭。这种方法适用于扑灭各种类型的火灾。

四、常用的消防器材

1. 灭火器

常用灭火器的种类、适用范围和使用方法见表 6-1。

表 6-1　常用灭火器的种类、适用范围和使用方法

常用灭火器的种类	充装的灭火剂	适用范围	使用方法
二氧化碳灭火器	液态二氧化碳	适用于扑救精密仪器、600 V 以下的电气设备、图书资料、易燃液体和气体等的初期火灾	将灭火器提到距火源适当位置后，拔出保险销，一只手握住喇叭筒根部手柄，另一只手紧握压把。对没有喷射软管的二氧化碳灭火器，应把喇叭筒往上扳 70°～90°
干粉灭火器	具有灭火效能的无机盐（碳酸氢钠类、磷酸铵盐类）和少量的添加剂混合成的微细固体粉末，用二氧化碳气体或氮气作为动力	1. 碳酸氢钠类：适用于扑救易燃、可燃液体和气体类初期火灾。 2. 磷酸铵盐类：除适用于扑救易燃、可燃液体和气体类火灾外，还可以扑救一般物质和电气设备的初期火灾	将手提式灭火器提到距火源适当位置之后，先上下颠倒几次，使筒内的干粉松动，然后让喷嘴对准燃烧最猛烈处，拔去保险销，压下压把，灭火剂便会喷出灭火
泡沫灭火器	化学泡沫灭火剂由硫酸铝和碳酸氢钠两种药剂作为发泡剂，并添加了氟碳表面活性剂和碳氢表面活性剂作为增效剂。 空气泡沫灭火剂则通过搅拌生成泡沫	1. 固体火灾：适用于扑救固体物质火灾，如木材、棉布等固体引发的火灾。 2. 液体火灾：适用于扑救部分液体或可熔化的固体物质火灾，如汽油、煤油、植物油等，以及低压带电设备的火灾。 3. 带电设备火灾：不适用于扑救高压带电设备火灾、气体火灾和金属火灾	1. 手提式泡沫灭火器：先拔出保险销，然后一手握住喷枪，另一手紧握开启手柄，用力按下开启手柄，泡沫即可喷出。 2. 推车式泡沫灭火器：先拔出保险销，然后一只手握住喷枪，另一只手握住喷枪软管，喷枪与地面成 45° 角，用力按下开启手柄，泡沫即可喷出

2. 沙箱

将干燥沙子储存于容器中备用，灭火时，将沙子撒在着火处。干沙对扑救金属火灾特别安全有效。

3. 灭火毯

灭火毯一般是由玻璃纤维等材料经过特殊处理编织而成的织物，能起到隔离热源及火焰的作用，灭火时包盖住火焰即可，也可用于披覆在人身上逃离火场。

4. 灭火器的使用注意事项

灭火器的使用方法如图 6-7 所示。

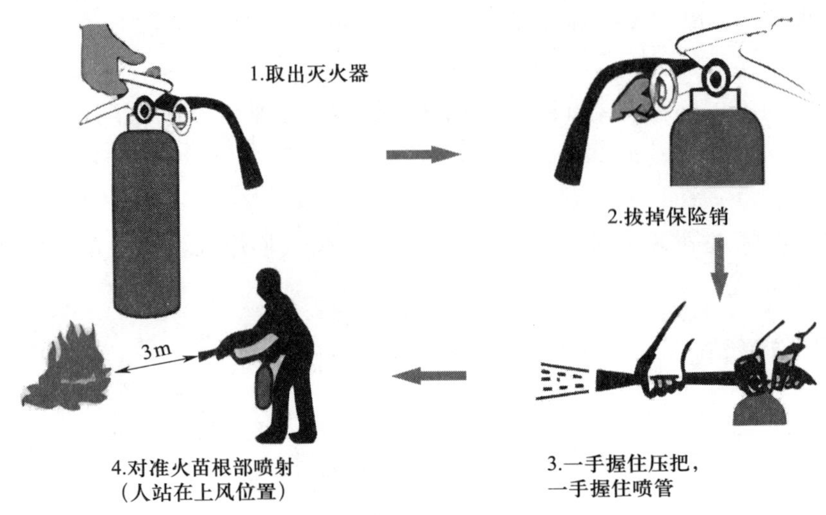

图 6-7　灭火器的使用方法

（1）灭火器指针指在绿区表示正常，红区表示压力不足，黄区表示压力充足但超出正常范围。灭火器不要放置在高温场所。

（2）二氧化碳灭火器不能直接用手抓喇叭筒外壁或金属连线管，防止被冻伤。

（3）站在上风位置，对准火源根部喷射。

（4）化学实验室一般不用水灭火。因为水能和一些药品（如钠）发生剧烈反应，用水灭火时会引起更大的火灾甚至爆炸。并且大多数有机溶剂不溶于水且比水轻，用水灭火时有机溶剂会浮在水上面，反而扩大火灾范围。

5. 室内消火栓使用方法

消火栓主要供消防车从市政给水管网或室外消防给水管网取水实施灭火，也可以直接连接水带、水枪出水灭火。室内消火栓使用方法如图 6-8 所示。

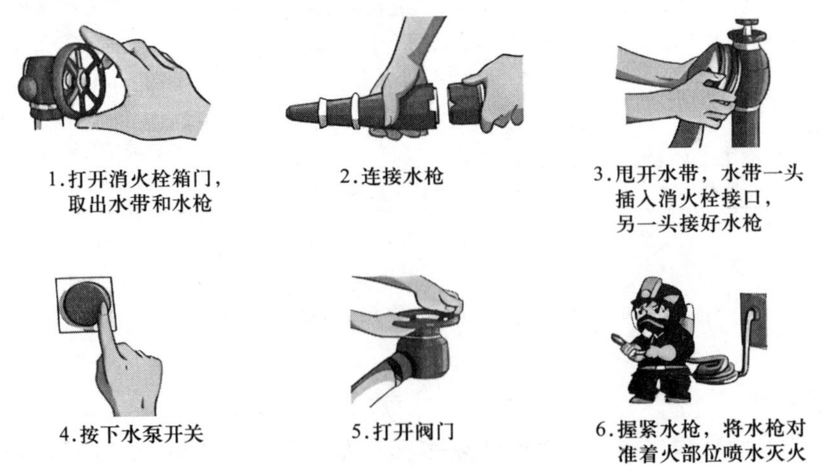

图 6-8　室内消火栓使用方法

复习思考题

1. 简述实验室用电设备安全操作规程的关键内容。
2. 简述危险化学品的保管方法。
3. 简述化学废液的处理方法。
4. 简述灭火器的种类、适用范围和使用方法。
5. 简述心肺复苏的方法并实际操作。
6. 简述 AED 的使用方法并实际操作。
7. 简述室内消火栓的使用方法。

参考文献

[1] 陈玲．煤质化验工高技能人才培训教程［M］．北京：化学工业出版社，2023.

[2] 温俊萍．煤质分析与检验［M］．北京：应急管理出版社，2020.

[3] 神华宁夏煤业集团有限责任公司教育培训中心．煤质化验工［M］．北京：煤炭工业出版社，2014.

[4] 山东发电用煤质量监督检验中心，中国质检出版社第二编辑室．煤炭质量检测常用标准汇编［M］．北京：中国质检出版社，中国标准出版社，2011.

[5] 王翠萍．煤质分析及煤化工产品检验［M］．北京：化学工业出版社，2011.

[6] 煤炭行业特有工种职业技能鉴定中心．煤质化验工［M］．北京：煤炭工业出版社，2004.

[7] 朱银惠．煤化学［M］．北京：化学工业出版社，2020.

[8]《煤炭常用标准汇编》编委会．煤炭常用标准汇编［M］．北京：煤炭工业出版社，2000.